EUL VERLAG

Turnaround Equity

Erfolgsfaktoren im Transaktionsprozess bei Turnaround-Investitionen in Deutschland

Inauguraldissertation

zur

Erlangung des Doktorgrades

der

Wirtschafts- und Sozialwissenschaftlichen Fakultät

der

Technischen Universität Dortmund

2010

vorgelegt

von

Wolf Hoffmann

Promotionskommission: Prof. Dr. Martin K. Welge (Vorsitzender)
Prof. Dr. Peter Witt
PD Dr. Anja Schulz

Tag der Promotion: 16. November 2010

Dr. Wolf Hoffmann

Turnaround Equity

Erfolgsfaktoren im Transaktionsprozess bei Turnaround-Investitionen in Deutschland

EUL VERLAG

Bibliografische Information der Deutschen Nationalbibliothek

Die Deutsche Nationalbibliothek verzeichnet diese Publikation in der Deutschen Nationalbibliografie; detaillierte bibliografische Daten sind im Internet über <http://dnb.d-nb.de> abrufbar.

Dissertation, Technische Universität Dortmund, 2010

ISBN 978-3-8441-0017-4
1. Auflage Februar 2011

JOSEF EUL VERLAG GmbH
Brandsberg 6
53797 Lohmar
Tel.: 0 22 05 / 90 10 6-6
Fax: 0 22 05 / 90 10 6-88
E-Mail: info@eul-verlag.de
http://www.eul-verlag.de

Bei der Herstellung unserer Bücher möchten wir die Umwelt schonen. Dieses Buch ist daher auf säurefreiem, 100% chlorfrei gebleichtem, alterungsbeständigem Papier nach DIN 6738 gedruckt.

Danksagungen

„Dankbarkeit ist Pflicht", so hat es der deutsche Philosoph Immanuel Kant in seinem Werk „Die Metaphysik der Sitten" formuliert. Zum Abschluss meiner Dissertationsarbeit gibt es viele Personen, denen ich zu Dank verpflichtet bin. Sie haben auf unterschiedliche Weise – zum Teil vielleicht sogar unbemerkt – zum Gelingen meines Dissertationsprojektes beigetragen.

Mein Dank gilt meinem Doktorvater, Herrn Prof. Dr. Welge sowie den Teilnehmern der Doktorandenseminare. Die Diskussionen und Anregungen in den Doktorandenseminaren haben meinen Blick auf meine Arbeit stets geschärft und mich in meinen Vorhaben gestützt. Ganz besonders möchte ich an dieser Stelle meinem Mitstreiter Peter Henssen danken. Ohne ihn wäre wohl manches Tief bei mir stärker ausgefallen.

Besonderen Dank schulde ich außerdem den Teilnehmern meiner empirischen Untersuchung, die sich Zeit für mich genommen haben und so maßgeblich zum Gelingen meiner Dissertationsarbeit beigetragen haben. Auch bin ich allen Freunden verbunden, allen voran Jan Knizia und Mathias Finking, die mein Vertrauen in die eigenen Ideen in vielen freundschaftlichen Diskussionen nachhaltig unterstützt haben. Hervorheben möchte ich hier auch Frau Hannelore Schubert, die in vielen Stunden das Manuskript auf Schreibfehler untersucht hat.

Darüber hinaus haben mich meine Brüder in meinem Dissertationsvorhaben in vielen gemeinsamen Gesprächen unterstützt. Sie haben mir aus eigenen Erfahrungen nützliche Hinweise und Anmerkungen geben können. Euch danke ich aufrichtig.

Mein größter Dank gebührt schließlich meinen Eltern. Mit allem Einsatz haben sie mich auf meinem gesamten Lebensweg begleitet und so auch während meines Dissertationsprojektes. Euch möchte ich meine Dissertation widmen.

Dortmund, Januar 2011

Wolf Hoffmann

Inhaltsverzeichnis

Abbildungsverzeichnis XI

Abkürzungsverzeichnis XV

1. Einleitung 1

1.1. Problemstellung 1

1.2. Zielsetzung der Arbeit 6

1.3. Aufbau der Arbeit 9

2. Turnaround-Situationen 13

2.1. Definition von Turnaround-Situationen 13

2.2. Die Gründe für eine Unternehmenskrise 20

2.3. Das Erkennen einer Unternehmenskrise 24

2.4. Das Überwinden einer Unternehmenskrise 26

2.4.1. Taktische Maßnahmen 27

2.4.2. Strategische Maßnahmen 30

2.5. Der Markt von Turnaround-Unternehmen in Deutschland 32

3. Private Equity 37

3.1. Unternehmensfinanzierung 37

3.2. Die Herkunft und Arten von Private Equity 43

3.2.1. Frühphasenfinanzierung und Venture Capital 45

3.2.2. Wachstumsfinanzierung 48

3.2.3. Spätphasenfinanzierung 53

3.3. Die Akteure 60

3.3.1. Investoren 61

3.3.2. Beteiligungsunternehmen 63

3.3.3. Portfoliounternehmen 71

3.3.4. Weitere Akteure ... 71

3.4. Der deutsche Private Equity-Markt ... 73

4. Die Private Equity-Wertschöpfungskette ... 83

4.1. Prozessverständnis ... 83

4.2. Teilbereich des Transaktionsprozesses: Due Diligence ... 91

4.2.1. Die Due Diligence als mehrstufiger Prozess ... 92

4.2.2. Bestandteile der Due Diligence ... 95

4.2.3. Informationsquellen bei der Due Diligence ... 99

4.2.4. Beteiligte im Due Diligence-Prozess ... 101

4.2.5. Verbindungen zur Bewertung des Zielunternehmens ... 102

4.3. Teilbereich des Transaktionsprozesses: Bewertung des Zielunternehmens ... 104

4.3.1. Die Bewertung als mehrstufiger Prozess ... 106

4.3.2. Unternehmenstransaktionen als Grund für eine Unternehmensbewertung ... 113

4.3.3. Bewertungsmethoden ... 114

4.3.3.1. Der DCF-Ansatz und das Ertragswertverfahren ... 115

4.3.3.2. Multiples ... 124

4.3.3.3. Einzelbewertungsmethoden ... 127

4.3.4. Verbindungen zu den Optionen der Transaktionsstruktur ... 129

4.4. Optionen der Transaktionsstruktur ... 130

4.4.1. Beteiligungshöhe ... 131

4.4.2. Rechtliche Struktur des Erwerbs ... 133

4.4.3. Finanzierung der Transaktion ... 135

4.4.4. Haltedauer ... 138

4.4.5. Management ... 140

4.5. Umweltbezogene Einflussfaktoren auf die Private Equity-Wertschöpfungskette ... 141

5. Zusammenführung: Turnaround Equity ... 145

6. Konzeptrahmen des empirischen Teils 153

6.1. Zu Grunde liegende Theorien 153

6.1.1. Transaktionskostentheorie 153

6.1.2. Prinzipal-Agent-Theorie 157

6.1.3. Ressourcen und wissensorientierte Perspektive 163

6.1.4. Verbindungen der Theorien zur empirischen Untersuchung 167

6.2. Methodik 168

7. Empirischer Teil: Untersuchung des Transaktionsprozesses 173

7.1. Identifikation erfolgversprechender Krisenunternehmen 173

7.2. Bewertung von Krisenunternehmen bei Eigenkapitalfinanzierungen 184

7.2.1. Grenzen traditioneller Bewertungsansätze 184

7.2.2. Der Reverse Income Approach – Ein Alternativvorschlag 187

7.3. Geeignete Transaktionsstrukturen bei Erwerb von Krisenunternehmen 191

8. Zusammenfassung und Ausblick 201

Anhang 209

Literaturverzeichnis 221

Abbildungsverzeichnis

Abbildung 1: Der Transaktionsprozess und dessen Einflussfaktoren 5

Abbildung 2: Aufbau der Arbeit 10

Abbildung 3: Krisenforschung 15

Abbildung 4: Der Krisenprozess nach Müller 17

Abbildung 5: Z-Score von Dax-30-Unternehmen zum 31. Dezember 2008 20

Abbildung 6: Gründe für Unternehmenskrisen 23

Abbildung 7: Taktische Maßnahmen zur Steigerung der Liquidität 30

Abbildung 8: Anzahl Unternehmensinsolvenzen in Deutschland seit 1950 34

Abbildung 9: Finanzierungsarten 38

Abbildung 10: Berechnung der Außenfinanzierungssumme 39

Abbildung 11: Funktionen von Eigenkapital 41

Abbildung 12: Charakteristika von Eigen- und Fremdkapital 42

Abbildung 13: Ansoff-Matrix 52

Abbildung 14: Formen von Private Equity 60

Abbildung 15: Akteure im Private Equity-Markt 61

Abbildung 16: Struktur eines Private Equity-Fonds 64

Abbildung 17: Investitionsstrategie 65

Abbildung 18: Private Equity-Strategiematrix 68

Abbildung 19: Fundraising in Deutschland 74

Abbildung 20: Fundraising nach Investorengruppen 75

Abbildung 21: Private Equitiy-Investitionen nach Finanzierungsphasen 77

Abbildung 22: Turnaround-Investitionen von 1995 bis 2006 in Deutschland 79

Abbildung 23: Private Equity-Investitionen in % vom BIP im Jahr 2007 80

Abbildung 24: Private Equity-Wertschöpfungskette 83

Abbildung 25: Schrittweiser Due Diligence-Prozess 86
Abbildung 26: Der Due Diligence-Prozess 93
Abbildung 27: Bestandteile einer Due Diligence 96
Abbildung 28: Bewertungsprozess 107
Abbildung 29: Finanzwirtschaftliche und operative Kennzahlen 112
Abbildung 30: Sensitivitätsanalyse 113
Abbildung 31: Bewertungsmethoden 115
Abbildung 32: Indirekte Ermittlung des Cashflow 117
Abbildung 33: Berechnung des Equity Value nach dem DCF-Ansatz 118
Abbildung 34: Berechnung des WACC 123
Abbildung 35: Multiplikatorbewertung 125
Abbildung 36: Optionen der Transaktionsstrukturierung 131
Abbildung 37: Vertragliche Beziehungen von Turnaround-Beteiligungsunternehmen 156
Abbildung 38: Prinzipal-Agenten-Beziehungen 158
Abbildung 39: Strategische Ressourcen 165
Abbildung 40: Forschungssample 170
Abbildung 41: Auswertung Frage 2.1 174
Abbildung 42: Auswertung Frage 2.8 177
Abbildung 43: Auswertung Frage 2.11 179
Abbildung 44: Auswertung Frage 2.3 und Frage 2.4 180
Abbildung 45: Auswahlkriterien für Krisenunternehmen 184
Abbildung 46: Bewertung nach dem Reverse Income Approach 188
Abbildung 47: Sensitivitätsanalyse zum Reverse Income Approach 191
Abbildung 48: Auswertung Frage 4.2. 192
Abbildung 49: Auswertung Frage 4.1. 194
Abbildung 50: Auswertung Frage 4.7. 196

Abbildung 51: Auswertung Frage 4.8. 197

Abbildung 52: Auswertung Frage 4.3. 199

Abkürzungsverzeichnis

BASF	BASF SE, Leverkusen
BVK	Bundesverband Deutscher Kapitalbeteiligungsgesellschaften e.V.
CAPM	Capital Asset Pricing Model
CEFS	Center for Entrepreneurial and Financial Studies, TU München
CVC	Corporate Venture Capital
DD	Due Diligence
DESTATIS	Statistisches Bundesamt Deutschland
DSG	Deutscher Sparkassen- und Giroverband
DVFA	Deutsche Vereinigung für Finanzanalyse und Asset Management
EBO	Employee's buy-out
F&E	Forschung und Entwicklung
HGB	Handelsgesetzbuch
IDW	Institut der Wirtschaftsprüfer in Deutschland
IFD	Initiative Finanzstandort Deutschland
IFRS	International Financial Reporting Standards
IPO	Initial Public Offering
IRR	Internal Rate of Return
KfW	Kreditanstalt für Wiederaufbau
KonTraG	Gesetz zur Kontrolle und Transparenz im Unternehmensbereich
KPI	Key Performance Indicator
LBO	Leveraged Buy-Out
LOI	Letter of intent
MBG	Mittelständische Beteiligungsgesellschaft
MBI	Management Buy-In
MBO	Management Buy-Out
Mio.	Millionen
Mrd.	Milliarden

M&A	Mergers and Acquisitions
NASDAQ	National Association of Securities Dealers Automated Quotations
OBO	Owner's buy-out
PE	Private Equity
ROI	Return on Investment
SBA	Small Business Administration
SBIC	Small Business Investment Company Program
SWOT	Strengths, Weaknesses, Opportunities, Threats
VC	Venture Capital
ZEW	Zentrum für Europäische Wirtschaftsforschung, Mannheim, Germany

1. Einleitung

1.1. Problemstellung

Die Bankenkrise sowie der globale wirtschaftliche Abschwung im Jahr 2008 und während der ersten Jahreshälfte 2009 haben maßgeblich die Finanzierungsbedingungen im Private Equity-Markt beeinflusst. Bis heute sind Kreditinstitute sehr zögerlich, Private Equity-Investoren bei großen fremdfinanzierten Transaktionen, so genannten leveraged Buy-Outs, mit Akquisitionsdarlehen zu unterstützen. [1] Dies ist ein Grund dafür, warum Beteiligungsunternehmen vermehrt auch kleinere und mittlere Unternehmen in ihre Investitionsstrategie miteinbeziehen. Zudem sind Beteiligungsunternehmen schon seit längerer Zeit auch in Deutschland einem immer größeren Wettbewerbsdruck bei der Suche nach vielversprechenden Investitionsmöglichkeiten ausgesetzt. Beteiligungsunternehmen haben im Jahr 2007 insgesamt rund EUR 234 Mrd. frisches Kapital eingesammelt, welches in den kommenden Jahren investiert werden muss. [2] Also haben sich zwar die Finanzierungsbedingungen im Private Equity-Markt verändert, jedoch verfügen Beteiligungsunternehmen über ausreichend Kapital, um ihre Investitionstätigkeit weiter auszubauen. Die internationale Wirtschaftsprüfungsgesellschaft PricewaterhouseCoopers (PWC) argumentiert in ihrem Private Equity Trend Report 2008, dass Beteiligungsunternehmen zukünftig noch härter arbeiten müssen, um die Erträge der letzten Jahre zu bestätigen. PWC sieht vor allem aktives Management der Beteiligungen („hands-on ownership") als einen Schlüsselfaktor für die Sicherung zukünftiger Ertragschancen von Beteiligungsunternehmen.[3] Eine große Anzahl an Private Equity-Fonds haben dies bemerkt und beginnen ihre Organisationsstrukturen diesem Trend entsprechend anzupassen. Finanzexperten stimmen dieser Analyse zu und sprechen ausdrücklich Turnaround-Investitionen als einen Zukunftstrend im deutschen Private Equity-Markt an.[4]

Dieser Trend im Private Equity-Markt ist ebenso kongruent zu der derzeitigen wirtschaftlichen Lage in Deutschland. Obwohl die Voraussagen bezüglich der deutschen Wirtschaftsleistung nach Insolvenzfällen namhafter, großer Unternehmen und einem starken Rückgang der

---

[1] Vgl. KFW BANKENGRUPPE (2009), S. 3.

[2] Vgl. HANDELSBLATT (2008b), S. 21.

[3] PRICEWATERHOUSECOOPERS (2008a), S. 17.

[4] Vgl. HANDELSBLATT (2008a), S. 26.

Marktnachfrage in vielen Wirtschaftsbereichen – hier insbesondere die Automobilindustrie – wieder eine positive, zukünftige Entwicklung aufzeigen, leiden immer noch etliche Unternehmen unter den Folgen der globalen Rezession. Nach den Prognosen des Instituts der deutschen Wirtschaft Köln wird für das deutsche Bruttoinlandsprodukt als Maßzahl der nationalen Wirtschaftsleistung im Jahr 2010 ein leichter Aufschwung in Höhe von 1,75% erwartet nach einem Rückgang im Jahr 2009 von rund 5%.[5] Diese Veränderungen im wirtschaftlichen Umfeld haben direkten Einfluss auf die Ertragssituation in Unternehmen. Trotzdem bleibt die Lage für viele Unternehmen angespannt und ein direkter Rückgang der Anzahl neuer Unternehmensinsolvenzen auf das niedrigere Niveau der Jahre 2007 und 2008 ist nicht zu erwarten. Diese Entwicklungen haben auch Auswirkungen auf gesunde Unternehmen, da ihr eigenes Auftragsvolumen durch eine Insolvenz eines Großkunden geschrumpft ist und sie Forderungen auf gelieferte Waren abschreiben müssen. Die Insolvenzstatistik belegt das Ausmaß anhand deutlich gestiegener Insolvenzfälle und vor allem überdurchschnittlich hoher Ausfallforderungen.

So genannte Turnaround-Investoren haben sich auf die Akquisition von unprofitablen Unternehmen spezialisiert und positionieren sich damit in einer Nische des Private Equity-Marktes. Sie investieren also nicht in gesunde, ertragreiche Unternehmen mit einem starken Wachstumspotential und stabilem Cashflow. Das Investitionskalkül von Turnaround Investoren geht von unstabilen Cashflows oder sogar zum Teil negativen Cashflows des Zielunternehmens aus. Zunächst erscheint dieses Geschäftsmodell unattraktiv, da grundsätzlich vertreten wird, Finanzmittel in aufstrebende und profitable Unternehmen zu investieren. Auf einen zweiten Blick ist das Geschäftsmodell von Turnaround Investoren schlüssig. Es schließt eine Lücke im Private Equity-Markt entlang des Lebenszyklus von Unternehmen. Ein Turnaround-Investor investiert sicherlich nicht in ein unprofitables Unternehmen, aufgrund dessen Schwächen und des erhöhten Insolvenzrisikos, sondern weil er einen erfolgreichen Turnaround antizipiert, nachdem das betreffende Zielunternehmen wieder nachhaltig Erträge erwirtschaftet. Die Verzinsung des eingesetzten Kapitals einer Turnaround-Investition fällt zum Teil im Vergleich zu klassischen Buy Out-Transaktionen überdurchschnittlich hoch aus, da die Transaktionssumme bei dem Erwerb eines unprofitablen Unternehmens und vor allem der Kaufpreis von Anteilen am Unternehmen sehr gering ausfallen können. Gleichzeitig übernimmt der Turnaround-Investor zumeist mit dem Erwerb des Unternehmens hohe finanzielle Verpflich-

[5] Vgl. INSTITUT DER DEUTSCHEN WIRTSCHAFT KÖLN (2010), S. 2.

tungen durch die Übernahme zum Beispiel von Bankdarlehen, Bürgschaften, Leasingverträgen, Mietverträgen, Restrukturierungsaufwendungen oder Mitarbeiterübernahmen. Das Kalkül des Turnaround-Investors zielt darauf ab, mittels eines geringen Investitionsbetrages bei der Unternehmensprüfung identifizierte Wertsteigerungspotentiale zu heben und somit den Unternehmenswert des Zielunternehmens innerhalb kurzer Zeit zu vervielfachen. Trotzdem ist so genanntes Turnaround Equity, also Eigenkapitalinvestitionen in unprofitable Unternehmen, immer noch in Deutschland teilweise mit einem negativen Stigma behaftet. Turnaround Equity wird demnach oft mit Betriebsschließungen, Mitarbeiterfreisetzungen und hohen Fremdkapitalhebeln in Verbindung gebracht.

Die Auseinandersetzung mit unprofitablen Unternehmen zwingt Turnaround-Beteiligungsgesellschaften dazu, Wissen und Erfahrungen in unterschiedlichen Fachbereichen außerhalb der Unternehmensfinanzierung mitzubringen. Zu der Organisationsstruktur von Turnaround-Beteiligungsgesellschaften gehört vor allem auch ausreichend Managementkapazitäten, um operative sowie strategische Wertsteigerungspotentiale des betreffenden Zielunternehmens einschätzen und heben zu können. Traditionelle Beteiligungsunternehmen nehmen von Turnaround-Investitionen oft Abstand, aufgrund des zeitintensiven Investitionsprozesses, der notwendigen operativen Management-Ressourcen sowie des erhöhten Verlustrisikos. Neben dem investitions- und finanzierungstheoretischen Know-how benötigen Turnaround-Beteiligungsgesellschaften auch Ressourcen, um direkt innerhalb der Organisation des betreffenden Zielunternehmens vor Ort Managementaufgaben wahrzunehmen und den vorhandenen Führungskräften Unterstützung im Turnaroundprozess zu geben. Peter Köhler von der Tageszeitung Handelsblatt fasst zusammen, dass die Zeiten des bloßen „financial engineering“ nun vorbei sind.[6] Turnaround-Beteiligungsgesellschaften hingegen berücksichtigen die aktuellen Markttrends in Ihrem Geschäftsmodell und kombinieren das so genannte financial engineering, welches die Arbeiten von klassischen Buy Out-Fonds beschreibt, mit den Ansätzen der Unternehmensberatung. Dies kann sowohl eine strategische Neuausrichtung als auch eine operative Umstrukturierung des betreffenden Zielunternehmens beinhalten, sofern es für notwendig erachtet wird.

Der Fokus dieser Dissertationsarbeit liegt auf dem Transaktionsprozesses, welcher mit einer Investitionsentscheidung endet, die wiederum positiv oder negativ ausfallen kann. Die Inve-

[6] Vgl. Handelsblatt (2007), S. B2.

stitionsentscheidung basiert maßgeblich auf den Ergebnissen der Gesamtbewertung und Due Diligence des betreffenden Zielunternehmens. Während der Due Diligence-Arbeiten analysiert der Beteiligungsmanager nicht nur das Stärken- und Schwächen-Profil des Zielunternehmens, sondern versucht auch Ausschlusskriterien zu identifizieren, welche zu einer Beendigung des Transaktionsprozesses führen. Innerhalb des Transaktionsprozesses wird neben der Prüfung des Zielunternehmens auch die Transaktionsstruktur erarbeitet, die wiederum den Startpunkt des Zielunternehmens nach dem Eigentümerwechsel definiert. Dies betrifft unter anderem die finanzielle Ausstattung und Verschuldung des Zielunternehmens, den Aufbau des Managements sowie wesentliche Kostenpositionen. Somit hat der Transaktionsprozess annahmegemäß einen entscheidenden Einfluss auf die Verzinsung einer Investition. Dies gilt aufgrund der kritischen Unternehmenslage der Zielunternehmen vor allem für Turnaround-Investitionen. Aufgrund dieser entscheidenden Bedeutung des Transaktionsprozesses für den späteren Erfolg im Investitionsprozess ist der Fokus dieser Dissertationsarbeit so gewählt worden.

Der Transaktionsprozess wird umgeben von verschiedenen Einflussfaktoren. Zum einen haben die unterschiedlichen Instrumente und Methoden, die das Beteiligungsunternehmen während des Transaktionsprozesses anwendet, einen maßgeblichen Einfluss auf den Ablauf dieses Prozesses. Das Beteiligungsunternehmen folgt in der Regel einer spezifischen Investitionsstrategie und einem Zielsystem. Diese limitieren die potentiellen Investitionsmöglichkeiten des Beteiligungsunternehmens, indem ein Teil von Investitionsgesuchen nicht in den selbst definierten Rahmen passen, wie zum Beispiel eine bestimmte Industrie, Unternehmenssituation oder Unternehmensgröße. Indirekt wird der Transaktionsprozess auch von den Investoren der Beteiligungsunternehmen beeinflusst, die klare Zielvorstellungen zu deren Verzinsung vorgeben. Außerdem geben sie in den meisten Fällen schon eine gewisse Investitionsstrategie vor, die vom Beteiligungsunternehmen eingehalten werden muss. Dies betrifft vor allem die Situation des Zielunternehmens, wodurch maßgeblich das Risiko der Investition bestimmt wird.

Neben dem Beteiligungsunternehmen und dessen Investoren wird der Transaktionsprozess auch wesentlich durch das Zielunternehmen und dessen Management beeinflusst. Hierbei spielen die Verteilung und Aufbereitung von Informationen zum Zielunternehmen sowie die Zuverlässigkeit und Richtigkeit der dargestellten Daten eine wichtige Rolle. Eine gut aufbereitetes Controlling sowie ein zeitgerechter Austausch von Informationen seitens des Managements des Zielunternehmens, die im Rahmen der Unternehmensprüfung benötigt werden, beeinflussen die Effektivität des Transaktionsprozesses. Weitere Akteure im Transaktionsprozess sind konkurriernden Beteiligungsunternehmen, die als Wettbewerber in einem Bieterprozess auftauchen können, Intermediäre, wie zum Beispiel Beratungsunternehmen und Fremdkapitalgeber, wie zum Beispiel Kreditinstitute. Neben den Akteuren und deren Vorgehensweisen bestimmen auch diverse Umweltfaktoren den Transaktionsprozess. Dies können zum Beispiel die Finanzmärkte, die Politik, die wirtschaftliche Stimmungslage sowie das kulturelle Umfeld sein.

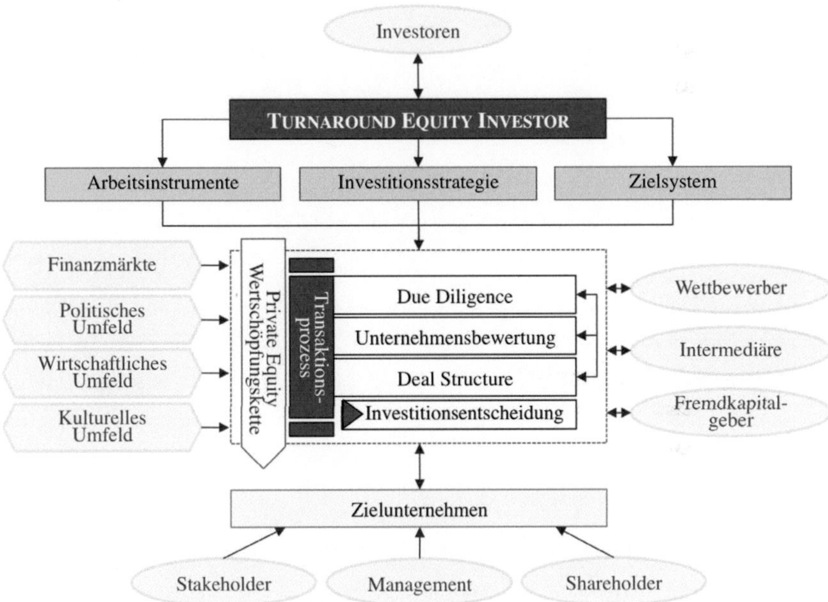

Abbildung 1: Der Transaktionsprozess und dessen Einflussfaktoren[7]

Es gibt eine Vielzahl von Akteuren und weiteren Einflussfaktoren, die auf den Transaktionsprozess bei einem Private Equity-Investment einwirken. Im Allgemeinen sind die Umweltbedingungen bei Turnaround-Investitionen besonders dynamisch und schwierig, da die zur Verfügung stehende Zeitachse stark limitiert ist, die Atmosphäre zwischen den Gesellschaftern sowie zwischen den Stakeholdern sehr angespannt ist und letztlich die Ausgestaltung der

[7] Eigene Darstellung.

Transaktion oft zu langwierigen Verhandlungen führt, da eine oder mehrere Parteien beim Turnaround Verluste realisieren müssen.

1.2. Zielsetzung der Arbeit

Der Begriff Turnaround Equity ist in der deutschen betriebswirtschaftlichen Literatur nur selten benutzt. Diese Beobachtung bezieht sich auch auf Arbeiten, die auf Turnaround-Investitionen oder die Akquisition von unprofitablen Unternehmen fokussiert sind. Turnaround Equity oder Turnaround Investment kann als ein noch junges eigenes Forschungsfeld charakterisiert werden.[8] Daran anschließende Forschungsgebiete sind auf der einen Seite die allgemeine Private Equity-Forschung sowie auf der anderen Seite die Krisenforschung. Ebenso beinhaltet die Auseinandersetzung mit Turnaround-Investitionen die Integration der Forschungsgebiete corporate finance, mergers and acquisitions, strategisches sowie Turnaround-Management.

Das hauptsächliche Ziel dieser Dissertationsarbeit ist die Erforschung von Erfolgsfaktoren von Turnaround-Investitionen innerhalb des Transaktionsprozesses als Teilprozess der Private Equity-Wertschöpfungskette. Dies ist verbunden mit der allgemeinen Frage, inwiefern der Transaktionsprozess zum Erfolg von Turnaround-Investitionen beitragen kann. Dabei wird die Annahme vertreten, dass die Ergebnisse und daraus abgeleiteten Entscheidungen im Transaktionsprozess großen Einfluss auf den späteren Erfolg der Investition haben, da sie von Beginn an einen Teil der Unternehmensentwicklung nach der Transaktion vorherbestimmen und nur eingeschränkt widerrufbar sind.

Fragen, die in dieser Dissertationsarbeit im Detail erforscht werden sollen, sind die Folgenden:

- Welche Kriterien können für die Auswahl von potentiellen Portfoliounternehmen, die momentan unprofitabel sind, sinnvoll verwendet werden?
- Welche Bewertungsmethoden eignen sich für die Bewertung von Turnaround-Unternehmen zur Bestimmung von Kaufpreisen?
- Welche Transaktionsstrukturen treffen am besten die Charakteristika von Turnaround-Investitionen?

[8] Vgl. BAYER (2003), S. 2.

Für die Klärung dieser Fragen ist es notwendig sowohl die spezifischen Charakteristika von Turnaround-Investitionen als auch die einzelnen Elemente des Transaktionsprozesses zu verstehen. Dabei werden innerhalb der Dissertationsarbeit für die Bestimmung der Charakteristika von Turnaround-Investitionen Unterschiede zu klassischen Private Equity-Transaktionen herausgestellt, die sich mit der Akquisition von gesunden Unternehmen befassen.

Eine Analyse der deutschen Literatur zum Themenbereich Turnaround Equity zeigt, dass es nur wenige Arbeiten auf diesem Gebiet gibt.[9] Keine dieser Arbeiten legt dabei den Fokus auf den Transaktionsprozess, dem wie oben dargestellt eine besondere Bedeutung zukommt. Zudem wurden seit dem Jahr 2000 etliche Beteiligungsgesellschaften in Deutschland gegründet, die sich ausdrücklich auf den Erwerb unprofitabler Unternehmen spezialisiert haben. Diese Beteiligungsunternehmen sind meist deutlich kleiner als die schon länger am Markt tätigem Buy Out-Fonds. Trotzdem bieten sie eine ausreichende Grundlage für neue Erkenntnisse auf dem Gebiet von Turnaround-Investitionen in Deutschland. Vorhergehende Untersuchungen stützen ihre empirischen Ergebnisse auf große internationale Beteiligungsunternehmen, welche neben anderen Fonds nur einen Teil ihres Kapitals für Investitionen, die als Turnaround-Fall klassifiziert werden, vorsehen.

Somit ist das hauptsächliche Forschungsziel dieser Dissertationsarbeit die Erweiterung des bislang noch jungen Forschungsgebietes Turnaround Equity. Dies geht einher mit einer beabsichtigten Intensivierung der wissenschaftlichen Diskussion über Turnaround-Beteiligungsgesellschaften, verstanden als Nischenakteure innerhalb des Private Equity-Marktes. In der vorliegenden Arbeit werden dabei die letzten Entwicklungen im deutschen Private Equity-Markt aufgenommen und im empirischen Teil eine Peer Group untersucht, welche bislang vernachlässigt wurde. Zudem erscheinen die bisherigen Antworten auf die Bestimmung von Kaufpreisen bei Turnaround-Unternehmen als unzureichend. Ein Beispiel dafür sind negative Kaufpreise, die bei einigen Turnaround-Investitionen vom Verkäufer an den Käufer bezahlt werden.

Des Weiteren richtet sich die vorliegende Arbeit an Führungskräfte von Beteiligungsunternehmen, die vornehmlich in Unternehmen, die sich in einer Turnaround-Situation befinden, investieren. Ihnen sollen die Ergebnisse dieser Arbeit Handlungsempfehlungen und Schlussfolgerungen für den eigenen Arbeitsalltag geben. Der Transaktionsprozess wird daher nicht

[9] Vgl. z.B. KUCHER (2006) oder KRAFT (2001).

aus Sicht des Zielunternehmens, sondern aus der Perspektive eines Beteiligungsmanagers dargestellt, analysiert und diskutiert.

Darüber hinaus zielt die vorliegende Arbeit auch darauf ab, alle Beteiligten bzw. Interessierte von Turnaround-Investitionen, wie zum Beispiel Unternehmer, Banker, Berater, Rechtsanwälte, Lieferanten oder Kunden auf das Themas aufmerksam zu machen. Dabei geht es vor allem um die Kommunikation der Risiken und auch Chancen, die mit Turnaround-Investitionen einhergehen. Private Equity-Aktivitäten im Allgemeinen erfahren in Deutschland ein hohes Maß an Misstrauen und die aktuell hohe Anzahl an Krisen auch bekannter Unternehmen hat wenig dazu beigetragen, das Misstrauen in der Öffentlichkeit zu lindern. Die Zielsetzung hierbei ist, einen objektiven Beitrag zu liefern, der das Verständnis des Geschäftsmodells von Turnaround-Investitoren erhöht.

Der empirische Teil basiert auf strukturierten Interviews, die mit Turnaround-Beteiligungsgesellschaften geführt wurden.[10] Die Peer Group wurde so gewählt, dass lediglich Beteiligungsgesellschaften einbezogen wurden, die ihren Hauptsitz in Deutschland haben und ihr eingesammeltes Kapital hauptsächlich in Zielunternehmen investieren, die sich in einer Turnaround-Situation befinden. Es wurden keine multinationalen Private Equity-Fonds berücksichtigt, welche neben Wachstumsfinanzierungen und Buy Out-Transaktionen nur einen kleinen Teil ihres Kapitals in Turnaround-Fälle investieren. Eine Liste der Interviewpartner und der Fragebogen sind dem Anhang dieser Dissertationsarbeit beigefügt.

Strukturierte Interviews erschienen bei der Klärung der in dieser Arbeit aufgeworfenen Fragen zielführend, da die Befunde nicht nur Einzelfälle widerspiegeln, sondern durchaus den Anspruch haben, repräsentativ für eine gesamte Branche – in diesem Fall Turnaround-Investoren in Deutschland – zu sein. Darüber hinaus konnten in den geführten Interviews die aktuellen Entwicklungen im Private Equity-Markt berücksichtigt werden, was bei einer Analyse von Vergangenheitsdaten oft schwierig ist. Zudem boten offene Fragen im Interview die Möglichkeit, das bislang noch weitgehend unerforschte Feld des Transaktionsprozesses bei Turnaround-Investitionen näher einzugrenzen und weitere Hypothesen zu generieren.

[10] Vgl. hierzu Kapitel 6 und 7.

1.3. Aufbau der Arbeit

Die vorliegende Dissertationsarbeit ist in acht Kapitel gegliedert, wobei diese grob in vier Teilen zusammengefasst werden können. So gibt der erste Teil eine Einleitung zur vorliegenden Dissertationsarbeit. Der zweite Teil beschäftigt sich mit den theoretischen Grundlagen und führt schließlich zu einer Betrachtung von Turnaround Equity. Im dritten Teil wird zunächst die empirische Untersuchung sowie dessen Ergebnisse präsentiert, bevor der vierte Teil einer abschließenden Zusammenfassung sowie einem Ausblick dient.

Im ersten Kapitel sind die Problemstellung sowie die Zielsetzung der Arbeit beschrieben. Dieser Abschnitt skizziert den Aufbau der Arbeit und beendet damit das erste Kapitel. Das zweite Kapitel beschreibt und analysiert Turnaround-Situationen sowie Unternehmenskrisen, um das Verständnis der Zusammenhänge von Turnaround-Investitionen zu erhöhen. Daher werden in einem ersten Schritt Definitionen von Turnaround-Situationen gegeben, um so die Frage, wann ein Unternehmen als Krisenunternehmen und somit als Zielunternehmen für Turn-around-Beteiligungsgesellschaften eingestuft werden kann, beantworten zu können. Dies ist gefolgt von einer Analyse typischer Entstehungsgründe von Unternehmenskrisen sowie effektiver Erkennungsmechanismen. Taktische und strategische Maßnahmen, die eingeleitet werden können, um eine Unternehmenskrise zu bekämpfen, sind im Kapitel 2.4. dargestellt. Abschließend wird im zweiten Kapitel ein kurzer Überblick zum Markt von Krisenunternehmen in Deutschland gegeben in Bezug zur Insolvenzstatistik.

Kapitel drei wendet sich dem Begriff Private Equity zu und gibt eine kurze Erklärung zur Entstehungsgeschichte von Private Equity sowie Venture Capital. Danach werden die unterschiedlichen Finanzierungsphasen von Private Equity anhand des Unternehmenslebenszyklus-Konzeptes dargestellt, gefolgt von einem Überblick zu den hauptsächlichen Akteuren im Private Equity-Markt. Abschließend wird in Kapitel drei der deutsche Private Equity-Markt anhand statistischer Zahlen in seiner Größe und seinem Aufbau dargestellt.

Der Fokus dieser Arbeit liegt auf der Untersuchung des Transaktionsprozesses, der Bestandteil der Private Equity-Wertschöpfungskette ist. Somit wird in Kapitel vier zunächst das Prozessverständnis der Private Equity-Wertschöpfungskette dargestellt, bevor ausführlich auf die drei Hauptbestandteile des Transaktionsprozesses, die Due Diligence, die Unternehmensbewertung sowie die Transaktionsstrukturierung, eingegangen wird. Eine kurze Zusammenfassung von umweltbezogenen Einflussfaktoren auf die Private Equity-Wertschöpfungskette schließt das vierte Kapitel ab. Das fünfte Kapitel bildet das Ende des zweiten Teils dieser Dissertationsarbeit und bringt die Erkenntnisse der vorigen Kapitel zusammen, um zu einem Verständnis von Turnaround Equity zu gelangen.

Kapitel sechs leitet über zum dritten Teil dieser Dissertationsarbeit, indem die zu Grunde gelegten Theorien und die daraus abgeleiteten Verbindungen zur empirischen Untersuchung dargestellt werden. Dabei wurden zwei Perspektiven angewendet: die ökonomische Perspektive sowie die ressourcen- und wissensorientierte Perspektive. Dabei wird die ökonomische Perspektive durch die Transaktionskostentheorie (Kapitel 6.1.1.) und der Prinzipal-Agent-Theorie (Kapitel 6.1.2.) beschrieben. Das Kapitel 6.2. stellt schließlich das angewendete methodische Vorgehen der empirischen Untersuchung dar.

Die folgende Abbildung stellt den Aufbau der Arbeit zusammenfassend dar:

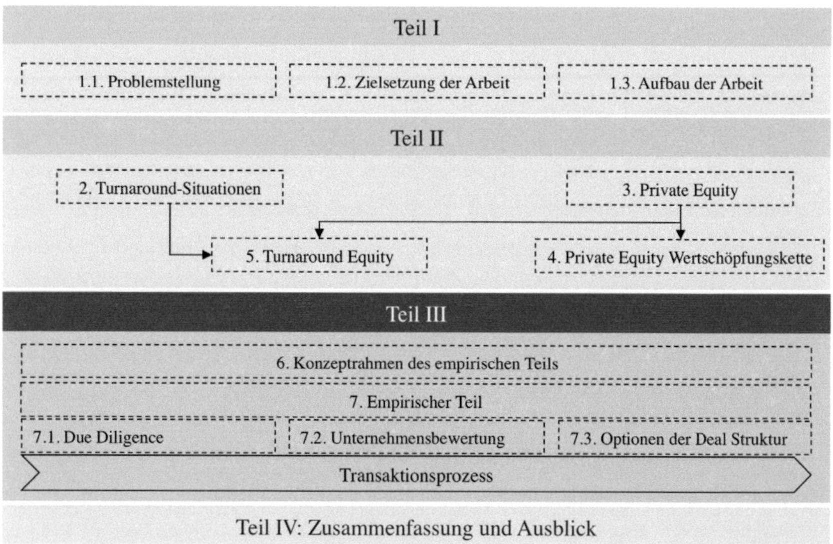

Abbildung 2: Aufbau der Arbeit

Kapitel sieben zeigt die Ergebnisse der empirischen Untersuchung, wobei der Versuch unternommen wird Erfolgsfaktoren im Transaktionsprozess zu formulieren. Dabei geht es vor allem um die Identifikation erfolgversprechender Krisenunternehmen (Kapitel 7.1.), die Bewertung von Krisenunternehmen bei Eigenkapitelfinanzierungen (Kapitel 7.2.) und geeignete Transaktionsstrukturen bei dem Erwerb von Krisenunternehmen (Kapitel 7.3.). Eine besondere Bedeutung nimmt Kapitel 7.2.2. ein. Hier wird aufgrund der Ergebnisse aus den geführten

Interviews ein alternativer Vorschlag zur Bewertung von Krisenunternehmen präsentiert. Insgesamt sind die Kapitel vier und sieben zusammenhängend zu betrachten, da in Kapitel vier theoretische Ausführungen zum Transaktionsprozess dargestellt sind, die zu Annahmen bezüglich von Turnaround-Investitionen überleiten. In Kapitel sieben sind schließlich die empirischen Resultate dargestellt, die spezifisch ihre Gültigkeit für das gewählte Sample, deutscher Turnaround-Beteiligungsgesellschaften haben.

Zum Abschluss werden in Kapitel 8 die Ergebnisse der Dissertationsarbeit zusammengefasst und ein Ausblick hinsichtlich der zukünftigen Bedeutung von Turnaround Equity gegeben. Dabei wird auch auf weitere Forschungsfragen eingegangen, die sich während dieser Dissertationsarbeit ergeben haben.

2. Turnaround-Situationen

2.1. Definition von Turnaround-Situationen

Die Öffentlichkeit nimmt häufig Unternehmenskrisen lediglich bei großen Unternehmen, wie zum Beispiel Alitalia, Infineon, PIN Group oder die Philipp Holzmann-Gruppe, wahr. Im Jahr 2009, führten vor allem die Unternehmenskrisen bei Opel, der Hypo Real Estate Gruppe und der Schaeffler Gruppe zu einer erhöhten Unsicherheit in der deutschen Öffentlichkeit. Die genannten Krisen waren das Ergebnis der im Jahr 2007 ausgebrochen Bankenkrise sowie der stark zurückgegangenen Nachfrage am Automobil-Markt. Aus einer makro-ökonomischen Perspektive sind jedoch Unternehmenskrisen bei kleinen und mittleren Unternehmen ebenso wichtig für die wirtschaftliche Lage einer Region, auch wenn sie nicht direkt von der Bevölkerung und den Medien wahrgenommen werden. [11] Die meisten Unternehmenskrisen führen zu Mitarbeiterabbau und einer Verringerung der Steuereinnahmen für den Staat. Nationale Gesetze[12], Unternehmensleitlinien[13] und moderne Risikomanagementsysteme sollen Führungskräften in Unternehmen, Aufsichtsräten und Wirtschaftsprüfern helfen, die unternehmensinternen Kontrollmechanismen zu verbessern und mögliche Unternehmenskrisen, Schwächen und Umweltrisiken so früh wie möglich zu erkennen. Der Zweck dieser Instrumente und Mechanismen ist die Abwehr von Schaden, den ein Unternehmen während einer Krise nehmen kann. Dieser Schaden kann im Extremfall die Bedrohung der alleinständigen Überlebensfähigkeit eines Unternehmens bedeuten.

Es erscheint sinnvoll, zunächst einen näheren Blick auf die Definition und die Charakteristika von Turnaround-Situationen zu werfen. Was sind Turnaround-Situationen? Da die Begriffe Turnaround-Situationen und Unternehmenskrisen stark miteinander in diesem Kontext verbunden sind, werden beide in den nächsten Abschnitten gemeinsam betrachtet und nicht voneinander unterschieden. Die angelsächsische Turnaround-Literatur verwendet die Begriffe Unternehmenskrisen und Turnaround-Situationen fast synonym. Bei den alten Griechen bedeutete das Wort Krise (κρίσις, krísis) eine problematische Situation, die mit einem Wendepunkt und einer Entscheidung verbunden wurde. In der deutschen Betriebswirtschaftslehre

---

[11] Vgl. PICOT/ALETH (1999), S. 1.

[12] Zum Beispiel das KonTraG.

[13] Zum Beispiel der Corporate Governance Codex.

liefert *Krystek* eine oft zitierte und verständliche Definition von Unternehmenskrisen. Er versteht eine Unternehmenskrise als ungeplante und ungewollte Prozesse, die begrenzt sind in Ihrer Dauer und Stärke. Des Weiteren geht er davon aus, dass diese Prozesse die Ertragslage eines Unternehmens substantiell und nachhaltig gefährden können und sogar die Überlebensfähigkeit eines Unternehmens gänzlich einschränken können.[14] In der betriebswirtschaftlichen Literatur wird bei der Beschreibung von Unternehmenskrisen auch eine Analogie zum medizinischen Bild von Krisen verwendet, indem eine Unternehmenskrise als eine Krankheit mit ambivalentem Ausgang verstanden wird. Das Auslassen von Gegenmaßnahmen führt dann ceteris paribus zu einer Liquidation des betreffenden Unternehmens meist aufgrund fehlender Liquidität.[15]

Picot und *Ahlet* beschreiben einen Turnaround als einen radikalen Wechsel in der Unternehmensstrategie. Dies stellt eine Reaktion auf die Gefahr dar, dass der Unternehmenserfolg durch die Unternehmenskrise stark geschädigt werden kann.[16] Der Beginn einer Turnaround-Situation kann anhand von subjektiven Meinungen basierend auf der Erreichung bzw. dem Verfehlen von Unternehmenszielen, persönlichen Ertragserwartungen sowie neutralen Schlüsselkennzahlen festgestellt werden. Eine Turnaround-Situation liegt allgemein dann vor, wenn bedeutende Unternehmensziele verfehlt werden. Folglich ist die Existenz von Unternehmen, die sich in einer Turnaround-Situation befinden, grundsätzlich gefährdet und deren Ausgang ist nicht vorhersehbar.[17] Drei dominante Unternehmensziele können dabei besonders hervorgehoben werden: eine Insolvenz zu vermeiden, eine minimale Rendite zu erzielen und Erfolgspotentiale des Unternehmens zu sichern.

Im Allgemeinen führt eine Unternehmenskrise auf der einen Seite zu einem erhöhten Handlungsdruck auf die Führungskräfte des betreffenden Unternehmens, so schnell wie möglich Gegenmaßnahmen einzuleiten. Dies wird dadurch noch erschwert, dass die Optionen im Entscheidungsprozess immer weniger werden je länger das Unternehmen unter der Krise leidet. Daraus folgt, dass die Führungsqualitäten des Managements innerhalb einer konfliktträchtigen Atmosphäre stark beansprucht werden und ihre Gesellschafter, Mitarbeiter sowie andere Stakeholder das Vertrauen in sie verlieren. Auf der anderen Seite erschweren die Begrenzungen

---

[14] Vgl. KRYSTEK (1987), S. 6f.

[15] Vgl. VON BOXBERG (1989), S. 112-113.

[16] Vgl. PICOT/ALETH (1999), S. 2.

[17] Vgl. BUSCHMANN (2006), S. 8.

an den zur Verfügung stehenden Ressourcen, welche besonders stark während einer Turnaround-Situation gegeben sind, die Möglichkeiten, zum Beispiel Finanzierungsmittel von Banken oder anderen Geldgebern zu bekommen, das Qualitätslevel des Managements zu erhöhen oder die Verhandlungsposition gegenüber Stakeholdern zu stärken.[18] Die folgende Abbildung zeigt einen Überblick auf die drei hauptsächlichen Forschungsfelder der aktuellen Krisenforschung, die den Krisenprozess bezogen auf den Erreichungsgrad von Unternehmenszielen und entlang der Zeitachse kategorisieren: Gründe für Unternehmenskrisen, Erkennung von Unternehmenskrisen und Bewältigung von Unternehmenskrisen.

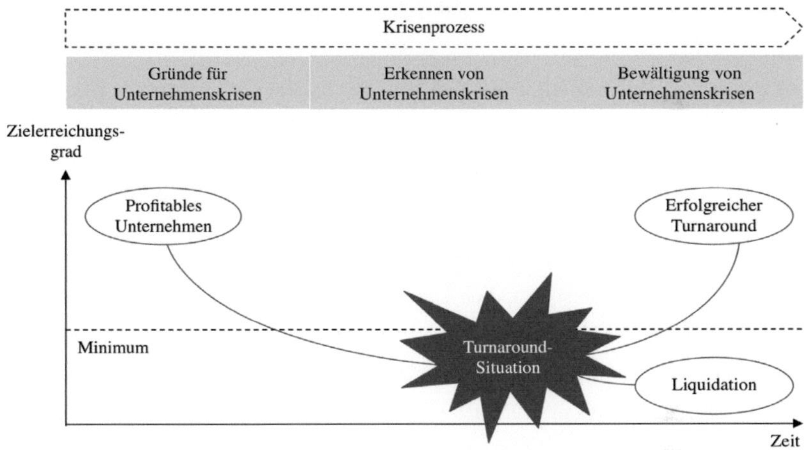

Abbildung 3: Krisenforschung[19]

In Abbildung 3 ist zu erkennen, dass ein Minimum an Zielerreichung gegeben sein muss, damit keine existenzbedrohliche Situation für das Unternehmen entsteht. Zudem wird sichtbar, dass der Prozess von einer profitablen Ausgangssituation zu einer Turnaround-Situation einen relativ langen Zeitverlauf nehmen kann, wobei der ambivalente Ausgang einer Turnaround-Situation im Vergleich dazu dem Management einen deutlich kürzeren zeitlichen Rahmen zur Verfügung stellt, innerhalb dessen notwendige Restrukturierungsmaßnahmen bereits greifen müssen. In der Krisenforschung werden demnach nur zwei mögliche Szenarien unterschieden: entweder erreicht das Unternehmen wieder eine marktübliche Rendite oder es ist fortwährend nicht wettbewerbsfähig und scheidet somit aus dem Markt aus.

[18] Vgl. BUSCHMANN (2006), S. 9-10.

[19] In Anlehnung an KALL (1999), S. 10.

Der Krisenprozess kann wiederum in vier verschiedene Phasen unterteilt werden: die strategische Krise, die Ertragskrise, die Liquiditätskrise und die Insolvenz oder Existenzkrise.[20] Der Krisenprozess beginnt mit einer strategischen Krise und kann im schlimmsten Fall zur Insolvenz eines Unternehmens führen. Mit zunehmenden Krisengrad verfügt das Management über immer weniger Handlungsoptionen, wobei von ihm erwartet wird, dass es immer mehr gegen den fortschreitenden Krisenprozess tun soll.[21] Die strategische Krise ist nicht immer direkt mit dem aktuellen Erfolg bzw. Misserfolg des betreffenden Unternehmens verbunden. Die Gründe für eine strategische Krise sind demnach schwer zu identifizieren und die Konsequenzen einer Krisensituation werden oft erst im Nachhinein bemerkt. Im Gegensatz dazu können die Ertragskrise und die Liquiditätskrise anhand von Kennzahlen erkannt und analysiert werden. Für die Analyse dienen zum Beispiel das EBT, Umsatzzahlen (Ertragskrise) oder der operative Cashflow (Liquiditätskrise).[22] Im deutschen Gesetz ist der Status des Insolvenztatbestandes klar geregelt, wobei die Insolvenz nicht zwingend zu einer Liquidation des Unternehmens führen muss.[23]

Dem deutschen Insolvenzrecht folgend, gibt es drei Gründe für das Vorliegen des Insolvenztatbestandes: Zahlungsunfähigkeit, drohende Zahlungsunfähigkeit oder Überschuldung.[24] Ein Unternehmen ist zahlungsunfähig, sobald nicht alle fälligen Zahlungsverpflichtungen bedient werden können. Die Pflicht zur Anmeldung einer Insolvenz kann um bis zu 4 Wochen hinausgezögert werden, wenn die Finanzierungslücke absehbar innerhalb dieser Zeitspanne geschlossen werden kann. Die Zahlungsunfähigkeit ist der häufigste Grund für die Eröffnung eines Insolvenzverfahrens in Deutschland. Ein Unternehmen ist überschuldet, wenn die Aktiva des betreffenden Unternehmens nicht die derzeit vorhandene Verschuldung decken. Somit ergibt sich bei der Überschuldung ein negatives Eigenkapital. Dies ist zunächst eine Betrachtung der bilanziellen Buchwerte. Für die Feststellung der Überschuldung werden jedoch die Aktiva mit Ihrem Substanzwert unter der Annahme einer Fortführung des Unternehmens be-

[20] Vgl. NICKERT/NICKERT/BARTONE (2004), S. 1-3.

[21] Vgl. KOEPFF (2007), S. 23.

[22] Vgl. CRONE/WERNER (2007), S. 3-5.

[23] Vgl. KRYSTEK (2006), S.47.

[24] Vgl. MANZEL/MANZEL (2003), S. 26-36.

wertet, da grundsätzlich das Fortbestehen und die Marktfähigkeit des betreffenden Unternehmens angenommen werden.[25]

So lange das Management keine Gegenmaßnahmen beim Vorliegen einer Unternehmenskrise einleitet, wird sich der Grad der Bedrohung kontinuierlich und exponentiell erhöhen.[26] Zusätzlich wird der Bewegungsspielraum für einen erfolgreichen Turnaround immer kleiner. Daher spielt ein möglichst schnelles Erkennen einer Unternehmenskrise anhand von verschiedenen finanzwirtschaftlichen und operativen Kennzahlen eine bedeutende Rolle bei der Insolvenzprävention. Die folgende Abbildung zeigt den vierteiligen Krisenprozess nach *Müller*:

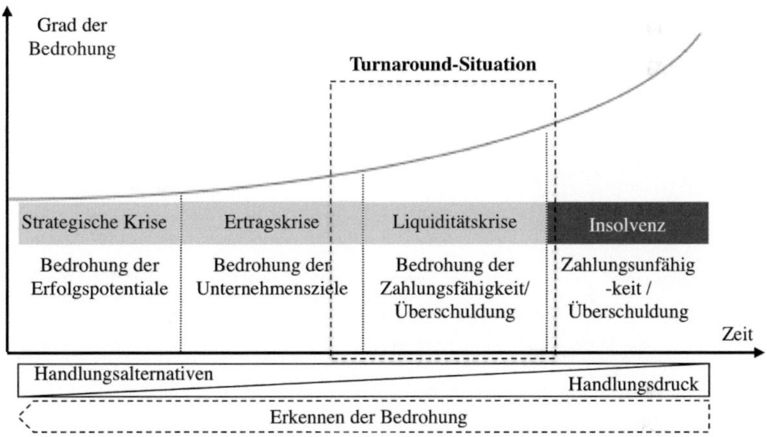

Abbildung 4: Der Krisenprozess nach Müller[27]

Aus dem Prozessverständnis von Müller kann eine qualitative Definition von Turnaround-Situationen abgeleitet werden. Demnach befindet sich dann ein Unternehmen in einer Turnaround-Situation, wenn es sich in einer starken Ertragskrise oder Liquiditätskrise befindet. Das betreffende Unternehmen mag sogar schon in der Nähe des Insolvenztatbestandes sein, jedoch bedingt eine Turnaround-Situation die Möglichkeit die drohende Insolvenz noch abwenden zu können. Das bedeutet, dass beim Vorliegen einer Insolvenz nicht mehr von einer Turnaround-Situation gesprochen werden kann. Die Grenzen zwischen der Ertrags- und der Liquiditätskri-

[25] Vgl. NICKERT/NICKERT/BARTONE (2004), S. 20-22.

[26] Vgl. GRAPE (2006), S. 12.

[27] In Anlehnung an MÜLLER (1986), S. 27.

se können nicht klar gezogen werden, so dass dies dem jeweiligen Betrachter obliegt, ob er das Unternehmen als Turnaround-Fall oder als ein lediglich unterdurchschnittlich entwickeltes Unternehmen ansieht. Symptome bei der Liquiditätskrise sind vor allem zurückgehende Umsätze, ein negativer operativer Cashflow, ein Aufbau von Verbindlichkeiten aus Lieferungen und Leistungen, die Überziehung von Kreditlinien, Lohn- und Gehaltskürzungen sowie eine geringe Eigenkapitalquote. Erschwerend kommt hinzu, dass diese Symptome häufig nicht ohne Auswirkungen bleiben. Sobald Banken oder Zulieferer die Unternehmenskrise bei einem Kunden bemerken, versuchen sie ihr Risiko zu reduzieren und kürzen Kreditlinien oder ändern die vereinbarten Zahlungsbedingungen.

In Ergänzung zu dieser qualitativen Definition von Turnaround-Unternehmen hat *Altman* das so genannte Z-Score-Modell entwickelt, mit dem ebenso Turnaround-Unternehmen anhand einer mathematischen Formel definiert werden können. Das Z-Score-Modell wurde im Jahr 1968 zuerst publiziert und 15 Jahre später in mehreren Varianten weiterentwickelt. Die Weiterentwicklung bezog sich zum einen auf nicht börsengelistete Unternehmen (Z') sowie nicht produzierende Unternehmen (Z'').[28]

Die Formel beinhaltet finanzwirtschaftliche Daten aus der Bilanz, der Gewinn- und Verlustrechnung und sofern das Unternehmen an der Börse gehandelt wird auch den Aktienpreis. Da das Modell von *Altman* einfach zu verstehen und anzuwenden ist, wird das Z-Score-Modell immer noch an Hochschulen sowie von Praktikern angewendet. Die Formel setzt sich aus den folgenden Bestandteilen zusammen[29]:

$$Z = 1{,}2X_1 + 1{,}4X_2 + 3{,}3X_3 + 0{,}6X_4 + 1{,}0X_5$$

wobei

X_1 = Working Capital / Gesamtkapital,

X_2 = Thesaurierte Gewinne / Gesamtkapital,

X_3 = Ergebnis vor Zinsen und Steuern (EBIT) / Gesamtkapital,

X_4 = Marktwert des Eigenkapitals / Buchwert der Verbindlichkeiten

X_5 = Umsatzerlöse / Gesamtkapital

---

[28] Vgl. ALTMAN (1993), S. 184f., 202f., 206.

[29] Vgl. ALTMAN (1993), S. 186-188.

Das Z-Score-Modell definiert anhand der errechneten Z-Score drei Zonen, in denen sich ein Unternehmen befinden kann. Grundsätzlich gilt, je höher die Z-Score, desto gesünder ist das betreffende Unternehmen. Die Grenzwerte der drei aufgestellten Zonen sind folgende[30]:

$Z > 2{,}99$ = "safe"-zone

$1{,}80 < Z < 2{,}99$ = "grey"-zone

$Z < 1{,}80$ = "distress"-zone

Das operative Geschäft des zu untersuchenden Unternehmens wird durch die Variablen X_1, X_2, X_3, und X_5 repräsentiert. X_4 basiert im Zähler auf den Schätzungen der Kapitalmärkte und berücksichtigt im Nenner die Kapitalstruktur des Unternehmens. Altman hat in eigenen Untersuchungen empirisch nachgewiesen, dass mit Hilfe des Z-Score-Modells „bankruptcy can be predicted as much as two reporting periods prior to the event".[31] *Meitner* und *Westerheide* zeigen jedoch, dass die Fehlerwahrscheinlichkeit des Z-Score-Modells zunimmt, sobald der Aktienpreis relativ gering ist.[32] Während der letzten Jahrzehnte wurde das Z-Score-Modell ständig weiterentwickelt, um es universell für Unternehmen verschiedener Größe oder in verschiedenen Märkten einsetzbar zu machen. Eines dieser Erweiterungen ist das ZETA-Modell. [33]

Die folgende Abbildung zeigt Emittlungen der Z-Score für produzierende Unternehmen aus dem deutschen Aktienindex DAX-30 zum 31. Dezember 2008. Die hell markierten Balken geben die Unternehmen wieder, welche sich nach der Klassifikation der Z-Score innerhalb der „safe"-zone befinden. Die beiden schwarzen horizontalen Linien markieren die Grenzen zwischen den drei möglichen Zonen. Trotz der Auswahl von gewachsenen und am jeweiligen Markt etablierten Unternehmen sind mehr als die Hälfte der ausgewählten Unternehmen entweder in der „grey"-zone oder sogar in der „distress"-zone (dunkle Balken). Hier werden die Auswirkungen der Krise im Automobilmarkt deutlich, da vor allem die drei großen deutschen Automobilhersteller die schlechtesten Score anzeigen und sich innerhalb der „distress"-zone befinden. Somit zeigen sich in den Auswertungen der Z-Score zum 31. Dezember 2008 die

---

[30] Vgl. ALTMAN (2003), S. 6.

[31] Vgl. ALTMAN (1993), S. 204.

[32] Vgl. MEITNER/WESTERHEIDE (2005), S. 28.

[33] Vgl. ALTMAN (1993), S. 207.

Auswirkungen der Bankenkrise, die schon in im Jahr 2007 begonnen hat, und des globalen Wirtschaftsabschwunges im letzten Quartal 2008.

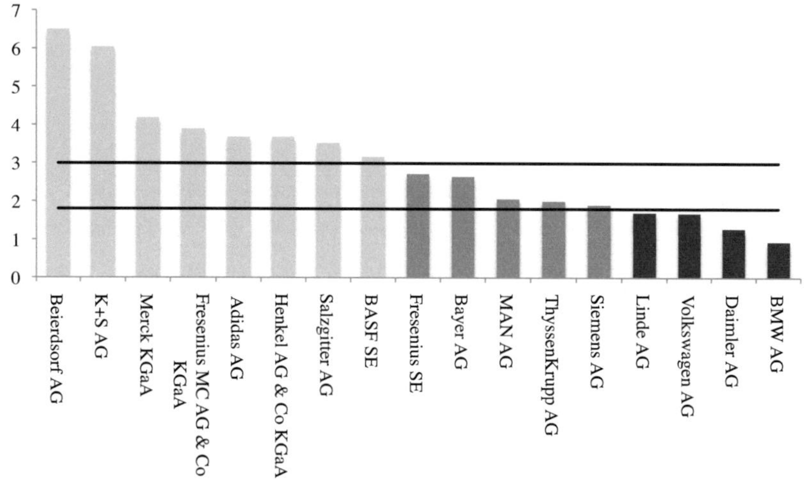

Abbildung 5: Z-Score von Dax-30-Unternehmen zum 31. Dezember 2008[34]

2.2. Die Gründe für eine Unternehmenskrise

Cuny und *Talmor* führen aus, dass Unternehmenskrisen entweder vom Management oder von den Leistungserbringungsprozessen ausgehen.[35] Bei dem Versuch, das Auftreten von Unternehmenskrisen zu erklären, sind die dabei auftretenden komplexen Ursache-Wirkungs-Beziehungen zu identifizieren und zu verstehen. Dies betrifft sowohl die Unternehmensorganisation als auch dessen gesamtes Umfeld.[36] In diesem Zusammenhang formte *Krystek* die drei folgenden Begriffe: Multikausalität, Multi-Staging und Multi-Locality.[37] Forschungsarbeiten auf diesem Gebiet gehen zurück auf *Fleefe-Althoff* oder *Findeisen* aus den frühen 1930er Jahren.[38] Sie beide haben unprofitable Unternehmen untersucht, um Erkenntnisse über

---

[34] Die Ergebnisse wurden mit Hilfe des Finanzinformationsdienstleisters Bloomberg L.P. erhoben.

[35] Vgl. CUNY/TALMOR (2007), S. 631.

[36] Vgl. KRYSTEK (2006), S. 51. und BUSCHMANN (2006), S. 14.

[37] Vgl. KRYSTEK (1987), S. 67f.

[38] Vgl. FLEEGE-ALTHOFF (1930) und FINDEISEN (1932).

die Gründe für deren Unternehmenslage zu gewinnen und daraus Rückschlüsse abzuleiten, die wiederum auf gesunde Unternehmen angewendet werden können.

Allgemein können verschiedene endogene und exogene Gründe für Unternehmenskrisen zusammengefasst werden. Den Analysen der Krisenforschung folgend, ist der Grund für eine Unternehmenskrise meist endogen. Damit ist gemeint, dass die Gründe innerhalb des Unternehmens liegen und nicht außerhalb des Unternehmens durch das Unternehmensumfeld herbeigeführt werden. Fehler des Managements, die sich z. B. in nicht erfolgreichen Investitionsentscheidungen, einer unrealistischen Unternehmensplanung oder einem unvollständigen Controlling ausdrücken, bilden einer der Hauptgründe für das Vorliegen einer Unternehmenskrise. Dem gegenüber können auch exogene Gründe in Form von Markttrends und Ereignissen außerhalb des Unternehmens einen signifikanten Einfluss auf die Ertragspotentiale von Unternehmen haben. Exogene Gründe kann das Management des betreffenden Unternehmens nur in geringem oder zum Teil überhaupt keinem Umfang beeinflussen im Gegensatz zu endogen Gründen. Dies betrifft vor allem ökonomische, soziale, technische und strukturelle Veränderungen innerhalb der Unternehmensumwelt, wie zum Beispiel der Wechsel zur digitalen Fotographie oder die Entwicklung des Internets.[39]

Es ist wichtig, zwischen den Gründen einer Unternehmenskrise und deren Symptomen zu unterscheiden. Die Gründe für eine Unternehmenskrise beantworten die eigentliche Frage nach dem Warum eine Krise entstanden ist und an welchen Stellen sie zu bekämpfen ist. In den meisten Fällen liegt jedoch nicht nur ein Grund vor, der zum Ausbruch einer Krisensituation geführt hat, sondern komplexe Ursache-Wirkungs-Zusammenhänge. Im Gegensatz dazu beschreiben Symptome die Signale, die eine Unternehmenskrise schon in einem frühen Stadium sendet. Daher nehmen Symptome einer Unternehmenskrise eine wichtige Rolle bei der Erkennung einer Krise ein, aber geben nur eingeschränkt Hinweise auf die ursprünglichen Entstehungsgründe und wie mit ihr umzugehen ist.[40]

Die Krisenursachenforschung lässt sich grob in quantitative und qualitative Studien unterteilen. Quantitative Arbeiten basieren auf statistischen Daten, wie zum Beispiel die betreffende Branche des Unternehmens, die rechtliche Form, die Unternehmensgröße und das Alter. Forschungsarbeiten auf diesem Gebiet versuchen weitere Informationen bezüglich der Beziehun-

[39] Vgl. KOEPFF (2007), S. 20-21 oder auch Schellberg (2008), S. 57.

[40] Vgl. BUSCHMANN (2006), S. 14-16.

gen zwischen statistisch-erfassbaren Daten und Unternehmenskrisen oder Insolvenzen zu sammeln.[41] Die Aussagekraft dieser quantitativen Studien ist nur begrenzt, da die Ergebnisse nicht klar unterscheiden zwischen Entstehungsgründen und Symptomen einer Krise. So ist zum Beispiel eine geringe Eigenkapitalquote in den meisten Fällen ein Symptom für das Vorliegen einer Unternehmenskrise aber nicht deren ursprünglicher Ausgangspunkt. Zudem wird die Eigenkapitalquote von vielen verschiedenen Abläufen im Unternehmen beeinflusst, so dass eine klare Identifikation von Krisenursachen erschwert wird. Daher würde eine Erhöhung des Eigenkapitals, zum Beispiel durch die Einlage von Gesellschaftermitteln, die Eigenkapitalquote zumindest temporär erhöhen, die Probleme, die zu der niedrigen Eigenkapitalquote geführt haben, jedoch nicht beheben. Somit vernachlässigt eine Reaktion auf die Krisensymptome die eigentlichen Krisenursachen, was in der langfristigen Perspektive, dem Krisenprozess nach *Müller* folgend, die Krisensituation weiter verschärft.

Qualitative Arbeiten sind in der Krisenursachenforschung verbreiteter, wobei diese neben ihren Stärken auch Schwächen aufweisen.[42] Quellen von qualitativen Arbeiten sind zumeist Interviews sowie Befragungen von zum Beispiel Insolvenzverwaltern, in einen Krisenprozess involvierte Führungskräfte und Berater. Zusammengefasst führen diese Arbeiten zu einer allgemeinen Feststellung von häufig auftretenden Krisenursachen, wobei sie unter der Subjektivität der befragten Experten leiden und von den unterschiedlichen Interessen der Befragten im Krisenprozess beeinflusst werden.[43]

In der deutschen betriebswirtschaftlichen Literatur finden sich einige Arbeiten zu der Erforschung von Krisenursachen. Eine bekannte Studie wurde in den 1970er Jahren von *Reske*, *Brandenburg* und *Mortsiefer* durchgeführt, bei der sie rund 1.300 Insolvenzfälle analysiert haben. Sie haben dabei in Übereinstimmung zu anderen Arbeiten zwei wesentliche Krisenursachen herausgestellt: Fehler im Management des Unternehmens und eine zu geringe Eigenkapitalfinanzierung.[44] Diese Ergebnisse geben zwar einen ersten Anhaltspunkt für die Beantwortung zur Entstehung von Unternehmenskrisen, sie sind jedoch nicht besonders wertvoll, da der Begriff Fehler im Management sehr breit gefasst ist und im Detail näher beschrieben werden muss. Zudem kann eine geringe Eigenkapitalfinanzierung, wie schon gezeigt, eher als

[41] Vgl. KRYSTEK (2006), S. 52 und S. 64.

[42] Für einen Überblick über qualitative Studien vgl. auch ADVISORIA OHG (2004), S. 14.

[43] Vgl. BUSCHMANN (2006), S. 15.

[44] Vgl. RESKE/BRANDENBURG/MORTSIEFER (1976) S. 171-173.

ein Symptom einer Krise anstatt eines originären Entstehungsgrundes angesehen werden. *Pümpin* und *Prange* haben einen anderen Ansatz gewählt und Krisenursachen entlang des Unternehmenslebenszyklus identifiziert. In der Frühphase eines Unternehmens (Pionierphase) lässt sich eine Tendenz erkennen, dass Unternehmenskrisen von der Inkompetenz und Überforderung der Gründer entstehen, indem sie zum Beispiel Umsatzerlöse zu optimistisch planen und Kosten nicht sachgemäß dem Geschäft anpassen. Des Weiteren kann ein Mangel an Fokussierung zu einer ineffizienten Marktbearbeitung führen. In der Wachstumsphase resultieren Unternehmenskrisen auf der einen Seite durch eine Überexpansion des Kerngeschäftes. Auf der anderen Seite kann zudem eine übereilige und unüberlegte Diversifikationsstrategie das betreffende Unternehmen in eine wirtschaftliche Schieflage bringen. Unternehmen in der Spätphase leiden häufig unter einer veralteten Unternehmensvision, unzureichenden Nachfolgeplanungen bei den Gesellschaftern oder Überregulation.[45]

Die folgende Abbildung zeigt die Systematik von endogen und exogen ausgelösten Unternehmenskrisen:

Endogene Faktoren		Exogene Faktoren	
marktinduziert	wettbewerbs-induziert	marktinduziert	wettbewerbs-induziert
Überexpansion	Ineffizienzen	Nachfrage-rückgang	Wettbewerbs-veränderungen

Abbildung 6: Gründe für Unternehmenskrisen[46]

Hauschildt formuliert vier Idealtypen bezogen auf schlecht geführte Unternehmen abgeleitet aus einer Analyse von 72 Unternehmenskrisen. Der erste Typ ist charakterisiert durch einen signifikanten Rückgang beim Umsatz. Das Management hat nicht die Möglichkeiten und im Zweifel Fähigkeiten innerhalb einer kurzen Zeitspanne in ausreichender Weise gegenzusteuern. Zudem fehlt eine Abstimmung zu anderen Unternehmensfunktionen, wodurch die Balance von Einkauf- und Produktionskapazitäten gestört wird. Dies hat letztlich durch sinkende Ertragsmargen wiederum indirekt negativen Einfluss auf die Eigenkapitalquote des betreffenden Unternehmens. Der zweite Typ, den *Hauschildt* ausmacht, ist technologisch gefährdet. Dies liegt zumeist an veralteten Produktionskapazitäten und maschineller Ausstattung aufgrund einer niedrigen Investitionsrate und F&E-Aktivitäten in den vergangenen Perioden.

---

[45] Vgl. PÜMPIN/PRANGE (1991), S. 211-223.

[46] In Anlehnung an BUSCHMANN (2006), S. 18.

Außerdem hält das Management an den eingesetzten Methoden strikt fest und denkt nicht innovativ. Der dritte Typ hat eine Expansionsstrategie formuliert und durchgeführt, welche jedoch nicht erfolgreich am Markt durchgesetzt werden konnte. Dies führt dann unter anderem zu Finanzierungsproblemen sowie zu Überkapazitäten innerhalb der Unternehmensorganisation, dessen direkter Abbau mit erheblichen Kosten verbunden ist. Der vierte Typ ist durch einen konservativen, unflexiblen und patriarchischen Geschäftsführer bzw. Vorstand gekennzeichnet. In den meisten Fällen war das betreffende Unternehmen erfolgreich in den vergangenen Perioden, aber ist nicht fähig mit dynamischen, sich verändernden Umweltbedingungen umzugehen.[47]

2.3. Das Erkennen einer Unternehmenskrise

Wie schon in den vorigen Passagen ausgeführt, helfen Krisensymptome dem Management eine sich anbahnende Krisensituation zu erkennen und erlauben ihm, so schnell wie möglich geeignete Gegenmaßnahmen einzuleiten. Trotzdem ist es von entscheidender Bedeutung zu berücksichtigen, dass Symptome, wie zum Beispiel eine geringe Liefertreue, nicht gleichzusetzen sind mit den Entstehungsgründen der Krise.[48] Die Krisenforschung geht davon aus, dass Unternehmenskrisen insbesondere durch das Unvermögen des Managements, sich verändernden Umweltbedingungen des Unternehmens anzunehmen, zurückzuführen ist. Daher betonen *Schendel*, *Patton* und *Riggs* die Wichtigkeit von Instrumenten, die eine zügige Identifikation des Vorliegens einer Unternehmenskrise ermöglichen. Beispiele für nützliche Instrumente in diesem Zusammenhang sind fortlaufende Liquiditätsplanungen, Vergleiche zu Marktkennzahlen und anderen Verhältniszahlen, Zeitreihenanalysen, Deckungsbeitragsanalysen sowie eine Break-Even-Analyse.[49]

Das Z-Score-Modell von *Altman*, welches in Kapitel 2.1. beschrieben wurde, ist ein quantitativer Ansatz, um Turnaround-Unternehmen zu bestimmen und von gesunden Unternehmen abzugrenzen. Da die Input-Daten für die Berechnung der Z-Score jedoch keine zukünftigen Schätzungen beinhalten, sondern lediglich auf Vergangenheitsdaten abstellen, ist die Aussagekraft für die zukünftige Lage des betreffenden Unternehmens begrenzt. Daher entwickelte *Ansoff* unter Berücksichtigung dieser Begrenzungen ein qualitatives Frühwarnsystem, wel-

[47] Vgl. HAUSCHILD (2000), S. 11f.

[48] Vgl. BÖCKENFÖRDE (1996), S. 22.

[49] Vgl. MANZEL/MANZEL (2003), S. 46.

ches die dynamische Unternehmensumwelt mit in den Versuch der Erkennung von Unternehmenskrisen einbezieht. *Ansoff* vermutet, dass nach so genannten „schwachen Signalen" innerhalb der Unternehmensumwelt frühzeitig gesucht werden kann und diese dem Management helfen können eine drohende Krise zu antizipieren.[50] Schwache Signale können zum Beispiel überzogene Kreditlinien oder personelle Wechsel von wichtigen Schlüsselpositionen sein. Auf diesem Ansatz aufbauend haben *Krystek* und *Müller-Stewens* später ein so genanntes „strategisches Radar" entwickelt, um die rechtzeitige Identifikation von Signalen und Risikofeldern für Unternehmenskrisen zu ermöglichen.[51] Zu typischen Risikofeldern zählen zum Beispiel Veränderungen der rechtlichen Gegebenheiten, Veränderungen bezüglich der Rechtsprechung, Zinsschwankungsrisiken, Wechselkursrisiken, Kreditrisiken, Kundenverhalten sowie das Verhalten von Wettbewerbern.[52]

Nicht nur das Management, sondern auch die Eigentümer und andere Stakeholder sind darum bemüht, vor allem in einer Krisensituation so viele Informationen wie möglich über den Zustand des Unternehmens zu gewinnen, um die Krisensituation beurteilen und mögliche Folgewirkungen abschätzen zu können. Quantitative Analysen zur Beurteilung der aktuellen Unternehmenssituation werden auch von Banken, Versicherungsunternehmen sowie Finanzmarktanalysten verwendet und stützen sich vor allem auf die testierten Jahresabschlüsse des betreffenden Unternehmens.[53] Ein Vorteil dieser Methodik ist die hohe Verfügbarkeit von Jahresabschlüssen, da diese von großen, börsengelisteten Unternehmen jedes Quartal und von den meisten kleinen und mittleren Unternehmen einmal jährlich veröffentlicht werden müssen. Unternehmen, die nicht börsengelistet sind, müssen ihre Jahresabschlüsse im Bundesanzeiger publizieren, welche auch im Internet eingesehen werden kann. Der wesentliche Nachteil von Analysen mit einem Schwerpunkt auf den Jahresabschlüssen eines Unternehmens ist die verspätete Identifikation von Signalen für eine Unternehmenskrise. Dies wird dadurch verstärkt, indem das Management zunächst versucht Gestaltungsspielräume bei der Bilanzierung auszunutzen, um eine sich abzeichnende Krise zu kaschieren. Daher erscheint es als nützlich, dass Stakeholder bei Ihrer Einschätzung zu der Lage eines Unternehmens und der Suche nach schwachen Signalen zusätzlich zu den öffentlich zugänglichen Informationen

---

[50] Vgl. ANSOFF (1984), S. 22.

[51] Vgl. KRYSTEK/MÜLLER-STEWENS (1990), S. 337ff.

[52] Vgl. NICKERT/NICKERT/BARTONE (2004), S. 8.

[53] Vgl. BUSCHMANN (2006), S. 23; vgl. auch BENNEWITZ/KASTERICH (2004), S. 4ff.

auch persönliche Kontakte und die Einschätzungen von Marktexperten mit berücksichtigen. Dem folgend benutzen Banken bei der Ausgestaltung von Kreditverträgen so genannte Convenants, mit denen versucht wird, das eigene Risiko zu minimieren. Covenants sind bestimmte Grenzen bezogen auf finanzwirtschaftliche Kennzahlen, wie zu Beispiel der Finanzierungsleverage (Finanzverbindlichkeiten in Relation zum EBITDA). Wenn der Schuldner diese vereinbarten Covenants nicht einhalten kann, hat die Bank je nach dem jeweiligen Kreditvertrag das Recht, das Darlehen zu kündigen oder Einfluss auf Managemententscheidungen geltend zu machen.[54]

Zusammenfassend tauchen Unternehmenskrisen meist nicht abrupt und überraschend auf, sondern entstehen langsam und oft versteckt über einen gewissen Zeitraum. Verschiedene Symptome können den Beginn einer Unternehmenskrise anzeigen und je früher der Krisenprozess erkannt wird, desto mehr Handlungsspielraum und Zeit verbleibt dem Management, um entsprechende Gegenmaßnahmen einzuleiten.

2.4. Das Überwinden einer Unternehmenskrise

Ein detailliertes Turnaround-Konzept kann maßgeblich dazu beitragen eine Krise zu überwinden und liefert eine Entscheidungsvorbereitung, ob das betreffende Unternehmen fortgeführt oder liquidiert werden sollte. Das Turnaround-Konzept ist vorwiegend vom Management zu erstellen, wobei dieses sich auch Unterstützung von Dritten, wie zum Beispiel Beratern oder Turnaround-Beteiligungsgesellschaften einholen kann. *Manzel* und *Manzel* schlagen bei der Erstellung eines Turnaround-Konzeptes einen vierstufigen Prozess vor. Zunächst wird die aktuelle Situation vom verantwortlichen Team analysiert und präsentiert. Dies hilft, um in einem nächsten Schritt die Hauptproblemfelder sowie die Krisenursachen zu identifizieren. Sobald dieser Prozessschritt beendet ist, werden die Problemfelder und die Krisensituation bewertet und mögliche Handlungsalternativen werden diskutiert. In einem letzten Schritt werden kurzfristige Ziele definiert und zu diesen Maßnahmen erarbeitet, um möglichst schnell der Krisensituation entgegen zu wirken.[55]

Während der Ausarbeitung kurzfristiger Ziele und den dazu passenden Maßnahmen ist es auch wichtig, für eine langfristige Erholung des betreffenden Unternehmens notwendige Be-

---

[54] Vgl. MANZEL/MANZEL (2003), S. 11.

[55] Vgl. MANZEL/MANZEL (2003), S. 43.

dingungen zu formulieren. Einige wichtige taktische Maßnahmen, die notwendig sind für das kurzfristige Überleben, können konträr zur langfristigen Entwicklung des Unternehmens stehen. Daher muss das verantwortliche Team sicherstellen, dass kurzfristige Maßnahmen strategische Ressourcen oder Marktbeziehungen nicht in dem Maße schwächen, dass eine langfristige Entwicklung des Unternehmens unmöglich wird. Eine weitere Herausforderung in diesem Zusammenhang ist, dass die Ausarbeitung von taktischen Maßnahmen sowie des Turnaround-Konzepts zeitlich der neuen strategischen Ausrichtung vorgelagert sind. Demnach werden taktische Maßnahmen schon ausgeführt, während das langfristige Soll-Konzept noch fertiggestellt werden muss. Es lassen sich bei den eingeleiteten Maßnahmen zwei verschiedene Arten unterscheiden. Zum einen hat das verantwortliche Team die Möglichkeit, taktische Maßnahmen zu ergreifen, die sicherstellen sollen, dass das Unternehmen kurzfristig überlebt. Zum anderen gibt es strategische Maßnahmen, die dazu dienen, das Unternehmen zu reorganisieren und neu langfristig auszurichten. Diese Situation kann weder als gewünscht noch als ideal bezeichnet werden, resultiert jedoch aus den limitierten Ressourcen des Managements.[56]

Turnaround-Maßnahmen können allgemein gesehen chronologisch eingeteilt werden.[57] Auf der einen Seite versuchen taktische Maßnahmen direkt die Überlebenschancen des betreffenden Unternehmens zu erhöhen. Dies betrifft alle sofort eingeleiteten Maßnahmen innerhalb der ersten acht Wochen im Turnaround-Prozess sowie alle kurzfristigen Maßnahmen innerhalb der ersten zwölf Monate, die im Turnaround-Konzept formuliert wurden. Auf der anderen Seite versuchen strategische Maßnahmen die Ertragspotentiale des betreffenden Unternehmens wieder langfristig zu stärken. Schließlich lassen sich Turnaround-Maßnahmen auch anhand der Funktionsbereiche im Unternehmen gliedern, wie zum Beispiel Maßnahmen im Bereich Einkauf, Produktion, Vertrieb oder Administration. Die folgenden Absätze geben einen Überblick zu taktischen und strategischen Maßnahmen, die dazu beitragen sollen eine schwere Unternehmenskrise zu bewältigen.

2.4.1. Taktische Maßnahmen

Eine schwere Unternehmenskrise hat deutliche Auswirkungen auf die interne Unternehmensorganisation und das Unternehmensumfeld. Wichtige Maßnahmen müssen sofort ergriffen

---

[56] Vgl. GÄRTNER (2007), S. 50f.

[57] Vgl. HOHBERGER/DAMLACHI (2006), S. 25.

werden, was auch mit einer engen Kommunikation zu den Mitarbeitern, Mitarbeitervertretern, Eigentümern sowie wichtigen Stakeholdern, wie zum Beispiel Kunden, Banken und Lieferanten einhergehen sollte.[58] Ziel einer engen Kommunikation ist die Schaffung einer konstruktiven Atmosphäre unter den Betroffenen sowie die Schaffung von Vertrauen und Motivation.

Trotz allem ist in den meisten Fällen eine Verbesserung der Liquiditätssituation das bedeutendste Ziel, welches erreicht werden muss, um eine Insolvenz abzuwehren.[59] Maßnahmen, die aus diesem Ziel heraus abgeleitet werden, können als unternehmensübergreifend angesehen und auf jede Unternehmensfunktion angewendet werden. Maßnahmen, die zu einer kurzfristigen Verbesserung der Liquiditätssituation führen, tragen jedoch nicht zwangsläufig zu einer Korrektur der Verlustquellen bei.[60] Eine schnelle Verbesserung der finanziellen Situation kann zum Beispiel durch eine Kapitaleinlage der Gesellschafter erfolgen, entweder durch eine echte Kapitalerhöhung oder durch ein Gesellschafterdarlehen.[61] In vielen Fällen hat eine Kapitaleinlage einen direkten positiven Einfluss auf das Gelingen des Turnaround-Prozesses.[62] Im Gegensatz dazu kann nicht eindeutig nachgewiesen werden, dass pauschale Verkleinerung der Betriebskapazitäten auch zwingend zu einer Verbesserung der Unternehmenssituation führt.[63] Trotzdem kann bei dem Versuch, den operativen Kostenapparat zu senken, ein Teilverzicht auf Lohn- und Gehaltszahlungen bei den Mitarbeitern oder die Einführung von Kurzarbeit einen positiven Effekt innerhalb des Turnaround-Prozesses haben. Um die Liquiditätsposition des Unternehmens zu überwachen, sind alle Zahlungen vom Management zumindest für die ersten acht Wochen nach Beginn des Turnarounds mit Vorsicht zu prüfen, wobei sich die Zeitspanne je nach Schwere der Unternehmenskrise und Größe des Unternehmens verändern kann. Dies beinhaltet auch eine Überprüfung der Investitionstätigkeit des Unternehmens, je nach dessen Unternehmensprofil sowie dessen vorhandenen Liquiditätsspielraums. In manchen Fällen kann es notwendig sein, sämtliche Investitionen in das Anlagevermögen für eine bestimmte Zeit auszusetzen, um genügend liquide Mittel für das laufende Geschäft bereit zu halten. Dieses Beispiel zeigt deutlich die Diskrepanz, welche auf-

[58] Vgl. SCHELLBERG (2008), S. 69.

[59] Vgl. DROEGE (2007), S. 80f.

[60] Vgl. GLESS (1996), S. 81.

[61] Vgl. SCHMEISSER/SCHMEISSER/DITTMANN (2004), S. 133.

[62] Vgl. KRANZ (2009), S. 1-5.

[63] Vgl. CASTROGIOVANNI/BRUTON (2000), S. 30.

treten kann zwischen taktischen und strategischen Maßnahmen. Bestimmte Investitionen in das Anlagevermögen des betreffenden Unternehmens werden eventuell dringend für die langfristige Überlebensfähigkeit gebraucht, um den Anschluss am Markt nicht zu verlieren, sind jedoch unmöglich finanzierbar und vereinbar mit dem Turnaround-Konzept, um das kurzfristige Überleben zu sichern. In Ergänzung zum Aussetzen der Investitionstätigkeit können nicht-betriebsnotwendige Vermögensgegenstände eine wichtige Quelle für eine Verbesserung der Liquiditätssituation darstellen, ohne das operative Geschäft negativ zu beeinflussen. Wie schnell solche Liquiditätsreserven genutzt werden können, hängt maßgeblich von der Marktgängigkeit der betreffenden Vermögensgegenstände ab.

Darüber hinaus ist das Working Capital des Turnaround-Unternehmens vom Management zu überprüfen, da diese in vielen Fällen Möglichkeiten zur Verbesserung der Liquiditätsposition bietet. Zunächst sollte das Gespräch zu Hauptkunden gesucht werden, um kürzere Zahlungsziele zu vereinbaren. Hierbei ist jedoch auch auf die Gefahr zu achten, dass ein Kunde womöglich auf die Unternehmenskrise aufmerksam wird und um sein Risiko zu mindern sich stärker auf andere Lieferanten konzentriert. Überfällige Forderungen sind durch ein konsequentes Mahnwesen zu erfassen und so schnell wie möglich einzutreiben, um auch hierdurch die Liquiditätsposition zu verbessern. Eine Unternehmenskrise verunsichert vor allem die Lieferanten des betreffenden Unternehmens, da sie sich um die Werthaltigkeit ihrer Forderungen sorgen. Daher sind auch hier Gespräche mit den wichtigsten Lieferanten seitens des Turnaround-Unternehmens geboten, um das Risiko durch den Ausfall wichtiger Rohstoffe oder durch Vorkassezahlungen zu begrenzen. Trotzdem wird versucht, die Verbindlichkeiten aus Lieferungen und Leistungen zum spätmöglichsten Zeitpunkt zu zahlen, um auch hier die Liquiditätsposition des Unternehmens so stark wir möglich zu schonen. Neben den Forderungen und Verbindlichkeiten aus Lieferungen und Leistungen kann auch eine Analyse der Vorratssituation zu einer Reduktion des Finanzierungsvolumens führen. Durch eine Verknappung an Vorratsvermögen wird die laufende Liquidität weniger in Anspruch genommen und somit entlastet. Dies kann jedoch nicht losgelöst vom Produktionsprozess und den Wertschöpfungsprozessen betrachtet werden, vor allem wenn es sich um ein Produktionsunternehmen mit mehreren Betriebsstätten handelt.

Bei der Einleitung von Maßnahmen zur Liquiditätsverbesserung oder Kostensenkung müssen rechtliche Aspekte, wie zum Beispiel Vertragslaufzeiten, vertragliche Zusicherungen oder vereinbarte Fristen mit berücksichtigt werden. Das Management ist in seinem Handlungsspielraum an diese rechtlichen Grenzen gebunden und somit zu Teilen abhängig von verschiedenen Stakeholdern. Vor allem Vermietern und Leasingunternehmen kommen hierbei eine wichtige Rolle zu, da diese dazu beitragen können monatliche Fixkosten zumindest für einen gewissen Zeitraum zu senken. Außerdem haben Banken die Möglichkeit durch die Stundung von Zins- und Tilgungszahlungen das betreffende Unternehmen zu entlasten und so zur Verbesserung der Liquiditätslage beizutragen.[64]

Die folgende Abbildung zeigt Maßnahmen zur Stärkung der Liquidität:

Taktische Maßnahmen zur Verbesserung der Liquiditätslage

- Kapitalerhöhung oder Gesellschafterdarlehen
- Finanzielle Unterstützung durch öffentliche Mittel
- Bankdarlehen und finanzielle Restrukturierung
- Reduzierung der Forderungen aus Lieferungen und Leistungen durch Mahnwesen, Factoring, Wechsel von Zahlungszielen oder höheren Skonti
- Ausweitung der Verbindlichkeiten aus Lieferungen und Leistungen
- Sale-and-lease-back-Finanzierungen
- Scheckzahlungen
- Zahlungszielverlängerungen
- Tilgungsaussetzungen
- Tägliches Cash-Management
- Verkauf nicht-betriebsnotwendiger Vermögensgegenstände

Abbildung 7: Taktische Maßnahmen zur Steigerung der Liquidität[65]

2.4.2. Strategische Maßnahmen

Taktische Maßnahmen enden in der Regel rund zwölf Monate nach dem Beginn des eingeleiteten Turnarounds. Nach dieser Zeitspanne sollte das betreffende Unternehmen spätestens wieder einen positiven Cashflow nachweisen können und die unbedingte Insolvenzbedrohung sollte abgewendet sein. Es besteht dann die Herausforderung die Unternehmenskrise vollkommen zu überwinden und das betreffende Unternehmen unter langfristigen Gesichtspunkten zu restrukturieren und ertragreich aufzustellen. Das bedeutet eine Abwehr einer Wiederholung der gleichen Krise sowie eine Vermeidung neuer Krisen in naher Zukunft.[66] Hierbei

[64] Vgl. HOHBERGER/DAMLACHI (2006), S. 27.

[65] Vgl. HOHBERGER/DAMLACHI (2006), S. 31f.

[66] Vgl. LÜTHY (1988), S. 85.

muss jedoch unterschieden werden zwischen der Strategieentwicklung als Teilbereich des klassischen strategischen Managements und den strategischen Maßnahmen zur Überwindung einer Unternehmenskrise. Strategische Maßnahmen in diesem Kontext zielen hauptsächlich darauf ab, die strategische Position des betreffenden Unternehmens neu auszurichten.[67]

Die strategische Ausrichtung von Unternehmen, die sich in einer Unternehmenskrise befinden, zeigt vier hauptsächliche Schwächen. Schwächen können auf eine unüberlegte Diversifikationsstrategie in den vergangenen Perioden zurückgeführt werden. Mit dem Ziel den Umsatz des Unternehmens zu steigern, ist das betreffende Unternehmen in neue Geschäftsfelder eingetreten, welche jedoch nicht zu den Wertschöpfungsprozessen passen, noch für die Unternehmensorganisation kontrollierbar sind. Am Ende führt die Umsatzausweitung durch unprofitable Produkte oder Dienstleistungen zu einem Rückgang der erwirtschafteten Erträge. Neben dem unbefriedigendem Ergebnis einer solchen Diversifikationsstrategie, ist der zurückliegende Prozess für das Management zeitaufwendig und vernachlässigt so andere wichtige Entscheidungen, die das Unternehmen langfristig stärken können. Zudem geht ein Diversifikationsprogramm mit einer Vielzahl von Investitionen ins Anlagevermögen einher, die die Liquidität beanspruchen und in den meisten Fällen einen langfristigen Charakter haben, so dass sie nicht beliebig rückgängig zu machen sind. Sofern diese durch die Aufnahme weiterer Fremdkapitalmittel finanziert wurden entstehen höhere Zins- und Tilgungsbelastungen, die sich über die zukünftigen Perioden erstrecken. Dies kann insbesondere dann für das betreffende Unternehmen gefährlich werden, sofern sich die Investition nicht innerhalb des geplanten Zeitrahmens armortisiert.

Eine strategische Neuausrichtung kann hingegen dadurch notwendig werden, dass das Unternehmen in eine kleine Marktnische gedrückt wurde und sich unterhalb einer kritischen Größe befindet. Dies kann bedeuten, dass das Geschäft maßgeblich von wenigen Kunden abhängig und daher instabil ist. Die wirtschaftliche Entwicklung der Kunden hat dann einen signifikanten Einfluss auf das betreffende Unternehmen, so dass dieses sich in einer schwachen Wettbewerbsposition befindet und nur wenig Raum für eigene Marktinitiativen zur Verfügung hat.

Ein weiteres strategisches Merkmal von Turnaround-Unternehmen ist ein veraltetes Produktportfolio. In diesem Fall haben die meisten der aktuell angebotenen Produkte ihren Produktlebenszyklus weitgehend durchlaufen und befinden sich in der Reifephase. Somit geht von

---

[67] Vgl. HOHBERGER/DAMLACHI (2006), S. 28.

ihnen meist kaum Wachstumspotential für die Zukunft aus. Das Produktportfolio ist vielmehr bedroht von einem Rückgang der Nachfrage aufgrund der steigenden Anzahl innovativerer Produkte. Eine Veränderung dieser Situation benötigt nicht nur freie Finanzmittel für Investitionen in neue Produktionskapazitäten oder F&E-Einrichtungen, sondern auch eine Ausweitung von Führungskapazitäten und hoch qualifizierten Mitarbeitern.

Darüber hinaus folgen Unternehmen in einer Krisensituation meist keiner klaren, formulierten und kommunizierten Unternehmensstrategie. Dies führt zu nicht Ziel gerichteten und unüberlegten Managemententscheidungen, zum Beispiel in Kostensenkungsmaßnehmen, die jedoch das Qualitätsmanagement vernachlässigen oder Finanzierungsmaßnahmen, die die zukünftige Leistungsfähigkeit des Unternehmens übersteigen. Weitere Beispiele sind inkonsistente Preisstrategien und Branding-Aktivitäten, die nicht konform zu der eigentlich Marktposition der Produkte sind. Schließlich kann das betreffende Unternehmen durch das Fehlen einer klaren Unternehmensstrategie bei der Positionierung gefangen sein zwischen dem Anspruch eines Kostenführers auf der einen Seite und dem eines Qualitätsführers auf der anderen Seite. In der Folge sind die angebotenen Produkte preislich sowie qualitativ nicht wettbewerbsfähig.

2.5. Der Markt von Turnaround-Unternehmen in Deutschland

Eine umfassende Beschreibung und Auswertung des Marktes von Turnaround-Unternehmen in Deutschland aus der Sicht eines Turnaround-Investors scheint nur schwer möglich zu sein. Zumindest gibt es keinen organisierten Markt für Turnaround-Unternehmen wie dies bei vielen Rohstoffen oder Konsumgütern der Fall ist. Turnaround-Situationen können, wie oben gezeigt, durch unterschiedliche Merkmale beschrieben werden und haben somit verschiedene mögliche Definitionen. Sie können quantitativ oder qualitativ aber auch subjektiv oder objektiv eingegrenzt werden. Aufgrund dieser Situation gibt es auch keinen klaren Marktpreis für Turnaround-Unternehmen, da dieser sehr stark von den Vorstellungen der involvierten Parteien abhängig ist. Es ist zudem verständlich, dass Unternehmen, die sich im Beginn einer Krise oder mitten im Turnaround-Prozess befinden, diesen Umstand zunächst für sich behalten wollen. Somit versucht das Management, finanzielle oder personelle Unterstützung ohne das Aufsehen von wichtigen Stakeholdern zu erlangen. Die Stakeholder sollen dadurch so lange wie möglich den Eindruck eines gesunden Unternehmens behalten.

Daher erscheint es als sinnvoll mit den statistischen Daten zu der Anzahl insolventer Unternehmen, als eine quantitative und objektive Messgröße der ökonomischen Umwelt, Aussagen zum Markt von Turnaround-Unternehmen abzuleiten.[68] Es wurde zwar im vorigen Abschnitt ausgeführt, dass insolvente Unternehmen nicht mehr zu Turnaround-Unternehmen im engeren Sinne zählen, jedoch ist eine Krise bei Turnaround-Unternehmen so weit fortgeschritten, dass die Überlebensfähigkeit des betreffenden Unternehmens deutlich gefährdet ist. Es sei an dieser Stelle nochmals darauf hingewiesen, dass insolvente Unternehmen nicht zu der eigentlichen Zielgruppe der meisten Turnaround-Beteiligungsgesellschaften zählen. Demnach gibt die Insolvenzstatistik keinen Aufschluss zu absoluten Zahlen, zum Beispiel bezüglich der Größe des Turnaround Equity-Marktes in Deutschland. Es lässt sich jedoch die Tendenz formulieren, dass je höher die Anzahl der Insolvenzfälle für ein Jahr ist, desto höher war das Volumen an potentiellen Zielunternehmen für Turnaround-Beteiligungsgesellschaften in den Perioden zuvor, da insolvente Unternehmen, dem Krisenprozess nach *Müller* folgend, zunächst in eine Liquiditätskrise treten, ehe sie die Insolvenz beantragen. Die Insolvenzstatistik lässt demnach ex post Rückschlüsse auf die Veränderungen der Marktgröße von Turnaround-Beteiligungsgesellschaften zu.

Einen wesentlichen Bestandteil des Turnaround Equity-Marktes nehmen unprofitable Konzernaktivitäten ein, die entweder eine eigene rechtliche Gesellschaft bilden oder in andere Konzerngesellschaften integriert sind. Diese werden in der Insolvenzstatistik nicht berücksichtigt, da sie meist von der Konzernmutter bis zu ihrer Veräußerung oder Liquidation durchfinanziert werden. Einer der Hauptgründe warum Konzernunternehmen sich von bestimmten, unprofitablen Aktivitäten trennen und dies nicht selbst sanieren, ist die Konzentration auf eigene Kernkompetenzen. Bezüglich der Transaktionsstruktur können große Konzernunternehmen oft eine erhöhte Variabilität anbieten, was diese für Tunraround-Investoren besonders attraktiv machen kann.[69]

Die Anzahl an LBO-Transaktionen kann ebenso als ein Indikator für die relative Größe des Marktes von Turnaround-Beteiligungsgesellschaften angesehen werden. *Wilbur L. Ross*, ein amerikanischer Turnaround-Investor beschreibt diesen Zusammenhang wie folgt: "You must remember, we do not manufacture our own product, but rely on others to create it in the form of corporate mistakes. Two of our most reliable factories are high yield bond issuance and LBO completions. Each will have a certain error rate that will lead to defaults."[70] *Anson* be-

[68] Vgl. KRAFT (2001), S. 72.

[69] Vgl. KRAFT (2001), S. 73.

[70] Vgl. KRAFT (2001), S. 73.

hauptet zustimmend, dass "LBO firms are a great source for distressed debt".[71] Des Weiteren kann eine Analyse der Z-Score von einer bestimmten Peer Group, wie in Kapitel 2.1. gezeigt, Rückschlüsse auf die Größe des Marktes von Turnaround-Beteiligungsgesellschaften geben.

Abbildung 8 gibt die Anzahl der Unternehmensinsolvenzen in Deutschland seit 1950 wieder:

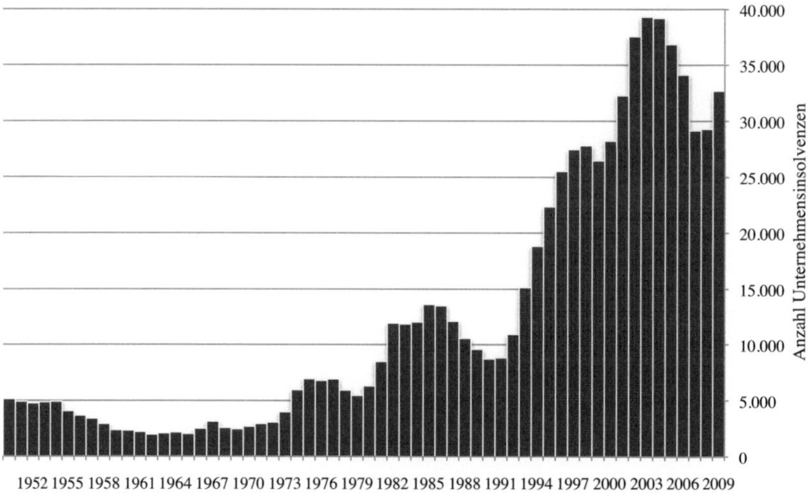

Abbildung 8: Anzahl Unternehmensinsolvenzen in Deutschland seit 1950[72]

Schätzungen von *Euler Hermes* in 2009 gingen von einem noch stärkeren Wachstum der Unternehmensinsolvenzen für das Jahr 2009 aus. Sie prognostizierten einen Anstieg von rund 15,4% im Vergleich zum Jahr 2008. Tatsächlich konnte das Statistische Bundesamt jedoch nur einen Anstieg von 11,6% im Vergleich zum Vorjahr vermelden. Für 2010 geht *Euler Her*mes von einer weiteren Erhöhung der Unternehmensinsolvenzen aus und rechnet mit 36.900 Insolvenzanmeldungen. Dies entspräche einem erneuten Anstieg in Höhe von knapp 13% im Vergleich zum Jahr 2009. Damit wäre ungefähr der Stand von 2005 wieder erreicht.[73] Es wird jedoch nicht davon ausgegangen, dass ein neuer Höchststand erreicht wird. Dieser wurde in 2003 mit mehr als 39.000 Unternehmensinsolvenzen gezählt. Dieser allgemeine Trend steigender Unternehmensinsolvenzen gilt auch für die Insolvenzquote, welche die stei-

[71] ANSON (2002), S. 11.

[72] Vgl. DESTATIS (2009).

[73] Vgl. EULER HERMES (2009), S. 9-10.

gende Anzahl von Unternehmen berücksichtigt. So lag die Insolvenzquote pro 10.000 Unternehmen zu Beginn der 1970er bei rd. 17 Unternehmen und im Jahr 2008 bei rd. 92 Unternehmen. Dies entspricht mehr als einer Verfünffachung der Insolvenzquote innerhalb einer Zeitspanne von ca. 40 Jahren.[74] Die erhöhten Insolvenzzahlen für 2009 sowie die Schätzungen für 2010 zeigen verspätet die Auswirkungen des globalen wirtschaftlichen Abschwungs, die sich vor allem Ende 2008 und 2009 durch deutliche Nachfragerückgänge bemerkbar gemacht hatte. Die Insolvenzprognosen sind ein Risiko für den Wirtschaftsstandort Deutschland und können das Wirtschaftswachstum nachhaltig beeinflussen. Demzufolge wird es umso schwieriger für den deutschen Staat, die Herausforderungen bezüglich des demografischen Wandels in den nächsten Jahrzehnten zu entgegnen.

[74] Vgl. EULER HERMES (2009), S. 17.

3. Private Equity

Die nachfolgenden Ausführungen beziehen sich auf das Themengebiet Private Equity im Allgemeinen und stellen nur selten Spezifika von Turnaround-Beteiligungsgesellschaften, dem Fokus dieser Dissertationsarbeit, dar. Die ausführliche Darstellung von Private Equity und damit auch von klassischen Beteiligungsgesellschaften dient zur besseren Abgrenzung und höheren Verständnis von Turnaround Equity. Dies wird in Kapitel 5 separat dargestellt und ist als Zusammenführung der Kapitel 2 bis 4 zu verstehen.

3.1. Unternehmensfinanzierung

Die Liquiditätsressourcen eines Unternehmens sind wie alle anderen tangiblen Ressourcen begrenzt. Sie reichen oft allein nicht dazu aus eine strikte Wachstumsstrategie durchzuführen oder schwierige Marktsituationen, in denen größere Investitionen getätigt werden müssen, zu bestehen. Der Zweck der Unternehmensfinanzierung liegt in der Beschaffung und Bereitstellung von externen Finanzmitteln um ertragsreiche Wertschöpfungsprozesse für zukünftige Perioden abzusichern.[75][76] Die heutigen Bedingungen im Finanzierungsmanagement sind durch eine ansteigende Nachfrage und Angebot von Risikokapital, restriktivere Kreditvergabeprozesse sowie eine wachsende Anzahl an rechtlichen Anforderungen (Corporate Governance) gekennzeichnet.[77]

Die Unternehmensstrategie muss im Zusammenspiel mit der Finanzierungsstrategie koodiniert werden, so dass eine ausreichende Liquidität jederzeit gewährleistet ist und die Finanzierung von Anlagevermögensgegenständen fristenkongruent strukturiert ist.[78] Dabei bestimmen zwei Kriterien die Finanzierungsart. Unternehmensfinanzierungen können entweder mit oder ohne die Unterstützung von externen Finanzierungsgebern durchgeführt werden.[79] Finanzierungsgeber können dabei Privatpersonen oder Unternehmen sein, die Finanzierungsmittel für eine bestimmte oder unbestimmte Zeit zur Verfügung stellen. Im Gegenzug für die Überlassung von Finanzmitteln erhält der Geldgeber Zinszahlungen sowie Tilgungsleistungen oder

[75] Vgl. WITT (2005), S. 29f.

[76] Vgl. GÄRTNER (2007), S. 55ff.

[77] Vgl. SCHULTE (2006), S. 12.

[78] Vgl. ALBACH (2001), S. 535.

[79] Vgl. SCHULTE (2006), S. 20-21.

eine Ausschüttung von Unternehmensgewinnen. Diese Finanzierungsart, welche die Unterstützung von externen Finanzierungsgebern einschließt, wird Außenfinanzierung genannt.[80] Die Notwendigkeit von zusätzlichen externen Finanzmitteln ist häufig mit einer Wachstumsstrategie verbunden, die nicht allein aus den unternehmensinternen Mitteln finanziert werden kann. Dabei gilt, ceteris paribus, je höher die geplante Wachstumsrate bezogen auf die Umsatzerlöse ist, desto höher ist die Notwendigkeit für zusätzliche Außenfinanzierung.[81]

Finanzierungen, die ohne die Unterstützung von externen Finanzierungsgebern erfolgen, sondern allein aus den Erträgen des Unternehmens stammen, werden Innenfinanzierungen genannt.[82] Innenfinanzierungen oder Selbstfinanzierungen werden durch Jahresüberschüsse ermöglicht, welche vom Management bzw. von den jeweiligen Eigentümern des Unternehmens nicht für eine Ausschüttung in Form von Dividenden verbraucht werden, sondern im Unternehmen einbehalten werden.[83] Kurzfristig gesehen bestimmt ein positiver Cashflow die Innenfinanzierungsmöglichkeiten eines Unternehmens. Diese kann unter Umständen auch durch einmalige Effekte, wie zum Beispiel den Verkauf von nicht-betriebsnotwendigen Vermögensgegenständen positiv beeinflusst werden.[84]

	Eigenfinanzierung	Fremdfinanzierung
Innenfinanzierung	Selbstfinanzierung	---
Außenfinanzierung	Beteiligungsfinanzierung	Kreditfinanzierung

Abbildung 9: Finanzierungsarten[85]

Neben der Unterscheidung woher die Finanzierungsmittel stammen kann bei einer Finanzierung auch danach unterschieden werden, ob es sich dabei um schuldrechtliche oder eigenkapitalrechtliche Mittel handelt. Diese beiden Alternativen bestimmen den rechtlichen Status des Finanzierungsgebers und die Bilanzierung der zur Verfügung gestellten Finanzmittel. Bei

---

[80] Vgl. HIRTH (2005), S. 140.

[81] Vgl. ROSS/WESTERFIELD/JORDAN (2006), S. 102.

[82] Vgl. SCHNECK (2006), S. 99; Vgl. auch HIRTH (2005), S. 141ff.

[83] Vgl. BREALEY, MYERS, ALLEN (2006), S. 361.

[84] Cashflow ist ein finanzwirtschaftlicher Indikator, der die Fähigkeit eines Unternehmens ausdrückt, Finanzmittel aus dem operativen Geschäft generieren zu können. Überschlägig kann der operative Cashflow durch die Addition des Jahresüberschusses, der Abschreibungen, der Veränderungen der Rückstellungen sowie der Veränderungen des Working Capitals errechnet werden. Für eine detaillierte Beschreibung vgl. REICHMANN (2006), S. 37 and S. 100.

[85] Eigene Darstellung.

dem Gebrauch von schuldrechtlichen Finanzmitteln bestehen bezüglich der Ausgestaltung verschiedene Möglichkeiten. Dies betrifft zunächst die Auswahl des bzw. der Finanzmittelgeber(s), die Laufzeit und die Rangfolge hinsichtlich anderer schuldrechtlicher Titel.[86] Im Gegensatz zu Fremdfinanzierungen bekommt der Eigenkapitalgeber einen Anteil am Stammkapital des betreffenden Unternehmens und profitiert durch die Teilhabe an den Jahresüberschüssen. Eigenkapitalfinanzierungen implizieren zudem ein gewisses Maß an Mitbestimmung und sind durch eine grundsätzlich nicht festgeschriebene Laufzeit gekennzeichnet.[87]

Demzufolge ist Turnaround Equity als eine Beteiligungsfinanzierung einzuordnen. Abbildung 9 zeigt in einer Matrixdarstellung die möglichen Finanzierungsarten, wobei zum einen die Finanzierungsquelle und die rechtliche Ausgestaltung unterschieden werden können.[88] Somit ergibt sich die Gesamtsumme der Außenfinanzierung eines Unternehmens aus der Addition von Eigenfinanzierung und Kreditfinanzierung.

Abbildung 10 zeigt grafisch den mathematischen Zusammenhang:

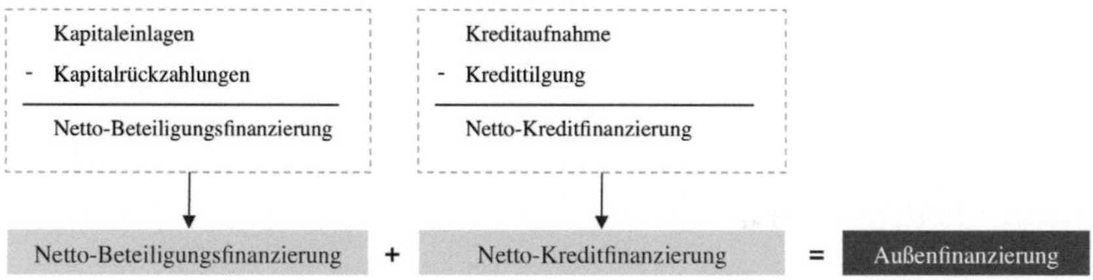

Abbildung 10: Berechnung der Außenfinanzierungssumme[89]

Während der Gründungsphase steht dem Unternehmen in der Regel nur wenig Eigenkapital vom Unternehmensgründer als Startgeld zur Verfügung. Daher versuchen der oder die Unternehmensgründer weitere Privatpersonen, wie zum Beispiel Business Angels zu finden, die das Unternehmen vor allem in der frühen Startphase finanziell und operativ unterstützen. Eigenkapitalfinanzierungen sind jedoch nicht nur relevant für eine erfolgreiche Unternehmensgründung, sondern auch für reife Unternehmen in einer Spätphase interessant. Dies gilt vor allem

[86] Vgl. TIROLE (2006), S. 80 - 90; Vgl. auch BREALEY/MYERS/MARCUS (2001), S. 376 - 379.

[87] Vgl. SCHULTE (2006), S. 48.

[88] Vgl. HIRTH (2005), S. 127ff.

[89] Vgl. FRANKE/HAX (2004), S. 14-15.

in Fällen, in denen ein hoher Investitionsbedarf, zum Beispiel aufgrund einer Internationalisierungsstrategie oder des Ausscheidens eines Gesellschafters besteht.

Die Selbstfinanzierung als Kombination aus einer Innenfinanzierung durch den Cashflow und Eigenfinanzierung wird im Allgemeinen als die wichtigste Finanzierungsquelle erachtet, da sie die Stärke eines Unternehmens repräsentiert sich alleinständig zu finanzieren und Rücklagen auszubauen. Je größer ein Unternehmen ist, desto wichtiger wird die Selbstfinanzierung angesehen.[90] Sowohl die Selbstfinanzierung als auch die Beteiligungsfinanzierung stärken die Eigenkapitalquote mit einem langfristigen Finanzierungscharakter auf eine unbestimmte Dauer. Daher braucht das Management bei einer Selbst- oder Eigenkapitalfinanzierung die Auswirkungen einer Erhöhung von fixen Zins- oder Tilgungsbelastungen nicht zu berücksichtigen, die das Unternehmen in einer Krise unnötig belasten könnten. In der Regel erleichtert zudem eine starke Eigenkapitalquote Verhandlungen über einen möglichen Bankenkredit aufgrund einer ausgewogenen Finanzierungsstruktur. Vor allem in Deutschland leiden jedoch kleine und mittlere Unternehmen oft unter einer geringen Eigenkapitalquote und weisen somit im internationalen Vergleich einen relativ hohen Verschuldungsgrad auf.[91,92] Dies erschwert folglich die Finanzierung von notwendigen Investitionen mittels eines Bankendarlehens.

Eigenkapital hat bei der Unternehmensfinanzierung vier Funktionen. Zunächst bietet die Zuführung von Eigenkapital, die Möglichkeit eine Finanzierungslücke zu schließen. Dabei ist das Einsatzgebiet von Eigenkapitalfinanzierungen breit gestreut und kann für verschiedene Investitionsvorhaben auch hohen Risikos genutzt werden. Bei Turnaround-Situationen bleibt dem Management oft nur die Inanspruchnahme von Eigenkapitalmitteln übrig, da die Banken des betreffenden Unternehmens, aufgrund dessen hoher Verschuldung, nicht bereit sind weitere Finanzierungsmittel zur Verfügung zu stellen. Des Weiteren hat Eigenkapital auch eine Haftungs- und Bilanzierungsfunktion. Dies bedeutet, dass Unternehmensverluste zunächst das Eigenkapital reduzieren bevor es direkte Auswirkungen auf das Fremdkapital hat. Zudem müssen Fremdkapitalmittel in einer höheren Rangfolge bedient werden ehe eine Verzinsung des Eigenkapitals berücksichtigt werden darf. Somit sind Eigenkapitalgeber durch die Nachrangigkeit der Bedienung ihres eingesetzten Kapitals grundsätzlich einem höheren Risiko ausgesetzt als Fremdkapitalgeber. Die dritte Funktion von Eigenkapital ist die Verteilung von

---

[90] Vgl. WAHL (2004), S. 35.

[91] Vgl. KOOP/MAURER (2006), S. 30.

[92] Vgl. BREALEY/MYERS/ALLEN (2006), S. 365 - 366.

Jahresüberschüssen. Da der Kapitaleinlage keine festen Zinszahlungen sowie Tilgungsleistungen entgegenstehen, wird das Eingehen eines unternehmerischen Risikos mit Eigenkapital unter anderem durch das Bezugsrecht von Jahresüberschüssen kompensiert. Die vierte Funktion des Eigenkapitals ist offensichtlich, jedoch trotzdem wichtig. Dem Eigentümer bzw. Eigenkapitalgeber wird grundsätzlich je nach Höhe der Beteiligung das Recht eingeräumt an Entscheidungen im Unternehmen teilzunehmen. Dieses Recht muss sich jedoch nach den Ausführungen im Gesellschaftsvertrag und den vorliegenden gesetzlichen Bestimmungen richten. Diese Funktion gibt Beteiligungsunternehmen die Möglichkeit, auf die Entwicklung eines Portfoliounternehmens zu reagieren und nicht nur auf die Unternehmensberichterstattung zu vertrauen, sondern auch aktiv in die Geschäftsführung Einfluss zu nehmen, sofern dies notwendig erscheint. Dies ist für Turnaround-Beteiligungsgesellschaften von entscheidender Bedeutung, da sie vor allem durch aktive Unterstützung des Managements mit eigenen Ressourcen versuchen, die Ertragslage des Zielunternehmens zu verbessern.

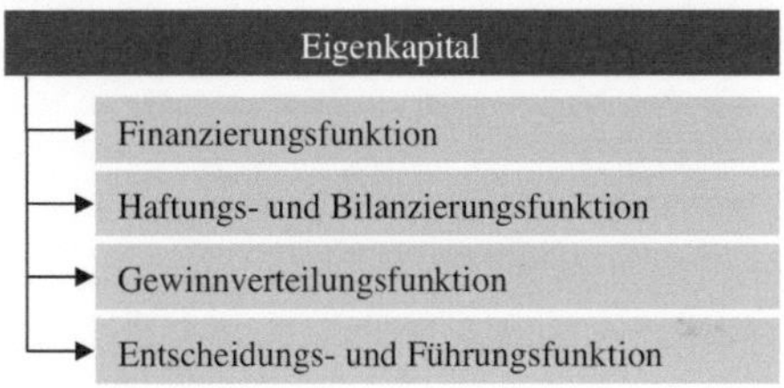

Abbildung 11: Funktionen von Eigenkapital[93]

Wie oben gezeigt, unterscheidet die klassische Finanzierungstheorie lediglich zwischen eigenkapitalrechtlichen und schuldrechtlichen Finanzierungsmitteln. In der Praxis werden jedoch beide Arten auch mit einander in Form von Mezzaninkapital kombiniert. Mezzanine kommt vom italienischen Wort „mezzanino“ und ist ein Begriff der in der Architektur gebraucht wird, um ein so genanntes Zwischengeschoss zu beschreiben.[94] Dieses Bild aus der Architektur kann auch auf die Bilanz eines Unternehmens übertragen werden, indem Mezzaninkapital ebenfalls zwischen den beiden Positionen Eigenkapital und Fremdkapital ausgewiesen wird. Mezzanine Finanzierungsinstrumente können stark voneinander variieren je nach ihrer Ausgestaltung und demnach mehr dem Eigenkapital oder dem Fremdkapital eines Unternehmens zugerechnet werden. So kann Mezzaninkapital zwar nachrangig zum Fremd-

[93] Vgl. GÜNDEL/KATZORKE (2007), S. 20-22.

[94] Vgl. HÄGER/ELKMANN-REUSCH (2007), S. 22.

kapital bedient werden, jedoch mit laufenden Zinszahlungen und eine begrenzte Laufzeit vereinbart sein.[95] Somit haben Führungskräfte die Möglichkeit, Finanzierungsmittel den individuellen Gegebenheiten anzupassen und die Vorteile von Eigenkapital sowie Fremdkapital miteinander zu vereinen. Mezzaninkapital wird aufgrund seiner Beschaffenheit auch Hybrid-Kapital genannt.[96]

Charakteristika von Eigen- und Fremdkapital		
Eigenkapital	Mezzaninkapital	Fremdkapital
Volle Haftung		Keine Haftung
Gewinnbezugsrecht	⟺	Zinszahlungen
Keine Rückzahlung		Vereinbarte Tilgung
Keine feste Laufzeit		Feste Laufzeit

Abbildung 12: Charakteristika von Eigen- und Fremdkapital

Ein Vorteil von Mezzaninkapitalinstrumenten ist der liquiditätsschonende Charakter, da Zinszahlungen sowie Tilgungsleistungen nicht zwingend unabhängig vom Unternehmenserfolg fällig werden. Es ist möglich, diese dann vorzutragen und zu einem späteren Zeitpunkt abzulösen, so dass der Fixkostenblock in einer Krisensituation nicht belastet wird. Die Abhängigkeit zum Unternehmenserfolg kann im Gegensatz zu klassischen Fremdkapitalmitteln auch durch eine Beteiligung an den Dividenden erfolgen. Im Falle einer Insolvenz wird der Mezzanine-Geber nachrangig zum übrigen Fremdkapital und vorrangig zum Eigenkapital bedient. Weitere Beispiele von Mezzaninkapitalinstrumenten sind Verkäuferdarlehen, Gesellschafterdarlehen oder die Stille Beteiligung.[97] Eine Stille Beteiligung kann zwar keine direkte Einflussnahme auf das Management der betreffenden Gesellschaft ausüben, ist aber dazu berechtigt, von gesetzlichen Informations- und Kontrollrechten Gebrauch zu machen. In Einzelfällen kann es dienlich sein zusätzliche vertragliche Vereinbarungen zu beschließen, um allen Parteien eine rechtliche Absicherung zu gewährleisten. Der Stille Gesellschafter kann zum Beispiel einen Katalog an Geschäftsführungsentscheidungen formulieren, der für bestimmte Ent-

[95] Vgl. BANIK/OGG/PEDERGNANA (2008), S. 10-17.

[96] Vgl. MÜLLER (2003), S. 12.

[97] Vgl. WERNER (2007), S. 21ff. und BREZSKI et al. (2006), S. 21ff.

scheidungen den Beschluss der Gesellschafter vorsieht.[98] Eine Gegenüberstellung der Charakteristika von Eigen- und Fremdkapital ist in Abbildung 12 dargestellt.

3.2. Die Herkunft und Arten von Private Equity

Der Begriff Private Equity (PE) kommt nicht aus den Hochschulen, sondern ist in der amerikanischen Finanzierungspraxis nach dem zweiten Weltkrieg entstanden.[99] Zu der Zeit gab es keine klare Abgrenzung zwischen den Begriffen Private Equity und Venture Capital (VC). Sie wurden synonym im Sprachgebrauch verwendet. Seither hat sich die Bedeutung der beiden Begriffe differenziert und PE gilt als Oberbegriff der Eigenkapitalfinanzierung, wobei VC einen Teilbereich von PE darstellt.[100,101] Trotz dieser Definition werden beide Begriffe in der Praxis sowie in der amerikanischen Literatur auch heute noch als gleichbedeutend benutzt. So findet sich in einigen Arbeiten die Abkürzung PEVC, die für Private Equity und Venture Capital steht. Der Begriff Venture Capital wurde zuerst an der amerikanischen Westküste in den späten 1940er verwendet und ist damit der Ältere von beiden.

Venture Capital-Investitionen haben, wie viele andere Private Equity-Produkte, ihren Ursprung in den USA. Die American Research and Development (ARD) war eine der ersten Venture Capital-Gesellschaften und hatte ihren Sitz in Boston an der Ostküste der USA. ARD war vor allem an hoch-riskanten Transaktionen interessiert, bei denen sie ein Potential für extrem hohe Wachstumsraten identifiziert hatten. Eines ihrer Portfolio-Unternehmen war über mehr als zwei Jahrzehnte für rund die Hälfte der Erträge des Fonds verantwortlich, was konsistent zu der Investitionsstrategie ist. Diese Beispiele an erfolgreichen Transaktionen haben in den 1950er und 1960er Nachahmer angezogen, die versucht haben die Strategie und das Geschäftsmodell von ARD zu kopieren. Sie hofften ebenso auf unglaublich hohe Wertsteigerungsmöglichkeiten innerhalb einer relativ kurzen Zeitspanne durch das Investieren in junge, entwicklungsfähige Unternehmen.[102] Anfang der 1980er wurden die ersten VC-Unternehmen auch in Deutschland gegründet. Doch aufgrund mangelnder Erfahrungen auf diesem neuen

---

[98] Vgl. OLDENBOURG/PREISENBERGER (2004), S. 140-143.

[99] Vgl. SABADINOWITSCH (2000), S. 36ff.

[100] Vgl. LEOPOLD/FROMMANN/KÜHR (2003), S. 6.

[101] Vgl. EVCA (2009).

[102] Vgl. SMITH/SMITH (2004), S. 467.

Gebiet waren diese nicht sehr erfolgreich.[103] Und trotz der frühen Erfolgsbeispiele in den USA, blieb der Venture Capital-Markt hinsichtlich des Volumens unverändert bis zum Ende der 1980er. Im Jahr 1979 investierten VC-Unternehmen USD 460 Mio. in 375 Portfolio-Unternehmen. Acht Jahre später wuchs der Venture Capital-Markt auf ein Volumen von USD 3,94 Mrd. an und unterstützte damit 1.729 Portfolio-Unternehmen. Nach den Boom-Jahren der Neunziger erreichte der Venture Capital-Markt im Jahr 2000 seinen bisherigen Höchststand mit über USD 90 Mrd. an zugesicherten Finanzmitteln für die Investition in Venture Capital-Unternehmen. Der Zusammenbruch des amerikanischen Börsenindex NASDAQ zum Anfang März 2000 hatte einen großen Einfluss auf das Venture Capital-Geschäft und infolgedessen reduzierten sich die Investitionsaktivitäten deutlich. Erst im Jahr 2004 wuchs das Volumen an Venture Capital-Investitionen wieder von knapp USD 19 Mrd. auf USD 21 Mrd.[104]

Allgemein lässt sich formulieren, dass Private Equity auf Investitionsmöglichkeiten außerhalb des öffentlichen Aktienmarktes mittels Eigenkapitals fokussiert ist.[105] Der Private Equity-Investor intendiert sein eingesetztes Kapital dazu zu nutzen, den Shareholder Value des betreffenden Unternehmens zu steigern. Daneben stärken PE-Unternehmen grundsätzlich die Eigenkapitalquote ihrer Portfoliounternehmen durch die Zuführung von Eigenkapitalmitteln. Insbesondere deutsche Unternehmen tendieren dazu, unter einer geringen Eigenkapitalquote im Vergleich zu amerikanischen oder anderen europäischen Unternehmen zu leiden.[106] Dies ist keine kurzfristige Entwicklung, sondern ein Trend der schon einige Jahre beobachtet werden konnte, wobei die Eigenkapitalquoten von deutschen Unternehmen mit weniger als EUR 50 Mio. Umsatz in den Jahren 2005 bis 2007 konstant gestiegen sind.[107,108] Eine Untersuchung der *KFW Bankengruppe* im ersten Quartal 2008 von über 5.000 deutschen Unternehmen zeigte, dass ungefähr 40% aller Befragten danach streben ihre Eigenkapitalquote in der Zukunft zu steigern. Ungefähr 6% davon erwägen dieses Ziel gemeinsam mit neuen Eigenkapitalpartnern zu erörtern. Anstatt durch die Aufnahme neuer Gesellschafter, Mezzaninkapital oder Einlagen der bestehenden Eigentümer, versuchen 82% der Befragten die Eigenkapital-

---

[103] Vgl. BAIER (2000), S. 407.

[104] Vgl. TIMMONS/SPINELLI (2007), S. 415 - 418.

[105] Vgl. EVCA (2009).

[106] Vgl. SCHEFCZYK (2000), S. 14.

[107] Vgl. FREYER (1981), S. 9ff.

[108] Vgl. DSG (2009), S. 2.

quote durch die Thesaurierung von Unternehmensgewinnen zu erhöhen.[109] Diese Ambitionen deutscher Manager kann hinterfragt werden, da die Gewinnmargen von deutschen Unternehmen in den letzten Jahren im Durchschnitt relativ niedrig waren und es fraglich ist, ob dies ausreichen wird, die Unternehmensfinanzierung sowie einen Abbau der Verschuldung absichern zu können.[110]

Private Equity deckt eine Vielzahl verschiedener Formen von Eigenkapitalfinanzierungen ab, die hauptsächlich von der jeweiligen Situation des Zielunternehmens[111] entlang seines Lebenszyklus abhängen.[112,113] Die typischen Formen von Private-Equity-Finanzierungen werden in den folgenden Abschnitten näher beschrieben, wobei feindliche Übernahmen oder so genannte Raids nicht erwähnt werden und auch für diese Dissertationsarbeit irrelevant sind.

3.2.1. Frühphasenfinanzierung und Venture Capital

Venture Capital bezeichnet Eigenkapital für junge Unternehmen, das von darauf spezialisierten Venture Capital-Gesellschaften den Gründern bzw. Eigentümern für den Ausbau der Geschäftstätigkeit zur Verfügung gestellt wird.[114] Eine Venture Capital-Investition basiert meist auf einem umfangreichen Businessplan und kann neben der finanziellen Unterstützung auch die Einbringung von Managementkapazitäten beinhalten, dessen Ausmaß von der Investitionsstrategie der Venture Capital-Gesellschaft sowie der Beschaffenheit des jeweiligen Zielunternehmens abhängig ist.[115] Venture Capital-Gesellschaften investieren nur in seltenen Fällen in aussichtsreiche Gründer, die ihre Geschäftsidee auf Basis eines vorläufigen Entwurfes oder Konzeptes versuchen umzusetzen. Ein Venture Capital-Investor braucht verständliche Planung von wesentlichen operativen und finanzwirtschaftlichen Kennzahlen, um den Kapitalbedarf abschätzen zu können und damit das Risiko der Investition überschauen zu können. Zudem sollte das Geschäftsmodell so einfach wie möglich erklärt sein, damit Annahmen überprüft und Werttreiber identifiziert werden können. In den meisten Fällen positionieren sich

---

[109] Vgl. KFW BANKENGRUPPE (2008), S. 65 - 68.

[110] Vgl. ACHLEITNER/FINGERLE (2004), S. 15f.

[111] Aus der Sicht eines Beteiligungsunternehmens stellt ein Zielunternehmen eine Investitionsmöglichkeit dar, die im Transaktionsprozess bezüglich einer Beteiligung untersucht wird.

[112] Vgl. STARK (2002), S. 42.

[113] Vgl. SCHEFCZYK (2000), S. 22-24.

[114] Vgl. LEVIN (1997), S. 7.; Vgl. auch TIROLE (2006), S. 90.

[115] Vgl. BAIER (2000), S. 410.

Portfoliounternehmen von Venture Capital-Gesellschaften in neuen Marktnischen und weisen mit ihrer Idee einen hohen Innovationsgrad vor.[116] Innovationsprozesse, die von Neugründungen und jungen Unternehmen ausgehen, nehmen aus einer makroökonomischen Perspektive eine besondere Rolle bei der gesellschaftlichen und wirtschaftlichen Entwicklung einer Region ein.

Unternehmensgründer sind meist in der Lage, die Umsetzung ihrer Geschäftsidee oder das angestrebte Umsatzwachstum eines jungen Unternehmens mit ihren eigenen privaten Mitteln zu finanzieren.[117] Sie brauchen finanzielle Mittel nicht nur um das Geschäft zu starten und zu entwickeln, sondern auch um die Arbeit an einer Idee oder Innovation fortzuführen. In dieser sehr frühen Anfangsphase eines Unternehmens ist es, aufgrund des sehr hohen Risikos und des noch nicht in vollem Umfang aufgenommen Geschäfts sehr schwer, potentielle Investoren zu finden. Hinzu kommt der Umstand, dass die Unternehmensgründer in dieser Phase zumeist sehr unerfahren mit Finanzierungsthemen sind und über kein Netzwerk zu Venture Capital-Investoren verfügen. Sie können zudem nur selten ausreichende Sicherheiten für eine Fremdfinanzierung des Geschäfts stellen. Letztlich sind die Ressourcen in einer so frühen Startphase einer Unternehmensgründung sehr begrenzt, negative Cashflows müssen ausgeglichen werden und das Geschäftsmodell wurde am Markt noch nicht geprüft in Form von ausgewiesenen Jahresüberschüssen.[118] Diese Frühphaseninvestitionen werden in den meisten Fällen von Venture Capital-Unternehmen ausschließlich mit Eigenkapital finanziert, da ihr Cashflow nicht stark genug ist, um eine Fremdkapitalbelastung in ausreichender Form tragen zu können.[119] Zudem haben es junge Unternehmen schwer, aufgrund des hohen Risikos einer stark ansteigenden geplanten Umsatzentwicklung, einen klassischen Bankkredit zu bekommen.

Aufgrund des hohen Investitionsrisikos von Venture Capital-Engagements rechnen Beteiligungsunternehmen bei dieser Finanzierungsform mit einer relativ hohen Ausfallrate. 1 bis 2

---

[116] Vgl. PERNSTEINER (2003), S. 73.

[117] Private Finanzmittel der Gründer sollten die Basis für die Finanzierung der Geschäftsidee sein, auch wenn diese nur einen kleinen Teil der Gesamtfinanzierungssumme ausmachen. Es beweist, dass die Gründer an die Geschäftsidee glauben. Zusätzlich zu eigenen Finanzmitteln kann es ebenso hilfreich sein die Familie und Freunde bezüglich weiterer Finanzmittel zu fragen, wobei diese nicht Anteilseigner des Unternehmens werden müssen. In diesem Zusammenhang werden die Gründer oft überproportional zu ihrer Einlage am Unternehmen beteiligt, was mit dem Begriff “sweat equity” bezeichnet wird. Vgl. hierzu auch JANEBA-HIRTL/HÖBART (2003), S. 129.

[118] Vgl. HACK (2005), S. 49.

[119] Vgl. AXELSON/JENKINSON/STRÖMBERG/WEISBACH (2007), S. 8.

von 10 getätigten Investitionen müssen ausreichen, um die Verluste von anderen Investitionen, so genannten „lame ducks“ zu kompensieren. Der Erfolg von Venture Capital-Gesellschaften hängt nicht nur vom Verkaufserlös der Beteiligung ab, sondern auch entscheidend von der Anzahl benötigter Finanzierungsrunden, also der Gesamtsumme des investierten Kapitals sowie dem Realisierungszeitpunkt. Der Break-Even-Punkt[120] kann bei einem jungen Unternehmen schon nach paar Monaten erreicht werden. Die Erreichung dieser Schwelle kann sich jedoch auch verzögern und deutlich länger dauern, wenn für den Geschäftsaufbau ein erheblicher Forschungs- und Entwicklungsaufwand notwendig ist.

Somit stellt Venture Capital eine nützliche Finanzierungsalternative für junge Unternehmen dar, um einen negativen Cashflow in der Startphase auszugleichen. Demnach orientiert sich die Investmententscheidung einer Venture Capital-Gesellschaft auch weniger an Vergangenheitsdaten, wie zum Beispiel Jahresabschlusszahlen, sondern untersucht mit großer Sorgfalt den jeweiligen Businessplan und den darin für die Zukunft angesetzten Annahmen. Dies umschließt auch eine genaue Analyse des jeweiligen Marktes, da dieser von jungen Unternehmen meist erst noch erschlossen werden muss. Der Businessplan, dem hier eine besondere Bedeutung zukommt, muss von den Gründern im Vorhinein selbst erarbeitet werden und überzeugend für eine Venture Capital-Investition sein.[121] In abgewandelter Form gilt dies für jede Private Equity-Transaktion. Auch bei einem so genannten Management Buy-Out, bei dem das bestehende Management eines Unternehmens mit Hilfe von Private Equity in die Eigentümerrolle wechselt oder einer Turnaround-Investition ist ein stichhaltiges Zukunftskonzept notwendiger Bestandteil der Investitionsentscheidung.[122] Die Adressaten eines Businessplans sind nicht nur Finanzierungsgeber oder Business Angels, sondern auch Banken, öffentliche Institutionen und sonstige potentielle Investoren. Darüber hinaus erfüllt der Businessplan eine überprüfende Funktion für die Gründer selbst, um das Geschäftsmodell im Detail zu verstehen und Erfolgsfaktoren ausfindig zu machen. Allgemein betrachtet verfolgt ein Businessplan drei Funktionen: Selbstinformation, Planungsfunktion und die Vermarktung der Idee. *Eugene Kleiner*, ein bedeutender Venture Capital-Investor prägte den Satz: "I invest in

[120] Der Break-Even-Punkt ist im betriebswirtschaftlichen Kontext der Zeitpunkt, an dem die Umsatzerlöse mit der Summe aus fixen und variablen Kosten übereinstimmt. Vgl. REICHMANN (2006), S. 149. Im Zusammenhang von Private Equity-Investitionen beschreibt der Break-Even-Punkt den Zeitpunkt, an dem die Aufwendungen und Erträge einer Investition bzw. der aktuelle Unternehmenswert des Portfoliounternehmens gleich sind.

[121] Vgl. BREALEY/MYERS/MARCUS (2001), S. 395.

[122] Vgl. BRANDENSTEIN-ZEPPELIN (1992), S. 62 ff.

management not in ideas". Dieser Satz macht klar, dass insbesondere in der amerikanischen Venture Capital-Praxis, das Management und dessen Glaubhaftigkeit wichtiger sind als die Geschäftsidee an sich. Eine entscheidende Fähigkeit, die das Management eines jungen Unternehmens mitbringen muss, ist die Umsetzung der langfristigen Planungen im operativen Tagesgeschäft. Studien zeigen eine positive Korrelation zwischen Private Equity-Investitionen mit dem Anspruch einer aktiven Gesellschafterrolle und einem Wechsel im Managementteam des Zielunternehmens mit Durchführung der Transaktion. Dies trifft vor allem auf Frühphaseninvestitionen zu.[123]

3.2.2. Wachstumsfinanzierung

Über einen langen Zeitraum hat sich die deutsche wissenschaftliche Literatur lediglich auf Frühphasenfinanzierungen oder Venture Capital-Investitionen fokussiert.[124] Forschungsarbeiten vernachlässigten weitgehend Eigenkapitalfinanzierung in der Wachstumsphase und Spätphase von Unternehmen, obwohl der Lebenszyklus von Unternehmen erst mit der Frühphase beginnt und weitere Phasen für eine Investition bietet. Innerhalb der Frühphase können vom Venture Capital-Investor mehrere Finanzierungsrunden schrittweise durchgeführt werden. Sobald ein Unternehmen erfolgreich seine Marktposition gefunden hat und am Markt etabliert ist, wird oft eine Wachstumsstrategie angestrebt, die darauf abzielt, die Umsatzerlöse des Unternehmens sowie dessen Profitabilität zu erhöhen. Gleichzeitig bezweckt der Ausbau der Geschäftstätigkeit eine Festigung der Wettbewerbsfähigkeit in einem sich ständig verändernden Unternehmensumfeld. Das typische Zielunternehmen einer Wachstumsfinanzierung ist entweder knapp profitabel oder knapp vor der Erreichung des Break-Even-Punktes, verfügt jedoch über eine starke Stellung in seinem Markt, wodurch ein zukünftiges Wachstum erwartet wird.[125] Trotzdem sind die Cashflows von Unternehmen zu Beginn einer Wachstumsphase nicht ausreichend für die Selbstfinanzierung der Wachstumsstrategie, die einhergeht mit Investitionen ins Anlagevermögen sowie in die Organisation des Unternehmens. Das vorwiegende Ziel einer Wachstumsfinanzierung ist also die Erweiterung der Produktionskapazitäten und

[123] Vgl. HEGER/TYKVOVÁ (2007), S. 28.

[124] Vgl. SCHÄFER/FISHER (2008), S. 9.

[125] Vgl. SAHLMAN (1990), S. 479.

damit Steigerung der Umsatzerlöse, zum Beispiel durch eine Diversifikation des Produktportfolios.[126]

Es können grundsätzlich zwei Arten des Umsatzwachstums voneinander unterschieden werden. Auf der einen Seite hat ein Unternehmen die Möglichkeit in dynamisch, wachsenden Märkten eine steigende Nachfrage zu bedienen. Auf der anderen Seite können Marktanteile von Wettbewerbern in einem statisch, stagnierenden Markt gewonnen werden.[127] Für diese Wachstumsabsichten ist ein austariertes und umfassendes Finanzierungskonzept zu überdenken, um Finanzierungsengpässe und eine übermäßige Verschuldung zu vermeiden. Dabei können in dieser Phase sowohl Eigenkapital- und Fremdkapitalinstrumente als auch Mezzaninkapitalinstrumente hinzugezogen werden. Häufig versuchen Beteiligungsunternehmen bei einer Wachstumsfinanzierung aufgrund des erhöhten Investitionsbetrages die Mehrheit der ausstehenden Aktien am Zielunternehmen zu erlangen, wobei sich dies von Fall zu Fall und je nach Investitionsstrategie des Beteiligungsunternehmens unterscheiden kann. Mezzaninkapital kann insbesondere für kleine und mittelgroße Familienunternehmen eine Finanzierungsalternative darstellen, da diese häufig schlechte Exit-Möglichkeiten für ein Beteiligungsunternehmen bieten und so weniger attraktiv für eine Private Equity-Investition mit einem festen Zeithorizont sind. Des Weiteren versuchen Familienmitglieder, die gleichzeitig aktive Gesellschafter sind, externe Gesellschafter und somit einen Kontrollverlust zu vermeiden. Mezzaninkapital bietet hierbei die Möglichkeit einer hybriden Finanzierungsquelle mit einer nur leichten oder gar keinen Verwässerung der Geschäftsanteile.[128]

Die Auswirkungen einer Wachstumsstrategie sind im betreffenden Unternehmen vielfältig.[129] Dies kann die Notwendigkeit einer größeren Vertriebsabteilung betreffen, um die Akquisition neuer Kunden betreiben zu können, oder die Ausweitung der Produktionskapazitäten, um der erhöhten Nachfrage gerecht zu werden. Dies wiederum hat auch Auswirkungen auf das Einkaufsverhalten und die Vorratshaltung im Unternehmen, indem größere Mengen bestellt werden können oder eine größere Vielfalt an Teilen auf Lager gelegt werden muss. Sofern das geplante Wachstum nicht aus vorher unausgelasteten Kapazitäten geleistet werden kann, be-

---

[126] Vgl. SCHEFCZYK (2004), S. 40.

[127] Dies kann sogar in einem ökonomischen Abschwung möglich sein, sofern der Effekt aus der Reduktion der Gesamtnachfrage kleiner ist, als der Gewinn von Marktanteilen der Wettbewerber.

[128] Vgl. HÄGER/ELKEMANN-REUSCH (2007), S. 57.

[129] Vgl. WELGE/AL-LAHAM (2008), S. 589ff.

steht die Aufgabe des Managements in der Steuerung von Investitionen in das Anlagevermögen, wie zum Beispiel Gebäude, maschinelle Anlagen oder IT-Systeme. Die Investitionstätigkeit erstreckt sich jedoch nicht nur auf Vermögensgegenstände im Anlagevermögen, sondern umfasst auch den Ausbau und die Weiterentwicklung des Humankapitals. Aufgrund des ansteigenden Vorratsvermögens kann zudem eine Ausweitung der Lagerflächen notwendig werden. Bei den Marketing- und Vertriebsaktivitäten ist in vielen Fällen eine geografische Ausweitung angestrebt, um nicht nur den Heimatmarkt, sondern auch internationale Kunden zu erschließen und bedienen zu können. Schließlich kann das angestrebte organische Wachstum auch um anorganisches Wachstum durch die Akquisition zum Beispiel von Wettbewerbern zusätzlich beschleunigt werden. Dies kann unter anderem eine große Rolle bei der Erschließung eines neuen geografischen Marktes spielen, wenn zum Beispiel ein deutsches Unternehmen sich den Marktzugang in den USA durch den Erwerb eines Wettbewerbers erschließt.

Bei einer Wachstumsstrategie kommt, je nach Branche, auch der Forschungs- und Entwicklungsleistung eines Unternehmens eine entscheidende Rolle zu. Unternehmen in der Medizintechnik, die mit ihrem bestehenden Produktportfolio erfolgreich am Markt platziert sind, können durch eine Erweiterung oder Verbesserung der bestehenden Produkte weiteres Wachstum erzeugen, wobei dafür zunächst eine zum Teil mehrjährige Entwicklungszeit einzuplanen ist, bevor die neuen Produkte am Markt angeboten dürfen. Beteiligungsunternehmen können hier mögliche Finanzierungslücken füllen sowie für eine Abmilderung des Risikos sorgen, das vor allem bei der Neuentwicklung von Produkten oder einer Produktionslinie besonders hoch ist.

Beteiligungsunternehmen, die sich auf Wachstumsfinanzierungen spezialisiert haben, können in zwei Gruppen unterteilt werden. Investoren mit dem Ziel des Up-Scalings (zweite Finanzierungsrunde) und Investoren mit dem Ziel der Standardisierung (dritte Finanzierungsrunde). Up-Scaling bedeutet hauptsächlich eine Erhöhung der Marktdurchdringung. Das betreffende Unternehmen hat dann meist den Break-Even-Punkt erreicht und die Ertragsmargen steigen überdurchschnittlich an. Zudem ist das betreffende Unternehmen in der Lage neue Produkte auf den Markt zu bringen sowie die vorhandene Produktpalette zu diversifizieren, was in den meisten Fällen mit einer Verstärkung der Vertriebskapazitäten einhergeht. Demgegenüber ist bei einer dritten Finanzierungsrunde die Expansionsstrategie bereits erfolgreich begonnen worden. Die weiteren Finanzmittel aus dieser Finanzierungsrunde werden dann für eine Standardisierung des Produktionsprozesses und eine Vereinheitlichung der administrativen Abläufe eingesetzt. Hierbei nimmt die Internationalisierungsstrategie eine bedeutende Stellung ein mit dem Ziel, neue Märkte zu erschließen und den eigenen Marktanteil zu erhöhen. Dies kann auch eine internationale Marketingstrategie eines einheitlichen Unternehmensauftrittes (branding) beinhalten.[130]

Im Allgemeinen folgt die Strategie, welche hinter einer Expansionsfinanzierung steht, der Produkt-Markt-Matrix nach *Ansoff*.[131] Ansoff unterscheidet dabei vier mögliche Wachstumsstrategien, die auf der einen Seite von der Ausgestaltung des Produktportfolios und auf der anderen Seite von den bearbeiteten Märkten abhängen.[132] Zunächst hat ein Unternehmen die Möglichkeit mit dem bestehenden Produktportfolio auf bestehenden Märkten zu wachsen. Dies benötigt vor allem eine stärkere Marktdurchdringung und eine tiefergehende Marktbearbeitung. Ein zweiter Weg ist das Wachstum in bekannten Märkten mit neuen Produkten. Dies impliziert einen Ausbau der eigenen Produktentwicklungsleistungen sowie der Forschungs- und Entwicklungsaktivitäten.

Drittens, Wachstum kann auch durch den Transfer bestehender Produkte auf neue, bisher noch nicht erschlossene Märkte erfolgen. Bei dieser Strategie der Marktentwicklung kommt vor allem Marketing und Vertriebsaktivitäten eine Schlüsselposition zu. Schließlich kann Wachstum dadurch erzeugt werden, indem im Wege einer Diversifikationsstrategie mit neuen Produkten neue Märkte erschlossen werden. In diesem Zusammenhang kann zwischen einer horizontalen Integration und einer vertikalen Integration unterschieden werden. Eine horizontale Integration beschreibt dabei eine Ausweitung des bestehenden Produktportfolios, wobei unter vertikaler Integration die Ausweitung von vor- und nachgelagerten Produktionsprozessen verstanden wird.[133] Das Ziel von Wachstumsfinanzierungen ist, wie bei allen anderen Beteiligungsinvestitionen, die Wertsteigerung des betreffenden Unternehmens. Nach Ablauf dieser Finanzierungsrunde erwartet das Beteiligungsunternehmen grundsätzlich vom Portfolio einen nachhaltigen positiven Cashflow.

In der Private Equity-Praxis werden diese Arten von Wachstumsfinanzierungen als weniger risikobehaftet bewertet als Frühphasenfinanzierungen. Dies liegt vor allem daran, dass das

---

[130] Vgl. GRABHERR (2001), S. 35.

[131] Vgl. MACHARZINA/WOLF (2005), S. 338ff.

[132] Vgl. THIELE (1997), S. 22f.

[133] Vgl. WELGE/AL-LAHAM (2008), S. 590ff.

Geschäftsmodell der Zielunternehmen bei Wachstumsfinanzierungen bereits marktseitig angenommen wurde und ein Grundstock an Umsatzerlösen erzielt wird. Somit besteht bei einer Wachstumsfinanzierung wenig Zweifel darüber, ob das Produkt oder die angebotene Dienstleistung überhaupt vom Markt angenommen wird, wie dies bei vielen Frühphasenfinanzierungen der Fall ist.

Die folgende Abbildung zeigt die Produkt-Markt-Matrix nach *Ansoff*:

	Bestehende Produkte	Neue Produkte
Bestehende Märkte	Marktdurchdringung	Produktentwicklung
Neue Märkte	Marktentwicklung	Diversifikation

Abbildung 13: Ansoff-Matrix[134]

Wenn ein Venture Capital-Unternehmen eine Investitionsentscheidung bezüglich eines jungen Unternehmens trifft, dann müssen im Allgemeinen mit deutlich größeren Unsicherheiten bei den getroffenen Annahmen, welche die Basis für den Businessplan bilden, gerechnet werden. Zudem verfügt ein Unternehmen, welches sich in der Wachstumsphase befindet, über eine stärker ausgeprägte Lernkurve im Gegensatz zu Unternehmen in der Frühphase. Dabei wurden in der Vergangenheit Fehlentscheidungen getroffen, die zu wertvollen Erfahrungen (tacit knowledge) geführt haben.[135] Das Management eines sich in der Wachstumsphase befindlichen Unternehmens braucht in der Regel keine Unterstützung vom Beteiligungsunternehmen, was die operative Geschäftsführung angeht. Auch dies ist ein Unterschied zu Frühphasenfinanzierungen, bei denen es durchaus bei einem Einstieg eines Venture Capital-Unternehmens dazu führen kann, dass bestimmte betriebswirtschaftliche Funktionen in der operativen Unternehmensführung mit weiteren Personalkapazitäten unterstützt und professionalisiert werden. Daher sind die Herangehensweise und der Arbeitschwerpunkt eines Beteiligungsmanagers bei einer Wachstumsinvestition unterschiedlich im Vergleich zu einem Venture Capital-Unternehmen. Wichtige Fragen bei einer Wachstumsfinanzierung sind: Wie profitabel und glaubhaft sind die angenommenen Wachstumsraten beim zukünftigen Umsatz? Wie wird die

[134] In Anlehnung an THIELE (1997), S. 22; Vgl. auch ANSOFF (1979), S. 64ff.

[135] Tacit knowledge zählt zu den immateriellen Vermögenswerten eines Unternehmens. Diese Vermögensgegenstände können in persönliche und nicht persönliche Formen unterschieden werden. Eine persönliche Form von tacit knowledge sind zum Beispiel die Fähigkeiten des Managements. Der ressourcen-orientierte Ansatz betrachtet diese immateriellen Vermögenswerte als strategisch wertvoll und identifiziert vier Charakteristika: Nicht-imitierbar, unternehmensspezifisch, nicht-substituierbar und Kundennutzen generierend. (vgl. Welge/Al-Laham (2008), S. 376-379).

geplante Expansion die Kostenseite des Unternehmens beeinflussen? Wie viel Kapital wird für die Expansionpläne benötigt und wie werden die Finanzmittel aus der Wachstumsfinanzierung genau eingesetzt? Verfügt das Management über die notwendigen Fähigkeiten für die Umsetzung der aufgestellten Wachstumspläne? Der Beteiligungsmanager fokussiert sich darüber hinaus auf eine Analyse des betreffenden Marktes, um bewerten zu können ob überhaupt der Markt genügend Wachstumsmöglichkeiten bietet. Daraus abgeleitet werden Meilensteine bezüglich der Wachstumsraten des Zielunternehmens formuliert, dessen Ereichungsgrad kontinuierlich in Form von Soll-Ist-Vergleichen quantitativ überprüft werden kann. Letztlich spielen für den Beteiligungsmanager bei einer Wachstumsfinanzierung die Formulierung von Exit-Szenarien eine wichtige Rolle im Transaktionsprozess, wobei dies mitunter von der individuellen Investitionsstrategie der Beteiligungsgesellschaft abhängig ist.

3.2.3. Spätphasenfinanzierung

Unternehmen, die sich in ihrer Spätphase befinden, können verschiedene Anlässe einer Finanzierungsabsicht aufzeigen. In diesem Paragraph werden dabei zwei wichtige Finanzierungsanlässe näher betrachtet: (i) Bridge-Finanzierungen und (ii) Buy-Outs / Buy-Ins. Turnaround-Investitionen sind ebenso der Spätphasenfinanzierung zuzuordnen. Da diese Form der Finanzierung Hauptgegenstand dieser Dissertationsarbeit ist, sind die Ausführungen zu Turnaround Equity in Kapitel 5 separat beschrieben.

(i) Bridge-Finanzierungen oder Pre-IPO-Finanzierungen werden von Beteiligungsunternehmen mit dem Ziel durchgeführt, ein Unternehmen für den Kapitalmarkt vorzubereiten bzw. es für einen Börsengang attraktiv zu machen.[136] Dabei soll in den meisten Fällen die Eigenkapitalquote des Portfoliounternehmens erhöht und eine zum Börsengang passende Story entwickelt werden, um das Unternehmen für Investoren interessant zu machen und einen möglichst hohen Eröffnungspreis an der Börse zu erreichen. Grundsätzlich sollte das Zielunternehmen schon zu Beginn der Finanzierung eine attraktive Ertragslage, relativ hohe Marktattraktivität sowie eine starke Wettbewerbsposition vorweisen. Der angestrebte Börsengang stellt für das Beteiligungsunternehmen in den meisten Fällen gleichzeitig einen vollständigen Exit dar. Die Finanzmittel werden bei einem Bridge vorwiegend für eine Expansion des Stammgeschäftes, für die Ausweitung der Organisationsstrukturen sowie für die Erfüllung aller formalen Anfor-

[136] Vgl. SCHEFCZYK (2004), S. 42.

derungen, die mit einem Börsengang einhergehen bereit gestellt. Je nach den rechtlichen Gegebenheiten können bei der Vorbereitung auf einen Börsengang erhebliche Kosten durch notwendige rechtliche Beratung und die Bearbeitung von Formalitäten entstehen. Zudem werden bei der Vorbereitung und Durchführung eines IPO umfangreich Managementkapazitäten gebunden.[137] Während der Beteiligungsphase des Private Equity-Unternehmens spielen Investmentbanken eine Schlüsselrolle, da sie wesentliche Aufgaben bei der Durchführung des IPO, wie zum Beispiel die Platzierung der Aktien, übernehmen. Die Verzinsung von Bridge-Finanzierungen sind jedoch in der Regel geringer als in anderen Finanzierungssituationen, aufgrund des schon fortentwickelten Stadiums des Zielunternehmens, geringerer Wertsteigerungspotenziale und der meist kurzen Beteiligungsdauer. So können Bridge-Finanzierungen auch als eine Art fortgeführter Expansionsfinanzierung angesehen werden, die für Beteiligungsgesellschaften grundsätzlich attraktiver ist und eine höhere Verzinsung ermöglicht.[138]

Der Prozess zur Vorbereitung des IPO sowie der IPO selbst hat auch eine Marketingfunktion für Unternehmen, da durch den Börsengang das Unternehmensprofil auch außerhalb des bislang bearbeiteten Marktes bekannt wird (spill over). Zudem wird dadurch die Wahrnehmung am Markt erhöht und kann bei dem Aufbau einer internationalen Reputation unterstützen. Ähnlich zu Wachstumsfinanzierungen, kann auch bei der Bridge-Finanzierung alternativ Mezzaninkapital eingesetzt werden. Somit behalten die Eigentümer gesellschaftsrechtlich weiterhin die vollständige Kontrolle über den IPO-Prozess. Des Weiteren haben die Eigentümer so die Möglichkeit, an der Wertrealisation durch den IPO vollständig teilzunehmen.

(ii) Buy-Outs / Buy-Ins sind ein Sammelbegriff für weitere Finanzierungsanlässe in der Spätphase eines Unternehmens. Wichtige Finanzierungsanlässe dabei sind Replacements, MBO / MBI, Spin-Offs sowie Post-IPO-Finanzierungen. Bei so genannten Replacements geht es meist um kleine und mittlere Familienunternehmen. Das Zielunternehmen ist profitabel und operativ erfolgreich in seinem jeweiligen Markt positioniert, doch ein wesentlicher Anteilseigner hat den Wunsch aus dem Unternehmen auszuscheiden. Gründe für das Ausscheiden können vielfältig sein, wie zum Beispiel der Tod eines Familienmitgliedes, interne Streitigkeiten oder unterschiedliche Ansichten bezüglich der zukünftigen strategischen Ausrichtung des Unternehmens. Anträge auf Investitionen ins Anlagevermögen, die für eine weitere Wett-

---

[137] Vgl. SCHIPPOREIT (2001), S. 456f.

[138] Vgl. GRABHERR (2001), S. 35-36.

bewerbsfähigkeit in einem dynamischen Marktumfeld notwendig sind, werden von einem Teil des Gesellschafterkreises abgewiesen, da sie möglicherweise nicht bereit sind, die Risiken mitzutragen und auf ihrer Dividende bestehen. Das Ziel eines Replacements ist die Lösung dieser Uneinigkeiten unter den Eigentümern, so dass nach der Transaktion wieder eine klare strategische Ausrichtung formuliert werden kann, die von jedem Eigentümer mitgetragen wird. Dabei sollen die bereitgestellten Finanzmittel meist nicht nur für die Auszahlung von Gesellschafteranteilen genutzt werden, sondern auch einen zusätzlichen finanziellen Beitrag für das betreffende Unternehmen bedeuten, um Maßnahmen zur Wertsteigerung zu unterstützen. Direkt nach der Transaktion verbleibt die Unternehmensorganisation meist die selbe, da das Unternehmen gut geführt wurde, positive Erträge aufweist und mit ausreichend Managementkapazitäten ausgestattet ist. Trotzdem wird die Unternehmensbeteiligungsgesellschaft die Eigentümerposition dazu nutzen, das Management zu überwachen und die aufgestellte Unternehmensplanung zu hinterfragen. Eine Fokussierung auf eine möglichst hohe Dividende in der Vergangenheit kann zu der Auslassung von wichtigen Investitionen ins Anlagevermögen geführt haben. Oder die Wichtigkeit von neuen Märkten und Produkten hat bislang in der eigenen Produktpalette zu wenig Berücksichtigung gefunden. Ebenso kann das Management bedeutende Risiken nicht erkannt haben, was während des ausführlichen Prüfungsprozesses der Transaktion festgestellt wurde. Daher sollte ein Beteiligungsmanager über exzellente analytische Fähigkeiten ähnlich zu denen von Unternehmensberatern verfügen, um die Schwachpunkte eines Unternehmens zu identifizieren und Lösungen vorzuschlagen.

Wenn das bestehende Management des Zielunternehmens zusammen mit dem Beteiligungsunternehmen Geschäftsanteile im Zuge der Transaktion erwirbt, wird von einem Management Buy-Out gesprochen. Die Unterscheidung zum Management Buy-In besteht lediglich darin, ob es sich um das bestehende Management (MBO) oder ein neues, externes Managementteam handelt, welches sich in das Zielunternehmen einkauft (MBI).[139] Zudem sind auch Kombinationen aus beiden Formen möglich, die dann BIMBO genannt werden.[140] Ein MBO oder MBI kann vom Management oder den Anteilseignern ausgelöst werden. Die Motive eines MBO bzw. MBI unterscheiden sich bei kleinen und mittleren Unternehmen im Vergleich zu großen börsennotierten Unternehmen. So besteht bei kleinen und mittleren Familienunternehmen oft eine Nachfolgeproblematik, die in Form eines MBO gelöst werden kann. Für große börsenno-

[139] Vgl. FORST (1992), S. 5.

[140] Vgl. SANDER (2006), S. 19.

tierte Unternehmen stellt der MBO eine geeignete Lösung bei der Fokussierung auf Kernkompetenzfelder dar, um eine Aktivität an das bestehende Managementteam abzugeben. Der MBO wird von Beteiligungsunternehmen in vielen Fällen unterstützt, da das Management sich dadurch auszeichnet, Verantwortung für sein Handeln in erhöhten Maße zu übernehmen und so direkt am Unternehmenserfolg partizipieren zu wollen. Das Management betrachtet eine MBO-Transaktion auch als Chance sich vor einer Übernahme strategisch-orientierter Investoren zu schützen, deren Strategie sie nicht einschätzen können und die möglicherweise die Arbeit des bestehenden Managements nicht unterstützen. Forschungsarbeiten haben gezeigt, dass die Wahrscheinlichkeit von Private Equity-Investitionen positiv mit einem starken Anteil einer Managementbeteiligung korreliert ist.[141]

Eine spezielle Form des Buy-Outs sind so genannte Owner's Buy-Outs (OBO). Hierbei verkauft ein bestehender Haupteigentümer nicht seinen gesamten Geschäftsanteil in einem Schritt, sondern zielt lediglich darauf ab einen gewissen Teil seiner Geschäftsanteile zu veräußern, um sein persönliches Risiko am Unternehmenserfolg zu senken. Weitere Transaktionen können dann zukünftig folgen, je nach der Unternehmensentwicklung, so dass ein schrittweiser Verkauf erfolgt (Earn Out-Modelle).[142] Eine weitere spezielle Form des Buy-Outs ist der Employee Buy-Out (EBO), bei dem die Mitarbeiter des Zielunternehmens zumindest einen Teil der Geschäftsanteile im Zuge der Transaktion erwerben. Dies kann bei Turnaround-Investitionen angewandt werden, um die Mitarbeiter an das Unternehmen zu binden und die Arbeitsmotivation zu stärken. Bei börsengelisteten Konzernunternehmen wird bei einem MBO häufig von einem Spin-Off oder Carve-Out gesprochen. Eine Unterscheidung der beiden Begriffe ist wiederum in der Situation des Zielunternehmens zu sehen. Spin-Off beschreiben in der Regel Frühphasenunternehmen, wobei Carve-Outs die Herauslösung von Unternehmensaktivitäten beschreiben, die einer Spätphase zuzuordnen sind und meist keine eigene rechtliche Gesellschaft darstellen, sondern mittels einer Übertragung der Aktiva sowie Passiva (Asset Deal) veräußert werden. Gründe für MBO in Konzernunternehmen sind meist strategische Entscheidungen im Konzernvorstand, sich aus gewissen Bereichen zurückzuziehen, die nicht weiter der strategischen Gesamtausrichtung entsprechen (streamlining). So werden zum Beispiel junge Geschäftsbereiche, die sich noch in der Frühphase befinden, sich im Konzernverbund nicht durchsetzen konnten und vom Umsatzanteil keine Bedeutung in-

---

[141] Vgl. ACHLEITNER/BETZER/HINTERRAMSKOGLER (2009), S. 6.

[142] Vgl. TALLAU (2009), S. 8.

nerhalb des konsolidierten Konzernumsatzes einnehmen, für eine Veräußerung im Wege eines Spin-Off freigegeben. Bei Spin-Offs und Carve-Outs besteht für den Erwerber die Herausforderung das Unternehmen bzw. die Konzernaktivität unabhängig vom bisherigen Verbund aufzustellen und überlebensfähig zu machen, wodurch sich das Risiko einer solchen Investition erhöht. Ebenso wird die Businessplanung dadurch erschwert, dass, ähnlich wie bei Venture Capital, nur begrenzt Zahlen für die Vergangenheit vorliegen und eine alleinständige Planung der Zukunft erst durch den Erwerber erarbeitet werden muss.

Die Funktion von Beteiligungsunternehmen bei den verschiedenen Formen von MBO bzw. MBI ist hauptsächlich in der Beisteuerung notwendiger Finanzmittel zu sehen, da das Management in der Regel aus finanzieller Perspektive nicht dazu fähig ist, Finanzmittel in ausreichender Form bereitzustellen sowie eventuelle Garantien für die Übernahme von finanziellen Verpflichtungen abzugeben. Zudem können Beteiligungsunternehmen das Managementteam in ihrer neuen Rolle als Gesellschafter des Unternehmens unterstützen, wobei deren Einflussmöglichkeiten als Gesellschafter in den meisten Fällen auf ein Minimum reduziert ist, so dass die Beteiligungsgesellschaft rechtlich gesehen nicht von der Unterstützung des Managements bei der Gesellschafterversammlung abhängig ist. Es geht der Beteiligungsgesellschaft vielmehr darum, dem Managementteam mittels der geplanten Wertsteigerung ihrer Geschäftsanteile Anreize zu schaffen. Die Gründe, warum Buy-Outs in der Regel die höchsten Transaktionssummen anzeigen, liegen in der meist sehr stabilen Ertragslage des Zielunternehmens, in der Fähigkeit hohe Cashflows zu erzeugen sowie in der festen Marktposition.

Einer der spektakulärsten Buy-Out-Transaktionen fand in den späten 1980er Jahren statt und wurde von der Unternehmensbeteiligungsgesellschaft Kohlberg, Kravis, Roberts & Co (KKR) durchgeführt. KKR hat damals den amerikanischen Konzern RJR Nabisco für USD 25 Mrd. gekauft. Abhängig vom Finanzierungsumfeld und der Qualität des Zielunternehmens, wird die Transaktionssumme eines Buy-Outs zumeist in Teilen durch Eigenkapital und Fremdkapital von Banken finanziert. Das Zielunternehmen muss nach der Transaktion mit seinen Cashflows den Kapitaldienst und Rückführung des Akquisitionsdarlehens tragen (leverage effect).[143] Diese Arten von gemischt-finanzierten Buy-Outs werden Leveraged Buy-Outs genannt. Die Wertsteigerung des Zielunternehmens erfolgt dann unter anderem aus der kontinuierlichen Erhöhung der Eigenkapitalquote durch die Rückführung der Verschuldung aus der

[143] Vgl. JAKOBY (2000), S. 20f.

Transaktion. Zudem tragen Investitionen in neue Technologien, Akquisitionen von Wettbewerbern sowie Effizienzsteigerungen in den Unternehmensprozessen positiv zu der Wertentwicklung des Zielunternehmens bei. Nach einer Studie von *Axelson*, *Jenkinson*, *Strömberg* and *Weisbach* über rund 6.000 Buy-Out-Transaktionen in Europa, wurden LBO-Transaktionen mit Fremdfinanzierungsquote von fast 90% durchgeführt. Die Summe des eingesetzten Fremdkapitals kann in der Regel in mehrere Tranchen von Bankkrediten unterschiedlicher Laufzeit und Nachrangigkeit aufgebrochen werden. In Europa haben *Axelson*, *Jenkinson*, *Strömberg* and *Weisbach* im Durchschnitt 4,7 Tranchen beobachten können.[144] Das Resultat dieser unausgewogenen Unternehmensfinanzierungen mit einem hohen Leverage-Effekt sind geringe Eigenkapitalquoten bei den Portfoliounternehmen sowie eine starke Belastung für die zukünftigen Perioden durch einen hohen Schuldendienst, der nicht aus dem operativen Geschäft entstammt.[145] Es wird erwartet, dass die zurückliegende Krise auf den Finanzmärkten insgesamt die Bereitschaft von Banken reduziert hat, Transaktionen mit sehr hohen Leverage-Faktoren zu unterstützen. Eine Befragung von mehr als 5.000 Unternehmen in Deutschland im ersten Quartal 2008, die von der *KfW Bankengruppe* durchgeführt wurde, bestätigt die Annahme, dass die Gewinnung von Fremdkapitalfinanzierungen für Unternehmen in Zukunft als schwerer erwartet wird. 27% aller Befragten gaben an, dass der Zugang zu Kreditmitteln sich in den letzten 12 Monaten erschwert hat, wobei 62% keine Änderungen sahen.[146]

Ein höherer Verschuldungsgrad bei der Ausgestaltung der Transaktion reduziert auf der einen Seite das Risiko der Beteiligungsgesellschaft hinsichtlich der Finanzierung der Kaufpreissumme. Auf der anderen Seite erhöht sich das Risiko des Portfoliounternehmens durch die höhere Kapitaldienstbelastung, was letztlich wiederum ein steigendes Risiko für die Beteiligungsgesellschaft bedeutet. Die entscheidende Kennzahl hierbei ist der Cashflow des Portfoliounternehmens, welche unter Berücksichtigung der Investitionstätigkeit aus dem operativen Geschäft generiert werden kann und für die Finanzierungstätigkeit zur Verfügung steht. Banken fordern bei einer hohen Fremdkapitalfinanzierung grundsätzlich ausreichende Sicherheiten. Beteiligungsunternehmen können neben einer Garantie durch ihren Eigenkapitalfond ebenso brauchbare Vermögensgegenstände, wie zum Beispiel Grundstücke, Gebäude, Maschinen oder Vorräte der Bank als Sicherheiten anbieten. Dies zeigt, warum LBO-Ziel-

[144] Vgl. AXELSON/JENKINSON/STRÖMBERG/WEISBACH (2007), S. 18f.

[145] Vgl. SCHÄFER/FISHER (2008), S. 49.

[146] Vgl. KFW BANKENGRUPPE (2008), S. 8ff.

unternehmen für die Transaktionsgestaltung hoch-profitable Unternehmen sein müssen, um letztlich mit der eigenen Ertragskraft einen Teil der Transaktion mitzufinanzieren. Sollte das betreffende Portfoliounternehmen dann, zum Beispiel infolge eines wirtschaftlichen Abschwunges wie in den Jahren 2008 und 2009 die Planzahlen nicht mehr erreichen können, ist die Überlebensfähigkeit durch die starke Fremdkapitalbelastung direkt bedroht. Grundsätzlich werden im Businessplan bei LBO-Transaktionen während der Investitionsperiode keine Dividenden angenommen, um die Rückzahlung des Fremdkapitals durch Einbehalten von Jahresüberschüssen so hoch wie möglich zu modellieren.[147]

Schließlich kann Private Equity auch bei so genannten Post-IPO-Finanzierungen oder public to private-Transaktionen (going private) eingesetzt werden. Das Zielunternehmen ist in diesem Fall vor der Transaktion an der Börse gelistet und das Management oder Teile der Eigentümer haben vor, das Unternehmen vollständig vom Aktienmarkt zu erwerben. Somit strebt die Post-IPO-Finanzierung ein so genanntes Delisting des Zielunternehmens an. Da die Exit-Möglichkeiten nach einem Delisting für das Beteiligungsunternehmen begrenzter sind als bei Wachstumsfinanzierungen, sind Post-IPO-Finanzierungen meist mit einem längeren Zeithorizont angesetzt. Grund für eine Post-IPO-Transaktion kann ein momentan niedriger Aktienkurs sein, so dass das Unternehmen aus bestimmten Gründen unterbewertet wird. Vorteile des Delistings sind schnellere Entscheidungsprozesse aufgrund einer weniger strikten Regulierung, finanzieller Ersparnisse durch den Wegfall von aufwendigen Kapitalmarktreportings sowie einer erhöhten Freiheit bezüglich der Informationspolitik des Managements.

Die vorigen Absätzen haben gezeigt, dass Private Equity-Finanzierungen in fast jeder Phase des Unternehmenslebenszyklus nützlich ist. Dies ist noch einmal grafisch, mit Berücksichtigung einer idealtypisch verlaufenden Kurve des Cashflows, in der folgenden Abbildung dargestellt:

[147] Vgl. KLIER (2009), S. 69-70.

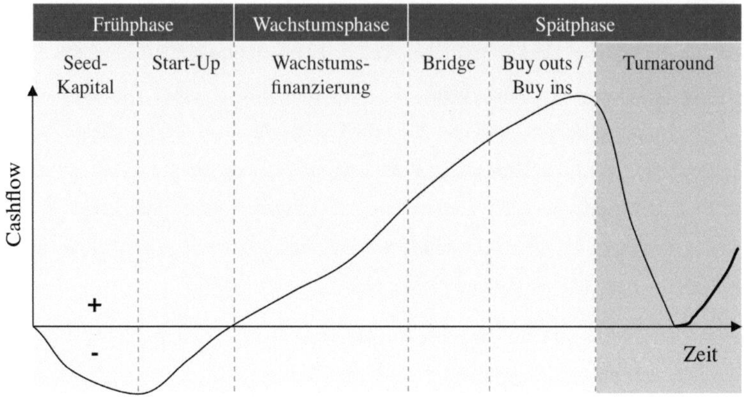

Abbildung 14: Formen von Private Equity

3.3. Die Akteure

Es gibt mehrere Akteure im Private Equity-Markt, die unterschiedliche Aufgaben erfüllen und eigene Ziele verfolgen. Die wichtigsten Akteure sind Investoren, Beteiligungsunternehmen und Portfoliounternehmen. Investoren nehmen eine entscheidende Rolle ein, indem sie die Finanzmittel für Beteiligungsunternehmen bereitstellen, so dass diese erst in die Lage versetzt werden Eigenkapitalinvestitionen durchzuführen. Beteiligungsunternehmen handeln somit als Intermediäre, die Finanzmittel von ihren Investoren einsammeln und diese in unterschiedliche Zielunternehmen investieren. In welche Zielunternehmen ein Beteiligungsunternehmen investiert hängt maßgeblich von der Definition seiner Investitionsstrategie ab. Zielunternehmen bzw. Portfoliounternehmen suchen teilweise aktiv nach Beteiligungskapital, vor allem wenn sie eine Wachstumsstrategie verfolgen oder weitere Finanzmittel benötigen. Ebenso kann das Beteiligungsunternehmen die Initiative für Gespräche über eine mögliche Transaktion ergreifen. In den letzten Jahren haben auch so genannte Fund of Funds an Bedeutung gewonnen. Sie stellen eine Vermittlerfunktion zwischen Investoren und Beteiligungsunternehmen dar.[148] Neben den drei Hauptakteuren (exklusive der Fund of Funds) treten weitere Akteure, wie Investmentbanken, Business Angels, Berater oder Wirtschaftsprüfer bei einer Transaktion

[148] Vgl. KRAFT (2001), S. 34.

auf.[149] Abbildung 14 gibt einen groben Überblick zu der Struktur der vorgenannten Akteure im Private Equity-Markt.

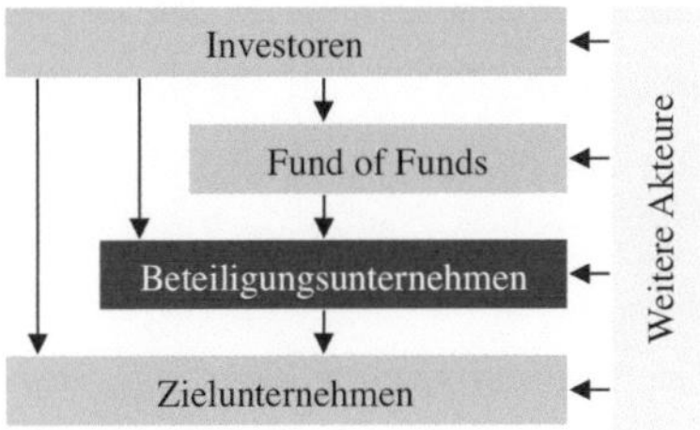

Abbildung 15: Akteure im Private Equity-Markt[150]

3.3.1. Investoren

Fundraising für Private Equity erreichte im Jahr 2007 einen Rekord mit USD 459 Mrd. eingesammelten Kapitals. Dies entspricht einer Wachstumsrate von ca. 5% verglichen zum Vorjahr.[151] Institutionelle Investoren, wie zum Beispiel Banken, Versicherungsunternehmen oder Pensionskassen sind die Hauptanleger in Private Equity-Fonds. Wenn ein Investor einen bestimmten Betrag an Finanzmittel für einen Private Equity-Fond oder einem Fund of Funds bereitstellt, dann wird von einer indirekten Finanzierung gesprochen. Dies ist üblich bei großen Investoren. Die andere Möglichkeit sind direkte Investitionen in ein Zielunternehmen ohne die Unterstützung von Finanzintermediären, wie einem Beteiligungsunternehmen.[152] Investoren haben zumeist ein ausgewogen differenziertes Portfolio, dass verschiedene Anlageklassen berücksichtigt. Über die letzten Jahre hat Private Equity dabei eine permanente Rolle eingenommen. Die zeitintensive Suche nach erfolgversprechenden Zielunternehmen, deren Administration sowie die Überwachung des Erfolges erklärt die Präferenz von groß angelegten Investoren für indirekte Investitionen in Private Equity-Fonds. Zudem ist das direkte Investieren in Unternehmen nicht das Hauptgeschäft von Investoren; sie verfügen nicht über Managementkapazitäten, um verschiedene Private Equity-Investitionen in einem separaten Portfolio durchzuführen und zu begleiten. Neben dem Renditeziel, was mit Private Equity-Investitionen einhergeht, versuchen vor allem Banken auch ihr Kreditgeschäft zu stärken.

[149] Vgl. THUM/TIMMRECK/KEUL (2008), S. 15.

[150] In Anlehnung an FENN/LIANG/PROWSE (1997), S. 6.

[151] Vgl. PRICEWATERHOUSECOOPERS (2008b), S. 39.

[152] Vgl. STUBNER (2004), S. 35.

Eine weitere Gruppe von Investoren sind vermögende Privatpersonen oder Family Offices. Dies wird auch als informelles Private Equity bezeichnet. Vermögende Family Offices werden in den USA als Pioniere des Venture Capitals in den 1950ern angesehen. Sie sind zum Teil offener bezüglich Venture Capital-Fonds und Frühphasenfinanzierungen, wobei institutionelle Investoren aufgrund von Risikoerwägungen ihre Finanzmittel für Buy-Out-Transaktionen oder Wachstumsfinanzierungen bereitstellen. Die tendenziell geringere Risikobereitschaft von institutionellen Investoren resultiert auch aus der höheren Verantwortung ihren Geldgebern gegenüber. Ein Pensionsprogramm, dass seine freien Finanzmittel in Private Equity-Fonds investiert muss andere Auflagen bezüglich der Verlustbegrenzung beachten, als dies bei autonom handelnden Privatpersonen der Fall ist. Darüber hinaus haben Privatpersonen, die sich in Private Equity-Investitionen engagieren, einen unternehmerischen Hintergrund, da sie entweder ein Unternehmen besitzen oder ein Unternehmen gegründet haben und dieses bereits erfolgreich verkauft haben. Privatinvestoren nehmen im Gegensatz zu institutionellen Investoren vermehrt aktiv teil an der Transaktion und der späteren Unternehmensführung. Family Offices investieren somit auch direkt in Zielunternehmen oder syndizieren mit Beteiligungsunternehmen.

Heutzutage verfügen die meisten großen international tätigen Konzernunternehmen, wie zum Beispiel General Electric, Deutsche Telekom oder Siemens, über ihre eigenen Private Equity-Abteilungen. Diese Private Equity-Abteilungen werden als Corporate Venture Capital bezeichnet (CVC) und beschäftigen sich zumeist mit Frühphasenfinanzierungen. Als industrielle oder strategische Investoren fokussieren sie sich auf Investitionen in Zielunternehmen, die ihre eigene Position auf den Einkaufs- bzw. Absatzmärkten stärken und den Zugang zu neuen Technologien, Produkten oder Forschungs- und Entwicklungskapazitäten sichern. CVC soll auf der einen Seite den Gründern genug Freiheiten geben, um ihre Ideen zu verwirklichen ohne direkter Teil der komplexen, formalen Konzernstrukturen zu sein. Auf der anderen Seite erlaubt CVC der Konzernführung mit den Gründern von erfolgversprechenden Geschäftsideen eng in Verbindung zu bleiben, ohne selbst eine aufwendige Pionierstrategie für neue Produkte oder in neuen Märkten selbst zu erarbeiten. CVC kann dabei sowohl als direkter Investor, aber auch als indirekter Investor in Beteiligungsunternehmen, die eine ähnliche Investitionsstrategie wie die CVC-Abteilung verfolgt, auftreten.[153]

---

[153] Vgl. NEUBÜRGER (2004), S. 48-55.

Schließlich finden sich auch staatliche Organisationen, die mit Eigenkapitalmitteln Unternehmensgründungen, neue Technologien und regionale Initiativen unterstützen. Im Jahr 2008 kam 5,3% des gesamten Fundraisingvolumens der Beteiligungsunternehmen von staatlichen Organisationen, die als indirekte Investoren auftreten.[154] Ein Beispiel ist die KFW Bankengruppe mit ihren Investitionsprogrammen.[155] Diese öffentlichen Programme gibt es auch in anderen Ländern, wie zum Beispiel den USA: die SBIC-Programme, die darauf abzielen, die heimische Wirtschaft zu unterstützen und für eine stärkere Verteilung von Eigenkapitalmitteln zu sorgen.[156],[157]

Die verschiedenen Investorengruppen haben landesspezifisch eine unterschiedliche Bedeutung und Gewichtung hinsichtlich des Gesamtinvestitionsvolumens. Dies hängt vor allem von der dortigen Private Equity-Kultur ab, den nationalen Gesetzgebungen und sozialen Strukturen, wie die Verwaltung von Versicherungen und Pensionsansprüchen. Die hauptsächlichen Ziele von Investoren sind eine hohe Verzinsung, Sicherheit und Stabilität sowie ein gewisses Maß an Liquidität. Diese übergeordneten Ziele können Private Equity-Fonds in Teilen erfüllen, da sie überdurchschnittlich hohe Renditen verfolgen und eine Risikoverteilung durch gestreute Fondstrukturen erlauben. Das Ziel der Liquidität ist bei Private Equity-Investitionen nur begrenzt erfüllbar, da die investierten Finanzmittel für eine gewisse Zeitspanne gebunden werden und deren Rendite zumeist nicht linear steigt. Neben der Auswahl eines passenden Private Equity-Fonds halten Investoren kontinuierlich Kontakt zum Beteiligungsunternehmen, um deren Performance zu überwachen. Im Extremfall kann dies sogar bis zur Einflussnahme auf das Geschäft eines Portfoliounternehmens führen.[158]

3.3.2. Beteiligungsunternehmen

Beteiligungsunternehmen können als Finanzintermediäre verstanden werden, die verschiedene Formen von Eigenkapitalfinanzierungen entlang der verschiedenen Stadien eines Unter-

---

[154] Vgl. BVK (2009), S. 12.

[155] Für weitere Informationen: http://www.kfw.de/.

[156] Vgl. GLOTZ/THOMAS (1994), S. 131f.

[157] Für weitere Informationen: http://www.sba.gov/ oder http://www.smallbusinessnotes.com/ financing/sbic.html.

[158] Vgl. KRAFT (2001), S. 35.

nehmens entlang dessen Lebenszyklus bereitstellen. Dabei kommen Beteiligungsunternehmen fünf wesentliche Funktionen zu:[159]

- Investitionsentscheidungen für ihre Investoren treffen
- Zielunternehmen auswählen und bewerten
- Portfoliounternehmen finanzieren
- Portfoliounternehmen überwachen und steuern
- Beteiligungen verkaufen und Wertsteigerungen realisieren

Die Hauptaufgaben eines Beteiligungsmanagers können in fünf Teilbereiche untergliedert werden: Das Fundraising, also das Einsammeln von Eigenkapitalzusagen der Investoren, die Suche nach erfolgversprechenden Investitionsmöglichkeiten (Deal Flow-Management), die Arbeiten im Transaktionsprozess, das Monitoring und Controlling von Portfoliounternehmen sowie die Durchführung von Exit-Strategien bei Portfoliounternehmen. Daher benötigen Beteiligungsunternehmen eine professionelle Organisation, die Analysten, erfahrene Geschäftsführer mit Transaktions- und Branchenwissen sowie ein breites Netzwerk an Entscheidungsträgern umfasst. Die folgende Abbildung zeigt die mögliche Struktur eines Private Equity-Fonds:

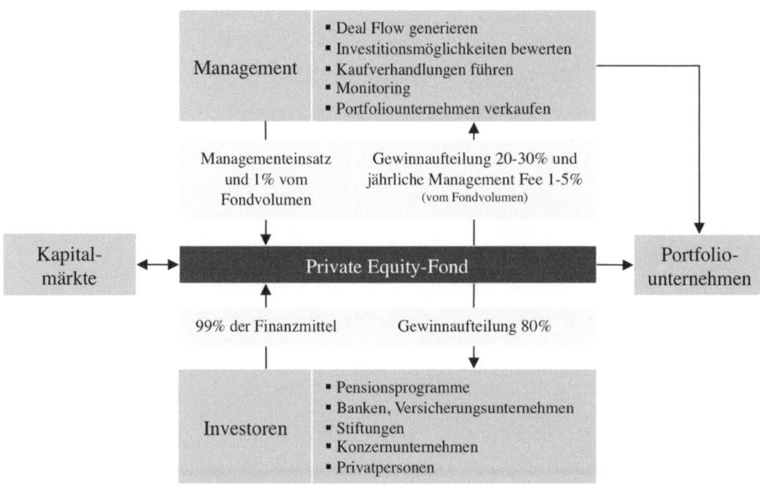

Abbildung 16: Struktur eines Private Equity-Fonds[160]

[159] Vgl. KRAFT (2001), S. 39.

Beteiligungsunternehmen nutzen oft Fondstrukturen, um das eingesammelte Kapital hinsichtlich der angegebenen Investitionsstrategie zu bündeln und zu verwalten. Die klare Formulierung einer Investitionsstrategie eines Private Equity-Fonds hat zentrale Bedeutung für jeden Investor, da er/sie im Vorhinein wissen möchte, in welche und in wie viele Portfoliounternehmen das Beteiligungsunternehmen in welcher Zeitspanne vorhat zu investieren. In diesem Zusammenhang kann die Investitionsstrategie Investoren bei der Verteilung ihrer Finanzmittel ein gewisses Maß an Orientierung und Sicherheit geben. Studien haben jedoch gezeigt, dass der Investitionsdruck von Beteiligungsunternehmen einen wesentlichen Einfluss auf die Geschwindigkeit der Kapitalallokation eines Fonds hat. Größere Fundraisingvolumina führen zu größeren Transaktionen, bezogen auf die Investitionssumme, innerhalb einer kürzeren Zeitspanne.[161] Allgemein lässt sich festhalten, dass eine Investitionsstrategie eines Beteiligungsunternehmens die vier folgenden Elemente mindestens berücksichtigen sollte: Investitionsgröße, Branchenfokus, regionale Präferenz und Unternehmenssituation. Diese können je nach den individuellen Gegebenheiten erweitert werden.

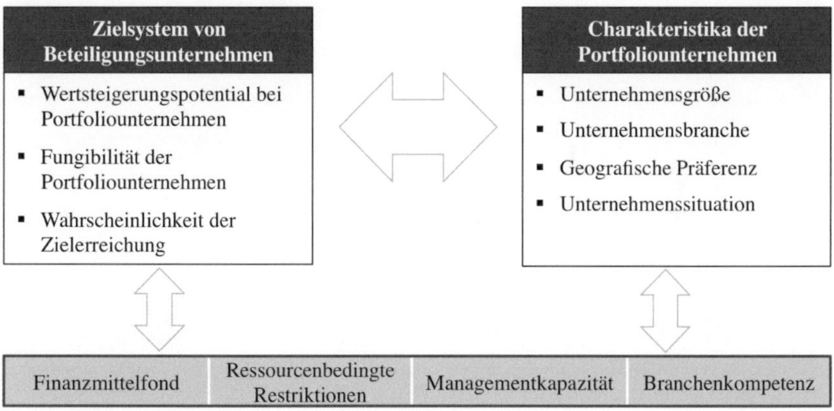

Abbildung 17: Investitionsstrategie[162]

Im Allgemeinen lassen sich drei verschiedene Typen von Private Equity-Fonds unterscheiden bezüglich deren Investoren: Großinvestoren, Private Placements und öffentliche Investoren.[163]

---

[160] In Anlehnung an BADER (1996), S. 156.

[161] Vgl. LAUTERBACH/WELPE/CALANOG/WAHRENBURG (2006), S. 17.

[162] Vgl. KRAFT (2001), S. 100.

[163] Vgl. LÜDICKE/ARNDT/GÖTZ (2002), S. 5.

Investoren haben auch die Möglichkeit, durch die Auswahl eines Fund of Funds mehrere Fonds gleichzeitig zu investieren. Fund of Funds sind wiederum darauf spezialisiert, unterschiedliche Private Equity-Fonds auszuwählen und sie für Ihren Fond zusammenzustellen. Ihr Portfolio folgt meist keiner speziellen geografischen Auswahl, sondern operiert weltweit. Fund of Funds unterscheiden sich voneinander durch eine verschiedene Zusammensetzung der einzelnen Private Equity-Fonds hinsichtlich deren Anlagestrategie. So können zum Beispiel in dem einen Fund of Funds eher Buy-Out-Transaktionen dominieren, während in einem anderen Fund of Funds Frühphasenfinanzierungen in den Fokus gestellt werden. Die breite Risikodiversifikation macht Fund of Funds interessant für konservative und langfristig-orientierte Investoren. Hauptsächlicher Nachteil von Fund of Funds ist die geringere Verzinsung aufgrund der weiteren Ebene, die von Fund of Funds im Geldkreislauf eingenommen wird. So verringert sich die Rendite von Investoren genau um den Teil, der bei dem Management der Fund of Funds hängen bleibt im Vergleich zu einer direkten Investition in einen Fond eines Beteiligungsunternehmens.[164] Funds of Funds verfolgen ein Geschäftskonzept, welches sich nach der Portfoliotheorie richtet und so verschiedene Anlageobjekte mit dem Ziel der Risikostreuung gleichzeitig berücksichtigt.

Ein ähnliches Konzept wie bei Funds of Funds kann auch auf der Ebene der Zielunternehmen angewendet werden. So können Transaktionen alternativ zu Investitionen von genau einem Beteiligungsunternehmen auch von mehreren Beteiligungsunternehmen syndiziert werden. Diese Art gemeinschaftlicher Transaktionen entstand unter anderem aus einer erhöhten grenzüberschreitenden Private Equity-Aktivität in den letzten Jahren. So ließ sich zeigen, dass die Gewinnung ausländischer Investoren und grenzüberschreitende Syndizierungen erfolgreicher in Ländern sind, in denen bereits ein gewachsener Private Equity-Markt vorherrscht.[165] Eine syndizierte Transaktion erfolgt meist von einer sogenannten führenden Beteiligungsgesellschaft und von einer oder weiteren nicht-führenden Beteiligungsgesellschaften. Die führende Beteiligungsgesellschaft übernimmt den größten Anteil der Arbeiten im Transaktionsprozess und auch nach der Investitionsentscheidung in der Beteiligungsphase, indem sie das Monitoring und die Vorbereitungen für einen möglichen Exit vornimmt. Im Gegensatz dazu spielt die nicht-führende Beteiligungsgesellschaft eine mehr oder weniger passive Rolle und vertraut im Wesentlichen auf die Arbeiten der führenden Beteiligungsgesellschaft. Gründe für

[164] Vgl. KRAFT (2001), S. 38.

[165] Vgl. TYKVOVÁ/SCHERTLER (2006), S. 17-18.

diese Art von gemeinschaftlichen Transaktionen liegen zum Beispiel in der Bündelung von Finanzmittelressourcen, Reduzierung des individuellen Risikos auf der Ebene der Beteiligungsgesellschaft sowie in der Gewinnung einer ausreichenden Anzahl erfolgsversprechender Investitionsopportunitäten.[166] Zudem ist dies für Beteiligungsunternehmen eine Möglichkeit das Fehlen von bestimmter Branchenerfahrung oder technischen Kenntnissen zu kompensieren.[167] So kann eine Syndizierung auch für junge, unerfahrene Beteiligungsgesellschaften ein sinnvoller Weg sein, um wertvolle Erfahrungen von hochqualifizierten und namhaften Finanzierungspartnern für zukünftige Transaktionen zu erlangen.[168]

Norton und *Tenenbaum* haben eine Klassifizierung von Beteiligungsunternehmen anhand ihrer verschiedenen Finanzierungsphasen vorgenommen. Dem folgend beobachteten *Fenn*, *Liang* et *al.* in ihrer empirischen Untersuchung, dass Beteiligungsunternehmen im Grundsatz zwei strategischen Ausrichtungen folgen: Venture Capital-Finanzierungen und Buy-Out-Finanzierungen.[169] Beteiligungsunternehmen, die diese beiden strategischen Ausrichtungen verfolgen, können als Generalisten bezeichnet werden.[170] *Leopold*, *Frommann* und *Kühr* nennen Venture Capital-Unternehmen auch Innovationsspezialisten, da sie sich vorwiegend mit Erfindungen und Innovationen auseinandersetzen und finanzielle sowie operative Unterstützung anbieten, um die betreffenden Produkte möglichst zügig zur Marktreife zu bringen.[171] *Bygrave* und *Timmons* beschreiben die Pionierarbeit von Innovationsspezialisten als eine Suche nach "new concepts for products or services that will change the way people live and work".[172]

Im Gegensatz zu Innovationsspezialisten, die in einigen Fällen eine lange Zeitspanne warten müssen, bevor eine Geschäftsidee signifikanten Umsatz und positive Cashflows generiert, sind so genannte Finanzingenieure (financial engineers) auf schnellere Erfolge von etablierten Unternehmen fokussiert, die Wertsteigerungspotential durch ihre momentane Eigentümer- oder Finanzierungsstruktur aufzeigen. *Leopold*, *Frommann* und *Kühr* nennen die Kombinati-

[166] Vgl. FRIEDRICH (2005), S. 19ff.

[167] Vgl. LAUTERBACH (2007), S. 3.

[168] Vgl. TYKVOÁ (2005), S. 25-26.

[169] Vgl. NORTON/TENENBAUM (1993), S. 431-442 und FENN/LIANG/PROWSE (1997), S. 5-6.

[170] Vgl. WILLERT (2006), S. 21.

[171] Vgl. LEOPOLD, FROMMANN, KÜHR (2003), S. 17.

[172] Vgl. BYGRAVE/TIMMONS (1992), S. 1.

on aus der Strategie von Innovationsspezialisten und Finanzingenieuren eine Allrounder-Strategie. Nach *Leopold*, *Frommann* und *Kühr* finanzieren Allrounder keine Frühphasenunternehmen, sondern konzentrieren sich auf Wachstumsfinanzierungen und Replacements.[173] So gesehen füllen Allrounder Lücken, die sich durch die Strategien der Innovationsspezialisten und der Finanzingenieure ergeben können. Abbildung 18 zeigt die Private Equity-Strategiematrix nach *Leopold*, *Frommann* und *Kühr*.

	Innovations-spezialisten	Finanz-ingenieure	Allrounder
Frühphase	●●●		
Wachstumsphase	●	●	●●●
Replacements		●	●●●
MBO/MBI		●●●	●
Bridging		●	●
Turnaround		●●●	●
Andere		●●●	●

Abbildung 18: Private Equity-Strategiematrix[174]

Der Begriff Finanzingenieur (financial engineer) wird neben den oben dargestellten Ausführungen in der Praxis auch dafür benutzt, um Beteiligungsunternehmen hinsichtlich ihres Beteiligungsgrades bei der aktiven Unternehmensführung im Portfoliounternehmen zu unterscheiden. So konzentriert sich ein Finanzingenieur in der Regel auf die Bereitstellung von Finanzmitteln und zeigt kaum aktive Teilnahme an der Geschäftsführung des Portfoliounternehmens. Daher ist die Private Equity-Strategiematrix nicht falsch zu interpretieren, da *Leopold*, *Frommann* and *Kühr* Turnaround-Investments in die strategische Ausrichtung von Finanzingenieuren gruppiert haben. Turnaround-Investitionen brauchen jedoch, wie an späterer Stelle noch näher erläutert, in den meisten Fällen ein besonders hohes Maß an aktiver Management-Unterstützung seitens der Beteiligungsgesellschaft.

In Ergänzung zu der Klassifikation von Beteiligungsunternehmen nach den unterschiedlichen Finanzierungsphasen, können Beteiligungsunternehmen auch nach ihrer Eigentümerstruktur unterschieden werden. Dabei werden unabhängige Beteiligungsgesellschaften, Captives, Se-

[173] Vgl. LEOPOLD, FROMMANN, KÜHR (2003), S. 22f.

[174] Vgl. LEOPOLD, FROMMANN, KÜHR (2003), S. 18.

mi-Captives sowie staatliche Beteiligungsgesellschaften voneinander differenziert. Unabhängige Beteiligungsgesellschaften sind meist privat gehaltene Gesellschaften, bei denen die Investoren keine dominante Position beim Management des Fonds einnehmen. Das Management der Beteiligungsgesellschaft kann Investmententscheidungen eigenständig treffen und ist nicht gebunden an Anweisungen der Investoren. Es herrscht unter den unabhängigen Beteiligungsgesellschaften ein fortlaufender Wettbewerb um Kapital für neue Fonds. Die Finanzmittel von Beteiligungsgesellschaften werden in den meisten Fällen in geschlossenen Fonds mit einem beschränkten Fondvolumen und einer festen Dauer verwaltet. Nach spätestens ca. 10 bis 12 Jahren wird ein Private Equity wieder aufgelöst. Dementsprechend sind Beteiligungsunternehmen gezwungen, sich von nicht-erfolgreichen Investitionen zu trennen, sobald der Misserfolg absehbar ist, um die Zielrendite innerhalb der gesetzten Zeitspanne erreichen zu können und für eine optimale Kapitalallokation zu sorgen.[175] Die Geschäftsführung der Beteiligungsgesellschaft erhält abhängig vom Fondvolumen eine Vergütung, die zum einen eine Basisvergütung darstellt und zum anderen die Kosten der Administration sowie des Sekretariats decken soll. Die Geschäftsführung erhält darüber hinaus eine erfolgsabhängige Komponente der Vergütung, in dem sie an der Gewinnverteilung des Fonds teilnimmt (carried interest).

Im Gegensatz zu unabhängigen Beteiligungsgesellschaften sind Captives integriert in die Organisation ihres Mutterunternehmens in Form einer Konzerneinheit. Das Mutterunternehmen repräsentiert dabei den alleinigen Investor und stellt meist situationsspezifisch eine undefinierte Menge an Finanzmitteln zur Verfügung. Die Bereitstellung der Finanzmittel erfolgt somit auch nicht begrenzt mit einer bestimmten Laufzeit, nach Ablauf derer neue Finanzmittel angefordert werden müssen, sondern kontinuierlich je nach Investitionstätigkeit. Das Management von Captives trifft meist keine Investitionsentscheidungen alleine, sondern bereitet diese für den Konzernvorstand vor, dessen Zustimmung zur Entscheidungsfindung eingeholt werden muss. Corporate Venture Capital-Unternehmen sind ein Beispiel für Captives. Daneben gibt es auch hybride Formen von Beteiligungsunternehmen, die dann Semi-Capitves genannt werden. Sie werden nicht nur von einem Eigentümer finanziell ausgestattet, sondern verfügen über mehrere Eigentümer, die als Investoren auftreten und deren Anzahl sich nicht verändert. Das Management wird von einem der Eigentümer gestellt, wobei Investitionsentscheidungen schließlich von allen Eigentümern getroffen werden. Ähnlich wie unabhängige

[175] Vgl. LERNER (1999), S. 12.

Beteiligungsgesellschaften arbeiten auch Semi-Captives häufig mit Fondstrukturen und verwalten einen festgelegten Finanzmittelbetrag für eine begrenzte Laufzeit.

Schließlich lassen sich auch staatliche Beteiligungsgesellschaften identifizieren. In Deutschland ist diese Art von Beteiligungsgesellschaften in Form so genannter mittelständischer Beteiligungsgesellschaften (MBG) für jedes Bundesland organisiert. Die MBG in Baden-Württemberg zum Beispiel wurde 1971 gegründet und investiert vorwiegend in kleine und mittlere Unternehmen sowie in Frühphasenunternehmen, die Innovationen oder neue Technologien vorweisen können. Dabei ist die MBG in Baden-Württemberg in erster Linie an Stillen Beteiligungen bis zu einem Investitionsvolumen von EUR 1 Mio. interessiert.[176]

Folgende Werttreiber von Beteiligungsunternehmen können identifiziert werden: Rückzahlung des Finanzierungshebels, Erhöhung des Multiples, Umsatzwachstum und Margenverbesserung. Die ersten beiden genannten Werttreiber waren vor allem in den 1980ern und 1990ern lukrativ. Die Rückzahlung des Finanzierungshebels beschreibt die Wertsteigerung durch die zunächst erfolgte Aufnahme von Fremdkapital zur Finanzierung der Transaktion und der daran anschließenden Rückführung der Verschuldung mittels der Cashflows des Portfoliounternehmens während der Beteiligungsperiode. In den letzten Jahren sind Banken risikoaverser gegenüber hohen Leverages, wodurch dieser Werttreiber unter anderem an Bedeutung verloren hat. Die gleiche Entwicklung kann für die Wertsteigerung mittels einer Differenz des zum Kauf und Verkauf des Portfoliounternehmens angesetzten Multiplikators beobachtet werden. Der durchschnittliche Kaufpreis für 600 öffentlich gelistete deutsche Unternehmen stieg von 7 Mal das EBITDA im Jahr 1990 auf 12 Mal das EBITDA im Jahr 1999. Im Jahr 2001 kehrte sich dieser Trend jedoch um und der EBITDA-Multiplikator betrug 8. Heutzutage kommt der Umsatzausweitung sowie der Verbesserung der Ertragsmargen bei der Wertsteigerung des Portfoliounternehmens eine zentrale Bedeutung zu. Dies betrifft vor allem Turnaround-Beteiligungsgesellschaften, da die Möglichkeiten zur Margenverbesserung in einer Turnaround-Situation besonders vielschichtig sind.[177]

---

[176] MBG Baden-Wuerttemberg (2007), S. 88.

[177] Vgl. HARDYMON/LERNER (2003), S. 7 - 8.

3.3.3. Portfoliounternehmen

Private Equity wird häufig, vor allem in Deutschland, von Eigentümern, dem Management oder den Mitarbeitern als eine Bedrohung und nicht als eine Chance, das betreffende Unternehmen gemeinsam weiterzuentwickeln, gesehen. Daher wird von vielen Geschäftsführern oder Eigentümern eine Eigenkapitalfinanzierung mittels eines Beteiligungsunternehmens nur selten in Betracht gezogen. Dies hat einen negativen Einfluss auf den Deal Flow von Beteiligungsunternehmen, bei dem es darum geht, mögliche Beteiligungsmöglichkeiten zu identifizieren. Die vorigen Ausführungen zur Definition von Private Equity haben jedoch gezeigt, dass Beteiligungsgesellschaften grundsätzlich jede Unternehmensphase abdecken und so eine Vielzahl von Unternehmen ansprechen können. Die individuelle Investitionsstrategie des Beteiligungsunternehmens grenzt die potentielle Anzahl von Investitionsmöglichkeiten ein.

Im Allgemeinen sind Zielunternehmen von Beteiligungsgesellschaften nicht an einer Börse gelistet und haben eine Finanzierungsnachfrage zusätzlich zu den bestehenden oder angefragten Fremdkapitalinstrumenten. Eine Ausnahme stellen public-to-private-Transaktionen dar, bei denen gezielt börsengelistete Unternehmen im Zuge eines Delistings erworben werden. Auf eine weitere Darstellung der Zielunternehmen bzw. Portfoliounternehmen von Beteiligungsgesellschaften kann an dieser Stelle verzichtet werden, da deren Charakteristika implizit durch die Beschreibung der Finanzierungsphasen von Private Equity erläutert wurden (s. Kapitel 3.2.). Daher gibt der Unternehmenslebenszyklus sowie die daraus abzuleitende Situation des Unternehmens einen brauchbaren Überblick zu den verschiedenen Gruppen an Ziel- bzw. Portfoliounternehmen.[178] Des Weiteren widmet sich Kapitel 5 einer Zusammenführung von Turnaround-Situationen und Private Equity. Dabei werden auch Ziel- bzw. Portfoliounternehmen von Turnaround-Beteiligungsgesellschaften, als Fokus dieser Dissertationsarbeit, kurz erläutert werden.

3.3.4. Weitere Akteure

Ergänzend zu den drei Hauptakteuren – Investoren, Beteiligungsunternehmen und deren Portfoliounternehmen – gibt es verschiedene weitere Akteure innerhalb des Private Equity-Marktes. Da das Auftreten von weiteren Akteuren jeweils von Fall zu Fall unterschiedlich ist,

[178] Vgl. KRAFT (2001), S. 41.

sollen in den nächsten Abschnitten wesentliche weitere Akteure kurz erwähnt werden: Investmentbanken / M&A-Berater, Anwälte, Wirtschaftsprüfer, Unternehmensberater.

Investmentbanken sowie M&A-Berater sind oft dafür verantwortlich, Beteiligungsunternehmen und potentielle Zielunternehmen zusammenzubringen. Sie verfügen über ein breites Netzwerk an Beteiligungsgesellschaften und sind nicht nur tätig bei den Vertragsverhandlungen zwischen den beiden Parteien, sondern begleiten ihren Mandanten während des gesamten Transaktionsprozesses. In den meisten Fällen bekommen Investmentbanken oder M&A-Berater ein Mandat von dem Zielunternehmen, da das Management nicht immer über die notwendige Transaktionserfahrung verfügt. Zudem kann eine Investmentbank oder ein M&A-Berater dazu beitragen, die Qualität der Suche nach einem passenden Eigenkapitalpartner mittels eines strukturierten Prozesses zu erhöhen.[179] Investmentbanken helfen Unternehmen oder Organisationen Finanzmittel einzuwerben, indem sie Unternehmensanteilen an den Kapitalmärkten anbieten und verkaufen. Zusätzlich sind sie bei Transaktionen beratend tätig.[180] Investmentbanken können auch beratende Funktionen bei einem Exit eines Portfoliounternehmens einnehmen, indem sie die Vorbereitungen und die Durchführung eines Börsenganges übernehmen.

Ein Beteiligungsunternehmen verfügt darüber hinaus meist über ein breites Netzwerk an externen Beratern aus verschiedenen Fachbereichen. Sie helfen ihnen vor allem beim Fundraising, der Due Diligence, der Kaufpreisfindung, der Transaktionsstrukturierung sowie in der Beteiligungsperiode mit dem Ziel, das Geschäft des betreffenden Portfoliounternehmens auszuweiten und die Ertragsmargen zu verbessern. Außerdem müssen, hauptsächlich während des Transaktionsprozesses, steuerliche und rechtliche Themen sehr genau untersucht werden. Dies wird in der Regel von externen Anwälten und Wirtschaftsprüfern erarbeitet, um Fehler zu vermeiden oder finanzielle Risiken nicht zu übersehen. Eine steuerliche Thematik kann zum Beispiel aus dem Eigentümerwechsel bei Grundstücken entstehen, da in Deutschland der Käufer eines Grundstückes 3% Grunderwerbssteuer zahlen muss. Rechtliche Themen betreffen vorwiegend die Prüfung der bestehenden Vertragsbeziehungen, zum Beispiel zu Kunden, Mitarbeitern oder Finanzierungspartnern. Zudem werden Wirtschaftprüfer häufig mit der Ge-

[179] Vgl. BOHNENKAMP (1999), S. 131f.

[180] Vgl. BEITEL (2004), S. 27-28.

schäftsplanung und Unternehmensbewertung des Zielunternehmens beauftragt, um die eigenen Ergebnisse mit einer weiteren Meinung zu bestätigen.

Unternehmensberater spielen vor allem bei Turnaround-Investitionen eine wichtige Rolle. Turnaround-Beteiligungsgesellschaften aber auch klassische Beteiligungsgesellschaften beauftragen externe Unternehmensberater zusätzlich zu ihren eigenen Kapazitäten, um die operativen Geschäftsprozesse sowie die strategische Grundausrichtung des Portfoliounternehmens zu prüfen und gegebenenfalls anzupassen. Bei Turnaround-Investitionen beginnt ihre Tätigkeit oft schon während der Transaktionsphase mit der Erstellung eines Restrukturierungskonzeptes. Als Ausgangspunkt kann dabei auf den SWOT-Ansatz zurückgegriffen werden. So können schon in der Transaktionsphase mit externen Beratern zusammen Meilensteine für die spätere Umsetzung, an der sie auch beteiligt sein können, festgelegt werden.

Der Umfang an externer Beratung hängt maßgeblich von dem vorliegenden Fall ab und inwieweit die Beteiligungsgesellschaft eigene Ressourcen zur Lösung der Aufgaben bereitstellen kann. Bei klassischen Beteiligungsunternehmen erfüllen externe Unternehmensberater meist strategische Aufgabengebiete, da das Management des Beteiligungsunternehmens nicht aktiv in die operative Geschäftsführung im Portfoliounternehmen eingreift. Im Gegensatz dazu arbeiten Turnaround-Beteiligungsgesellschaften und externe Unternehmensberater, sofern diese aufgrund fehlenden Know-hows gebraucht werden, eng und auch auf operativer Ebene mit dem Turnaround-Investor zusammen, der selbst eine aktive Rolle in der Geschäftsführung des Portfoliounternehmens einnimmt.

3.4. Der deutsche Private Equity-Markt

Der Vierjahres-Durchschnitt des von Beteiligungsgesellschaften eingesammelten Kapitals stieg von rund EUR 560 Mio. zwischen 1990 und 1993 auf EUR 3.325 Mio. zwischen 2005 und 2008. Dies entspricht fast einer Versechsfachung des Fundraisingvolumens. Dabei vernachlässigen die Zahlen die globale Aktienmarkt-Hausse in den späten 1990ern. Im Jahr 2000 erreichten die Fundraisingaktivitäten deutscher Beteiligungsunternehmen ihren zweithöchsten Wert mit einem Betrag in Höhe von über EUR 5.000 Mio. Der bisherige Rekordstand wurde jedoch im Jahr 2007 erreicht, in dem Finanzmittel in Höhe von EUR 5.662 Mio. eingeworben werden konnten. Im Jahr 2008 drehte dieser Trend und der gesamte Private Equity-Markt in

Deutschland brach zusammen.[181] Die Fundraisingaktivitäten fielen in diesem Jahr auf knapp 2/3 zurück. Gründe dafür liegen im Abschluss großer Fonds im Vorjahr sowie im zunehmend unsicher gewordenen ökonomischen Umfeld infolge der Finanzmarktkrise und der Nachfragerückgänge in der Automobilindustrie, die vor allem in Deutschland traditionell stark angesiedelt ist. Die Summe des verwalteten Kapitals von Beteiligungsgesellschaften (capital under management) stieg von EUR 31,9 Mrd. im Jahr 2007 auf EUR 35,1 Mrd. im Jahr 2008. Dieser Anstieg kann zum einen mit der hohen Fundraisingaktivität im Jahr 2007 erklärt werden und zum anderen mit einem rein statistischen Grund. Zum ersten Mal wurden in der Statistik auch Teile von internationalen Fonds, sofern diese separat in Deutschland betrachtet werden können, berücksichtigt. Trotz des deutlichen Rückgangs im Fundraising, konnte sich die Zahl der Beteiligungsgesellschaften, welche im Bundesverband deutscher Kapitalbeteiligungsgesellschaften (BVK) organisiert sind, erhöhen. Sie erreichte ein Allzeit-Hoch von 217 Unternehmen im Jahr 2008 (197 im Vorjahr).[182] Abbildung 19 zeigt die Entwicklung der Fundraisingaktivitäten in Deutschland von 1990 bis 2008:

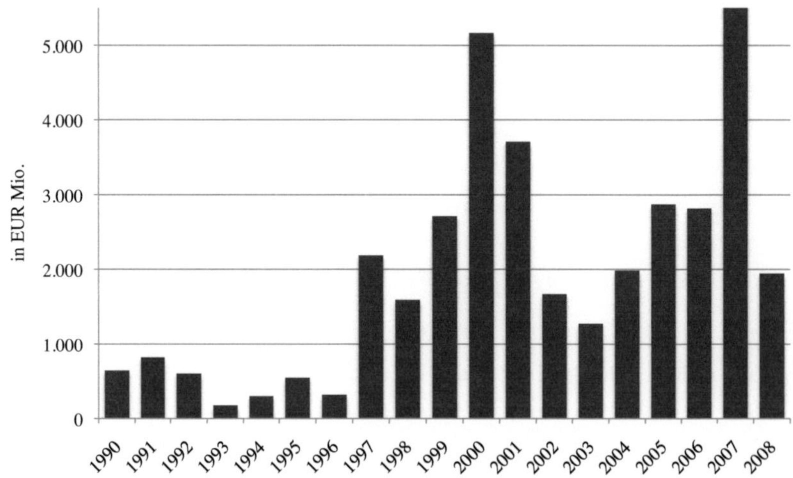

Abbildung 19: Fundraising in Deutschland[183]

[181] Vgl. IFD (2008), S. 79.

[182] Vgl. BVK (2009b).

[183] Vgl. BVK (2009), S. 11.

Die Kapitalquellen in Deutschland können in vier wesentliche Gruppen aufgeteilt werden. Die erste Gruppe besteht aus institutionellen Investoren, wie zum Beispiel Pensionskassen, Banken und Versicherungsunternehmen. Sie steuerten mehr als 30% des insgesamt im Jahr 2007 eingesammelten Kapitals bei. Funds of Funds, die ungefähr einen Anteil von 9% am gesamten Fundraisingvolumen ausmachen, sind die zweitgrößte Gruppe. Ebenso stellen private Anleger und Family Offices mit 7% sowie Industrieunternehmen mit 6% eine nennenswerte Gruppe dar. Die restlichen 44% des Fundraisingvolumens entfallen auf Andere, wie zum Beispiel öffentliche Investoren oder akademische Institutionen.[184] Infolge der Finanzmarktkrise, nahmen Banken und Versicherungen im Jahr 2008 nur eine minimale Rolle beim Fundraising ein. Dies resultierte in einer massiven Veränderung in der Allokation von Finanzmitteln in Deutschland. Im Jahr zuvor hatten Versicherungsunternehmen und Kreditinstitute Beteiligungsunternehmen Finanzmittel in Höhe von rund EUR 1,7 Mrd. zur Verfügung gestellt. Im Jahr 2008 ging diese Zahl auf nur noch EUR 0,1 Mrd. zurück. Die folgende Abbildung zeigt daher den Stand der Fundraisingquellen im Jahr 2007, da dieses als repräsentativer eingeschätzt wird.

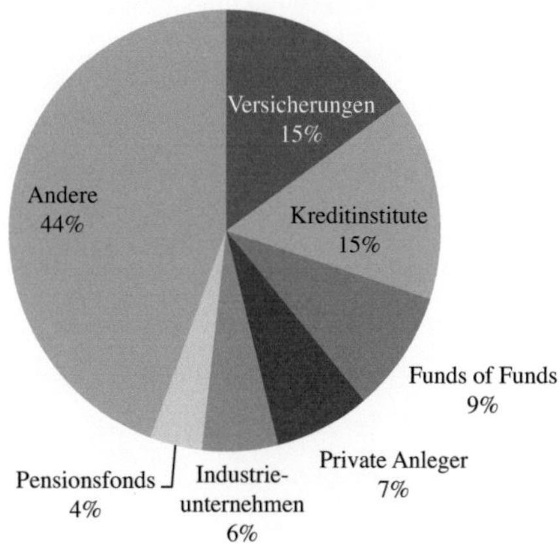

Abbildung 20: Fundraising nach Investorengruppen[185]

Wie in Kapitel 3.2. beschrieben, können Private Equity-Investitionen nach der Phase, in der sich das Zielunternehmen befindet, klassifiziert werden. Die Statistiken des BVK unterschei-

---

[184] Vgl. BVK (2007), S. 4 und S. 12.

[185] Vgl. BVK (2009), S. 14.

den dabei sechs verschiedene Phasen: Seed, Start-Up, Wachstum, Turnaround, Replacements und Buy-Outs. Bei der Betrachtung der Private Equity-Aktivität in diesen Phasen können zwei verschiedene Perspektiven gewählt werden. Zum einen kann die Summe des investierten Kapitals betrachtet werden und zum anderen kann die Anzahl der Transaktionen als Vergleichswert bei der Betrachtung der unterschiedlichen Phasen verwendet werden. Da beide Perspektiven sehr unterschiedliche Ergebnisse vorweisen, werden im Folgenden beide Perspektiven dargestellt. Werden zunächst die sechs unterschiedlichen Finanzierungsphasen anhand der Summe des investierten Kapitals betrachtet, so machten im Jahr 2008 Buy-Out-Transaktionen mit Abstand den größten Teil aus. Im Jahr 2008 wurden EUR 4.826 Mio. in Buy-Out-Transaktionen von deutschen Beteiligungsgesellschaften investiert, was einem Anteil von 75,5% des gesamten investierten Kapitals entspricht. Danach folgen mit 13,7% Wachstumsfinanzierungen, so dass auf diese beiden Phasen zusammen knapp 90% der insgesamt investierten Finanzmittel im Jahr 2008 entfallen.[186] Im Gegensatz dazu kommen Frühphasenfinanzierungen (Seed und Start-Ups) auf einen Anteil von nur 7%. Diese klare Verteilungsasymmetrie kann vor allem damit erklärt werden, dass bei LBO-Transaktionen meist profitable und gewachsene Unternehmen mit einem dadurch hohen absoluten Unternehmenswert gekauft werden. Dem gegenüber sind die Investitionssummen bei einer Frühphasenfinanzierung oder einer Turnaround-Investition in der Regel deutlich geringer.

Der BVK zählt im Jahr 2008 EUR 38,4 Mio. zu dem Bereich Turnaroundkapital. Dies entspricht weniger als 1% des insgesamt investierten Kapitals, wobei diese Zahl zu relativieren ist. Zum einen sind im BVK nur wenige Mitglieder mit dem Fokus Turnaround-Investitionen vorhanden, sondern es liegt ein Übergewicht auf Wachstums- und Spätphasenfinanzierungen. Zum anderen werden Turnaround-Investitionen häufig noch diskreter abgewickelt als Wachstumsfinanzierungen oder MBO-Transaktionen, wodurch viele Turnaround-Investitionen gar nicht in den Statistiken aufgenommen werden. Des Weiteren ist die Definition von Turnaround-Situationen nicht immer klar abgegrenzt und hängt von der jeweiligen Interpretation sowie den Publikationswünschen des Beteiligungsunternehmens ab, ob die betreffende Transaktion als Turnaroundkapital oder Buy-Out angesehen wird. Dies erklärt auch die relativ geringe Anzahl von Turnaround-Investitionen über die letzten Jahre in der Statistik des BVK.

---

[186] Vgl. BVK (2009), S. 14.

Zwischen 2006 und 2008 wurden demnach 33 Turnaround-Investitionen in Deutschland durchgeführt (8 in 2008, 10 in 2007 und 15 in 2006).[187]

Bei der Betrachtung der Anzahl an Transaktionen hinsichtlich der Finanzierungsphasen zeigt sich insgesamt eine etwas homogenere Verteilung. Im Jahr 2008 zählte der BVK knapp 600 Frühphasenfinanzierungen (Seed und Start-Ups), was ungefähr 47% aller Private Equity-Transaktionen in dem Jahr entsprochen hat. Damit nehmen Frühphasenfinanzierungen gemessen an der Anzahl an Transaktionen den größten Block ein, gefolgt von Wachstumsfinanzierungen mit 515 Transaktionen und einem Anteil von 41%. Der große Unterschied zwischen den beiden Perspektiven, Summe des investierten Kapitals und Anzahl an Transaktionen, lässt sich am besten bei Buy-Out-Transaktionen zeigen. Wie oben gezeigt, machen Buy-Out-Transaktionen im Jahr 2008 etwas mehr als ¾ des insgesamt investierten Kapitals aus, aber verteilten dies auf nur 130 Transaktionen in der gleichen Zeitspanne, was einem Anteil von 10,3% gemessen an der Anzahl an Transaktionen ausmacht.

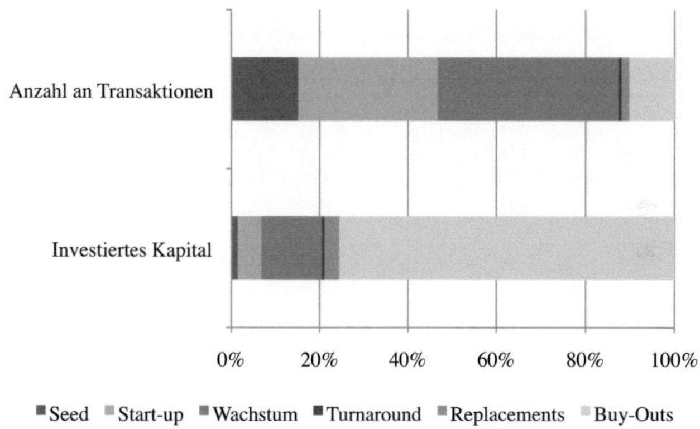

Abbildung 21: Private Equitiy-Investitionen nach Finanzierungsphasen[188]

Diese Verschiebungen in Abhängigkeit der gewählten Perspektive können bei Turnaround-Investitionen nicht festgestellt werden. So machten sie im Jahr 2008 ungefähr 0,6% vom gesamten investierten Kapital aus und 0,7% von der Gesamtzahl der durchgeführten Transaktionen. Es sei an dieser Stelle jedoch noch einmal darauf hingewiesen, dass die Statistik des

[187] Vgl. BVK (2007), S. 22 und BVK (2009), S. 14.

[188] Vgl. BVK (2009), S. 14.

BVK vor allem aufgrund seiner Mitgliederstruktur nur einen sehr kleinen Teil der Turnaround Equity-Aktivität in Deutschland berücksichtigt und somit die Bedeutung von Turnaround-Investitionen unterbewertet ist.

Der Anlagen- und Maschinenbau sowie die Automobilindustrie haben in Deutschland eine lange Tradition und spielen eine wesentliche Rolle bei der Investitionsstrategie von Beteiligungsunternehmen. Nach Angaben des BVK fanden im Jahr 2008 ungefähr 18% aller Transaktionen im Bereich Unternehmens- und Industrieerzeugnisse statt. Darüber hinaus nehmen die Branchen Life Science (14,7%) und Computer/Unterhaltungselektronik (15,2%) einen wichtigen Anteil bei den Zielunternehmen von Beteiligungsgesellschaften ein. Weitere Branchen von Zielunternehmen sind die Kommunikationstechnologie mit 12,3% und Konsumgüter/Handel mit 10,0% hinsichtlich der getätigten Transaktionen in 2008. Damit fallen knapp 70% aller Transaktionen in die fünf genannten Branchen. Die ökonomische Entwicklung der letzten zehn Jahre hat eine signifikante Ausweitung des Dienstleistungssektors gezeigt. Dieser Trend ist bei Private Equity-Transaktionen nur teilweise zu erkennen, da Verbraucherdienstleistungen (5,2%) sowie Finanzdienstleistungen (0,8%) nur eine untergeordnete Rolle spielen.[189]

Bei einer Betrachtung der verschiedenen Investitionsformen bezüglich des zur Verfügung gestellten Kapitals, kann ein klares Übergewicht von Eigenkapital erwartungsgemäß festgestellt werden. So entfiel im Jahr 2008 knapp 90% auf Eigenkapitalmittel. Der Rest teilt sich auf Mezzaninkapitel, Stille Beteiligungen sowie Gesellschafterdarlehen.[190]

Um diesen Überblick zu Ziel- und Portfoliounternehmen von deutschen Beteiligungsgesellschaften zu komplettieren, können zwei weitere Indikatoren betrachtet werden: Umsatz und Anzahl der Beschäftigten. Auch hier kann dann eine weitere Unterscheidung zwischen den Perspektiven: Summe des investierten Kapitals sowie Anzahl an Transaktionen erfolgen. Im Folgenden wird lediglich die zweite Perspektive betrachtet, da diese geeigneter erscheint, um die Tätigkeitsfelder von Beteiligungsunternehmen zu beschreiben. Danach entfällt die Mehrheit aller Transaktionen auf kleine und junge Unternehmen mit einem Umsatzvolumen von weniger als EUR 1 Mio. (57%). Ungefähr 75% aller Private Equity-Investitionen im Jahr 2008 erfolgten in Unternehmen mit einem Umsatzvolumen kleiner als EUR 50 Mio. Hinsicht-

---

[189] Vgl. BVK (2009), S. 13.

[190] Vgl. BVK (2009), S. 14.

lich der Anzahl an Transaktionen wurden 45% aller Transaktionen bei kleinen und jungen Unternehmen mit weniger als 100 Mitarbeitern durchgeführt. Dem gegenüber waren 12% aller Transaktionen bei Unternehmen mit mehr als 500 Mitarbeitern und knapp 18% bei Unternehmen mit mehr als EUR 100 Mio. Umsatz zu beobachten.[191]

Turnaround-Investitionen sind der Fokus dieser Dissertationsarbeit. Daher wird im Folgenden, trotz der nicht vollständigen Berücksichtigung in der Statistik des BVK, die Entwicklung von Turnaround-Investitionen in den letzten Jahren in Deutschland dargestellt. Ähnlich wie der gesamte Private Equity-Markt, wurden auch Turnaround-Investitionen von der Hausse am Aktienmarkt während des Jahrtausendwechsels positiv beeinflusst. Bei der Entwicklung der Turnaround-Aktivität deutscher Beteiligungsgesellschaften ist dennoch zu beobachten, dass die Anzahl an Transaktionen im Mittel gesehen fast gleichgeblieben ist. Die Summe des investierten Kapitals hat hingegen stark abgenommen von EUR 38,3 Mio. im Jahr 1996 auf EUR 3,8 Mio. im Jahr 2006. Daher lässt sich zusammenfassend feststellen, dass sich nach der Statistik des BVK in den letzten zehn Jahren die Anzahl an Turnaround-Investitionen ungefähr gleichbleibend entwickelt hat, jedoch mit einer deutlich geringeren Summe des investierten Kapitals.[192]

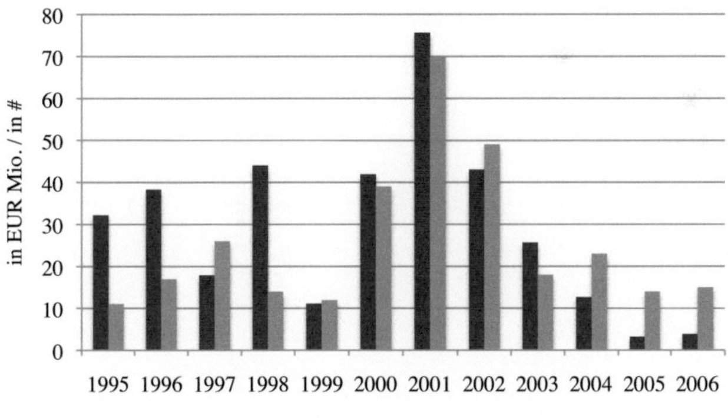

Abbildung 22: Turnaround-Investitionen von 1995 bis 2006 in Deutschland

Insgesamt kann das deutsche Private Equity-Umfeld als weiterhin unterentwickelt, gemessen an anderen europäischen Ländern, betrachtet werden. Dies betrifft nicht nur die Summe des

[191] Vgl. BVK (2009), S. 14.

[192] Vgl. BVK (2008), S. 35

investierten Kapitals in Relation zum Bruttoinlandsprodukt, sondern auch die Bedeutung von ausländischen Fonds sowie deren Beitrag zu Transaktionen in Deutschland.[193] Demnach investierte die deutsche Private Equity-Industrie lediglich 0,31% des nationalen Bruttoinlandsproduktes in ihre Portfoliounternehmen im Jahr 2007, wobei der europäische Durchschnitt bei 0,58 lag. Zudem war 2007 ein außerordentlich gutes Jahr für die deutsche Private Equity-Branche, wie anhand des hohen Fundraisingvolumens schon dargestellt wurde. Länder wie Dänemark (0,53%), Finnland (0,56%) und Frankreich (0,66%) haben eine höhere Private Equity-Aktivität als deutsche Beteiligungsunternehmen.

Großbritannien und Schweden sind die Länder, die nach dieser Definition über die höchste Private Equity-Aktivität verfügen. Sie investierten mittels Eigenkapitaltransaktionen 1,69% bzw. 1,26% ihres Bruttoinlandsproduktes im Jahr 2007.[194] Somit ist die britische Private Equity-Industrie mehr als fünf Mal so groß wie die deutsche. Zudem verfügt Großbritannien über den höchsten Wert bezüglich des verwalteten Kapitals von Private Equity-Gesellschaften im Vergleich zu anderen europäischen Ländern.

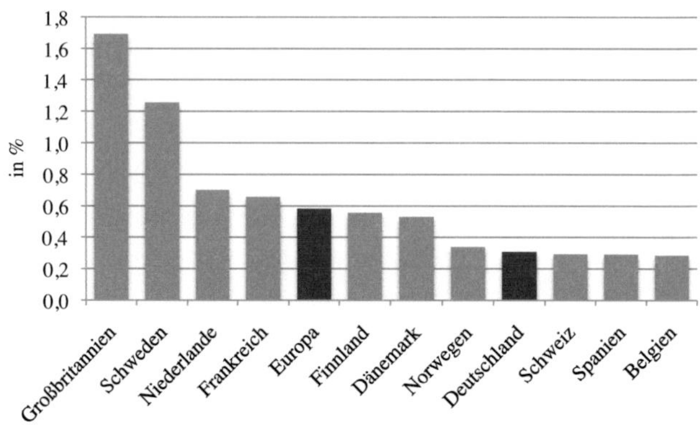

Abbildung 23: Private Equity-Investitionen in % vom BIP im Jahr 2007

In Deutschland werden, auch wenn sich dies in den letzten Jahren verbessert hat, weiterhin komplexe steuerliche und rechtliche Regularien für diesen Umstand verantwortlich gemacht,

[193] Vgl. SCHÄFER/FISHER (2008), S. 59f.

[194] Diese Zahlen wurden von der EVCA per Email auf eigene Anfrage übermittelt.

da diese zu einem Nachteil gegenüber anderen Ländern führen können.[195] Ein Beispiel ist die Nutzung von steuerlichen Verlustvorträgen, die in Deutschland bei einem Unternehmenserwerb nur eingeschränkt möglich ist. Des Weiteren können Unterschiede in der Aktivität von Private Equity auch aus der nationalen Kultur und der Einstellungen der Menschen in einem Land resultieren. So gilt Großbritannien als traditionell starkes Land für Finanzdienstleistungen und Eigenkapitalfinanzierungen.

[195] Vgl. SCHMIDT (2004), S. 102-105.

4. Die Private Equity-Wertschöpfungskette

4.1. Prozessverständnis

Die Wertschöpfungskette von Private Equity-Investitionen kann grob in drei Prozessschritte unterteilt werden: Der Vor-Transaktionsprozess, der Transaktionsprozess und der Investitionsprozess. Dabei wird angenommen, dass dieser Prozessablauf auf jede Art einer Private Equity-Investition zutrifft, wobei jedoch die Ausgestaltung der einzelnen Phasen davon abhängig ist, ob eine Frühphasenfinanzierung, eine Wachstumsfinanzierung oder eine Turnaround-Investition vorliegt.[196] Zudem wird in den folgenden Ausführungen der Transaktionsprozess als Fokus dieser Arbeit in den Vordergrund gestellt. Zusätzlich zu diesen drei chronologisch ablaufenden Prozessschritten, wird die Wertschöpfungskette von Private Equity-Investitionen durch unterstützende Aktivitäten komplettiert. Die unterstützenden Aktivitäten betreffen im Wesentlichen das Fundraising und die Personalbeschaffung.[197]

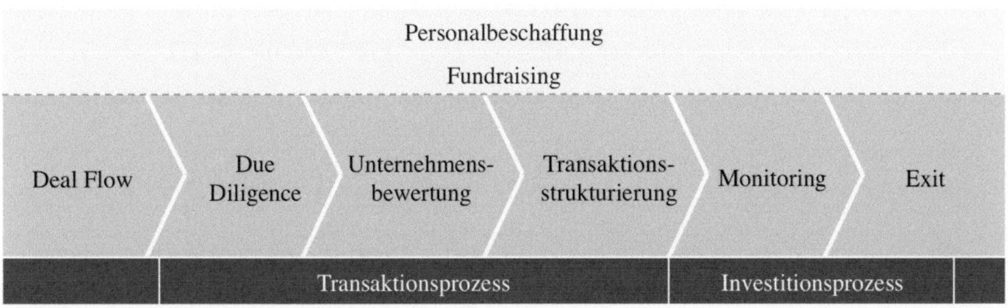

Abbildung 24: Private Equity-Wertschöpfungskette[198]

Die Arbeit eines Beteiligungsunternehmens startet im Allgemeinen mit dem Fundraising, bei dem Finanzmittel von Investoren eingeworben werden. Diesem chronologischen Prozessverständnis folgend, endet die Arbeit eines Beteiligungsunternehmens mit dem Verkauf der Beteiligungen bzw. der Auflösung des Fonds. Der Verkauf eines Portfoliounternehmens wird in der Praxis mit dem Wort „Exit“ beschrieben. Exits können zum Beispiel durch einen erfolg-

[196] Vgl. VON DANIELS (2004), S. 33f.

[197] Vgl. VON DANIELS (2004), S. 34; s. auch ZEMKE (1995), S. 103 oder SCHRÖDER (1992), S. 40.

[198] Eigene Darstellung.

reichen IPO[199], den Verkauf an eine andere Beteiligungsgesellschaft (secondary sale), aber auch durch die Liquidation einer Gesellschaft infolge einer Insolvenz herbeigeführt werden.[200] Die Investorensuche von Beteiligungsunternehmen richtet sich, wie in Kapitel 3.4. dargestellt, vor allem an Versicherungsunternehmen, Banken, Pensionskassen, Funds of Funds oder Family Offices, deren Investitionsstrategie mit den besonderen Merkmalen von Private Equity-Investitionen weitgehend oder zumindest für einen Teil ihrer Finanzmittel übereinstimmt. Diese besonderen Merkmale von Private Equity-Investitionen sind ein erhöhtes Risiko im Vergleich zu anderen Anlageformen und eine erhöhtes Maß an Illiquidität (Kapitalbindung).[201] Da sich die Investorensuche vor allem am Risikograd der beabsichtigten Investitionsstrategie des Beteiligungsunternehmens ausrichtet, weisen zum Beispiel Turnaround Equity-Gesellschaften ein anderes Investorenmuster auf als klassische Beteiligungsgesellschaften im Bereich Buy-Outs. Somit ist das Fundraising als ein allgemein gültiger Prozess bei Beteiligungsunternehmen auch unterschiedlicher Ausprägung angesehen, jedoch ist die Investorensuche abhängig vom Fokus der jeweiligen Finanzierungsphase, die durch die individuelle Investitionsstrategie bestimmt wird.

Der Fundraisingprozess kann beendet oder gestoppt werden, sobald eine Zielgröße an Finanzmitteln von unterschiedlichen Investoren zugesagt wurde, so dass der geplante Fond erfolgreich „geschlossen“ werden kann (closing). Trotzdem kann der Fundraisingprozess als ein fortlaufender Prozess gesehen werden, da ein Beteiligungsunternehmen ständig mit seinen Investoren in Kontakt bleibt bis zur Auflösung des Fonds. Dieser Kontakt wird auch dazu genutzt, schon während der Laufzeit eines Fonds Gespräche mit den Investoren über einen weiteren Fond aufzunehmen. Es gibt jedoch auch Beteiligungsunternehmen, die nicht mit einem geschlossenen Fond, der einen begrenzten Umfang an Finanzmitteln bereitstellt und über eine feste Laufzeit aufgesetzt wurde, arbeiten. Dies ist vor allem bei Turnaround-Beteiligungsgesellschaften zu beobachten, die entweder situationsspezifisch Finanzmittel von Privatpersonen und Family Offices individuell für jede Transaktion zusammenbringen oder in Form einer Industrieholding die Beteiligungen unter der Maßgabe einer unendlichen Haltdauer aus ihrer eigenen Bilanz heraus finanzieren.

[199] Vgl. BYGRAVE/HAY/PEETERS (2000), S. 288.

[200] Vgl. ACHLEITNER (2001), S. 527.

[201] Vgl. BYGRAVE/HAY/PEETERS (2000), S. 122.

Zusammenfassend kann dem Fundraising so eine konstituierende Funktion zugesprochen werden, da erst durch die Bereitstellung eines adäquaten Volumens an Finanzmitteln die Beteiligungsgesellschaft befähigt wird, Investitionsentscheidungen zu treffen. Verfügt eine Beteiligungsgesellschaft über ausreichende Finanzmittel ist ihre Aufgabe, möglichst viele Investitionsmöglichkeiten am Markt zu identifizieren. Dies geschieht im Vor-Transaktionsprozess. Der Vor-Transaktionsprozess beschäftigt sich vorwiegend mit der Suche nach Unternehmen, die zum einen Eigenkapitalmittel benötigen und zum anderen einen entwicklungsfähigen Businessplan vorweisen. Dieser Arbeitsschritt wird in der Praxis auch unter dem Begriff „Deal Flow“ zusammengefasst. Durch das erfolgreiche Einwerben von Investorengeldern steht die Beteiligungsgesellschaft unter Anlagedruck, um die Zielrendite des Fonds innerhalb der Laufzeit zu erreichen. Daher wird im Vor-Transaktionsprozess versucht, so viele Investitionsmöglichkeiten wie möglich in kurzer Zeit durchzuschauen. Dabei ist für die Qualität und Quantität des Deal Flows des Beteiligungsunternehmens ein breites Industrienetzwerk, eine gewisse Bekanntheit sowie eine gute Reputation des Beteiligungsunternehmens hilfreich. Ebenso können Beteiligungsunternehmen von M&A-Beratern unterstützt werden, die versuchen, Beteiligungsunternehmen und potentielle Zielunternehmen zusammenzubringen.[202] In den meisten Fällen einigen sich das Management der Beteiligungsgesellschaft mit ihren Investoren auf eine fixe Bandbreite der Verzinsung der von ihnen bereitgestellten Finanzmittel über eine feste Laufzeit. Somit haben Beteiligungsunternehmen nicht nur die Maßgabe, in einer möglichst kurzen Zeitspanne attraktive Investitionsmöglichkeiten ausfindig zu machen, sondern sie müssen auch qualitativ ihre Portfoliounternehmen so aussuchen, dass deren Erträge für die Erreichung der Zielrendite des Fonds ausreichen. Der Zielerreichungsgrad des Fonds beeinflusst so maßgeblich auch die Entlohnung des Managements der Beteiligungsgesellschaft.[203] In der Regel laufen Private Equity-Fonds nicht länger als 10 Jahre, wobei dies im Einzelfall auch verlängert werden kann. Nach der aktiven Investitionsphase eines Fonds, die ungefähr 3 bis 5 Jahre dauert, wird sich das Management des Beteiligungsunternehmens um die Ausgestaltung eines neuen Fonds kümmern, so dass genügend Zeit für das Fundraising vorhanden ist.[204]

---

[202] Vgl. KRAFT (2001), S. 95.

[203] Vgl. WILLERT (2006), S. 36.

[204] Vgl. WILLERT (2006), S. 37.

Während der Deal Flow-Arbeiten, die in der Summe einen großen Zeitaufwand für das Beteiligungsunternehmen bedeuten kann, wird versucht, sich auf die wesentlichen Fakten und Schlüsselkennzahlen des Zielunternehmens („Target") zu konzentrieren. So kann eine schnelle Auswahl gemäß der Investitionsstrategie der Beteiligungsgesellschaft in einem allerersten Schritt erfolgen. Im Falle, dass das Zielunternehmen Interesse beim Beteiligungsunternehmen geweckt hat, wird versucht, allgemeine Meinungen zu einer möglichen Transaktion von den Eigentümern, dem Management des Zielunternehmens über einen direkten Kontakt oder mittels eines involvierten Berater zu sammeln, um die Attraktivität des Zielunternehmens genauer bewerten zu können. Diesen ersten Gesprächen mit dem Zielunternehmen folgt dann eine Art vorbereitende Due Diligence, in Form der Prüfung von einem ersten Paket an Informationen zum Unternehmen (Informationsmemorandum), was zugleich den Beginn des Transaktionsprozesses signalisiert. Zusätzlich zur Due Diligence beinhaltet der Transaktionsprozess die Bewertung des Zielunternehmens sowie die Entwicklung einer passenden Transaktionsstruktur, die möglichst die Interessen aller Parteien gleichsam berücksichtigt. Dabei finden diese drei Arbeitsgebiete, Due Diligence, Bewertung und Strukturierung, meist gleichzeitig statt und beeinflussen sich gegenseitig.

Die folgende Abbildung zeigt die vertiefenden Schritte im Due Diligence-Prozess:

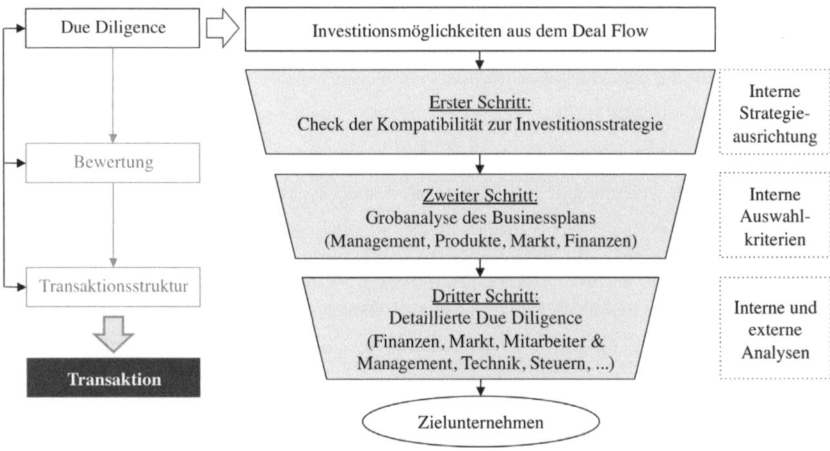

Abbildung 25: Schrittweiser Due Diligence-Prozess[205]

---

[205] Vgl. KRAFT (2001), S. 136.

Bevor ein genauerer Blick auf den Transaktionsprozess erfolgt erscheint es wichtig, die unterschiedlichen Arten von Transaktionen zu benennen, da diese einen maßgeblichen Einfluss auf den Transaktionsablauf haben können. So können drei Arten von Transaktionen unterschieden werden: Klassische Transaktionen, Bieterprozesse und öffentliche Übernahmeangebote.[206]

Klassische Transaktionen bezeichnen Transaktionen, bei denen sich ein oder mehrere Käufer für ein Zielobjekt interessieren. Der Kontakt zum Zielunternehmen kann dabei über persönliche Kontakte, das Management des Zielunternehmens, deren Eigentümer oder über einen dafür mandatierten M&A-Berater erfolgt sein. Da beide Parteien (Verkäufer und Käufer) grundsätzlich das gleiche Ziel verfolgen, nämlich einen Verkauf des betreffenden Unternehmens, ist die Informationsversorgung bei dieser Art von Transaktionen in der Regel sehr gut. Beide Parteien können den Transaktionsprozess eigenständig organisieren und können Zeitlimits in gemeinsamer Absprache hinsichtlich des Transaktionsprozesses formulieren. Zudem kann der Verkäufer unabhängig vom Zeitverlauf eine Exklusivität an einen potentiellen Käufer vergeben. Dies gibt beiden Parteien das Gefühl eines stark ausgeprägten, bilateralen Kaufinteresses auch im Hinblick auf die hohen Aufwendungen, die mit einer schrittweisen Due Diligence einhergehen.[207]

Eine andere Art der Transaktion ist der Bieterprozess oder die Auktion. Hier bestimmt in der Regel der Verkäufer einen strukturierten Transaktionsprozess, der genaue Zeitlimits für die einzelnen Prozessschritte setzt, wie die Aufforderung an potentielle Käufer, ein indikatives Angebot innerhalb einer festen Frist einzureichen. Die starke Position des Verkäufers bei dieser Transaktionsart wird in manchen Fällen auch dadurch unterstrichen, dass der Verkäufer klare Aussagen zu einer Kaufpreisformel und sonstigen transaktionsrelevanten Themen in Form eines Entwurfes vor dem Einstieg in den Transaktionsprozess formuliert. Die Unternehmensdaten werden hierbei meist in einem Datenraum zusammengestellt, so dass jeder potentielle Käufer über die gleiche Informationsbasis verfügen kann. Beteiligungsunternehmen lehnen Bieterprozesse teilweise ab, da der Wettbewerb zu anderen Beteiligungsunternehmen erhöht wird und so grundsätzlich niedrigere Margen zu erzielen sind, als bei einer klassischen Transaktion. Zudem gewinnt der Verkäufer durch die Annahme der verschiede-

---

[206] Vgl. HÖLSCHER/NESTLER/OTTO (2007), S. 27.

[207] Vgl. HÖLSCHER/NESTLER/OTTO (2007), S. 27.

nen Kaufangebote eine starke Verhandlungsposition, die dazu genutzt wird, einen möglichst hohen Kaufpreis zu realisieren. Jedoch wenden Verkäufer mit der Unterstützung von externen Transaktionsberatungen in den letzten Jahren zunehmend Transaktionen in Form von Bieterprozessen an.

Bei Turnaround-Investitionen spielen dagegen Bieterprozess oder Auktionen eher eine untergeordnete Rolle, da der Verkäufer oft nicht gewillt oder fähig ist, einen aufwendigen Bieterprozess zu organisieren, der meist das Engagement von externen Beratungskapazitäten aufgrund fehlender Transaktionserfahrungen notwendig macht. Ein Bieterprozess beinhaltet zudem eine ausführliche Suche von möglichen Kaufinteressenten sowie aufwendige Verhandlungsprozesse, was bei Turnaround-Investitionen durch den hohen Zeitdruck meist nicht durchführbar ist.

Die letzte Art von Transaktionen sind öffentliche Übernahmeangebote, bei denen Geschäftsanteile eines Unternehmens von der Börse gekauft werden, sofern das betreffende Unternehmen öffentlich gelistet ist.[208] Hierbei stehen dem Käufer nur die Informationen zur Verfügung, die auch dem Kapitalmarkt zugänglich sind (insider dealing). Öffentliche Übernahmeangebote spielen aber ebenfalls bei Turnaround-Investitionen nur eine untergeordnete Rolle, da diese das eigentliche Feld von Eigenkapitalinvestitionen verlassen und eher Hedge-Fonds zugeschrieben werden können.

Das hauptsächliche Ziel im Transaktionsprozess besteht darin, einen detaillierten Blick auf das Zielunternehmen im Zuge eines schrittweisen Vorgehens zu bekommen, nicht nur hinsichtlich der finanzwirtschaftlichen Daten, sondern auch hinsichtlich der steuerlichen, rechtlichen Gegebenheiten, des Managements sowie der marktseitigen und technologischen Situation. Um die Due Diligence-Arbeiten möglichst in einer effizienten Weise durchzuführen, werden die Arbeiten in zwei oder drei vertiefende Schritte aufgeteilt. Dies erlaubt dem Management des Beteiligungsunternehmens die Due Diligence-Arbeiten mit einem begrenzbaren Aufwand sofort zu beenden, sollte sich ein Kriterium finden, welches wesentliche Zweifel an der Vorteilhaftigkeit der Transaktion aufkommen lässt („Kill-Kriterien“ oder „red flags“). Dies dient dazu, zeitintensive, detaillierte und kostenintensive Prüfarbeiten zu verhindern, die in den weiteren Schritten folgen. Beispiele für so genannte Kill-Kriterien können die Übernahme von hohen Pensionsverpflichtungen sein, geforderte Garantieerklärungen oder das

[208] Diese Art von Transaktionen wird auch „take private“ genannt.

Ausscheiden von Führungskräften. Kill-Kriterien stellen zudem für Beteiligungsgesellschaften eine Art Qualitätssystem dar, welches Fehlinvestitionen vermeiden soll und vor allem bei Turnaround-Situationen eine große Rolle spielt, da hier Kill-Kriterien oft direkt mit der Überlebensfähigkeit des Zielunternehmens zusammenhängen. Trotzdem sollte versucht werden, auch bei Auftreten eines Kill-Kriteriums die Verhandlungen zunächst weiterzuführen, die Thematik offen mit dem Verkäufer zu diskutieren und nach Lösungsvorschlägen zu suchen, um ein verfrühtes und unnötiges Scheitern einer Transaktion zu verhindern.[209]

Sofern beide Parteien, sowohl in den geführten Gesprächen als auch bei den ersten Untersuchungen des Zielunternehmens, eine gemeinsame Basis für einen weiterführenden Transaktionsprozess sehen, kann dies in einem so genannten Letter of Intent (LOI) festgehalten werden. Der LOI fasst das gemeinsame Verständnis der beiden Parteien bezüglich der geplanten Transaktion zusammen und gibt somit beiden Parteien eine gewisse psychologische Bindung. Eine unterschriebener LOI signalisiert meist den Beginn einer vertiefenden Due Diligence-Phase, bei der die Beteiligungsgesellschaft neben den eigenen Ressourcen in der Regel auch externe Unterstützung bezüglich der Überprüfung der verschiedenen Themenbereiche einer Due Diligence einsetzt. Außerdem kann in einem LOI dem Käufer Exklusivität für die geplante Zeitspanne der Due Diligence eingeräumt werden, da diese zum Teil nur noch einen überprüfenden Charakter der im Vorhinein besprochenen Annahmen hat. Teile der Ergebnisse der Due Diligence fließen in die Bewertung des Zielunternehmens, die einen zweiten wesentlichen Bestandteil im Transaktionsprozess darstellt, mit ein. Die Bewertung des Zielunternehmens hat einen direkten Effekt auf die geplante Verzinsung sowie die Annahmen für einen späteren Exit der Investition. Zudem spielt sie eine bedeutende Rolle bei der Zusammenführung beider Parteien während der Verhandlungsgespräche. Neben den Kaufpreisverhandlungen ist jedoch die strukturelle Ausgestaltung der Transaktionen, vor allem bei Turnaround-Investitionen, nicht zu vernachlässigen. Dabei werden das Verhältnis von Eigen- und Fremdkapital, die zukünftige rechtliche Struktur sowie auch Themen bezüglich der Geschäftsführung des Zielunternehmens festgelegt. Zudem ist hierbei der genaue Transaktionsgegenstand zu definieren, was vor allem bei Konzernaktivitäten, die zum Verkauf stehen, aber keine eigenständige Rechteinheit sind, eine wichtige Komponente im Transaktionsprozess ist. Das Ende des Transaktionsprozesses ist immer mit einer Entscheidung behaftet, die entweder für oder gegen eine Investition stimmt. Bei einer positiven Investitionsentscheidung folgt das so

[209] Vgl. BEUMER (o.d.), S. 30-35.

genannte Signing, bei dem die Kaufverträge unterschrieben werden sowie das Closing, an dem der Vollzug der Transaktion stattfindet.[210]

Nachdem die Investitionsentscheidung getroffen wurde, wird das Beteiligungsunternehmen mit dem Zeitpunkt des Closings neuer Anteilseigner des Zielunternehmens. Der Prozess, der dann folgt, ist der Investitionsprozess. Dieser Prozess beinhaltet das so genannte Monitoring und Controlling des Portfoliounternehmens, worunter die Überwachung des Unternehmens hinsichtlich seiner Zielerreichung verstanden wird. Inwieweit diese Phase auch aktive Managementteilnahme oder nur ein passives Beobachten der Entwicklung des Portfoliounternehmens erfordert, hängt maßgeblich von der Art der Finanzierungsphase sowie von der Strategie des Beteiligungsunternehmens ab. Bei Turnaround-Investitionen ist ein aktives Management der Portfoliounternehmen häufig notwendig und durch die Strategie der Beteiligungsgesellschaft ausdrücklich gewollt. Zielsetzung dieser aktiven Unterstützung der operativen Geschäftsführung des Portfoliounternehmens ist auf der einen Seite die Stabilisierung und schrittweise Wertsteigerung der Investition. Auf der anderen Seite soll dadurch das Risiko von Fehlentscheidungen und nicht intendierten Entwicklungen reduziert werden.[211] Der Investmentprozess endet schließlich und damit auch die Wertschöpfungskette von Beteiligungsgesellschaften mit dem Exit des Portfoliounternehmen bzw. der Auslösung des Fonds. Dabei beinhaltet eine Exit-Strategie von Beteiligungsunternehmen im Allgemeinen drei Elemente: Der Exit-Kanal, die Zeitspanne der Investition und die geplante Verzinsung, wobei die Exit-Strategie vor allem bei Buy-Out-Transaktionen in den meisten Fällen schon in dessen Grundzügen während des Transaktionsprozesses definiert wird und als Basis für die Investitionsentscheidung dient.[212]

In der deutschen betriebswirtschaftlichen Literatur wird der gesamte Wertschöpfungsprozess von Beteiligungsgesellschaften als Investitionsprozess bezeichnet. Dies impliziert einen starken Fokus auf die Finanzierungsfunktion von Beteiligungsgesellschaften und vernachlässigt den Transaktionsprozess als eigenständiges, unabdingbares Element der Private Equity-Wertschöpfungskette. Eine Wertsteigerung bei Portfoliounternehmen erfolgt neben der Bereitstellung von Finanzmitteln zum Beispiel auch durch die Unterstützung des Portfoliounternehmens mittels Industriekontakten, Unterstützung der Geschäftsführung oder Markterfah-

[210] Vgl. SEWING (2008), S. 57-58.

[211] Vgl. SCHEFCZYK (2004), S. 54.

[212] Vgl. SEWING (2008), S. 59.

rung seitens des Managements der Beteiligungsgesellschaft. Zudem können die verschiedenen Portfoliounternehmen der Beteiligungsgesellschaft durch aktive Steuerung positive Ausstrahlungseffekte auf sich selbst haben, indem zum Beispiel Ressourcen gemeinsam genutzt werden können oder eine Marktposition gemeinsam gestärkt werden kann. In der Praxis wird die Wertschöpfungskette von Beteiligungsunternehmen auch zu vier unterschiedlichen Phasen aggregiert: Fundraising, Deal Flow, Monitoring, Exit, wobei unter Deal Flow die Auswahl von Portfoliounternehmen sowie die Ausgestaltung der Transaktion verstanden wird.

4.2. Teilbereich des Transaktionsprozesses: Due Diligence

Die Definition einer Due Diligence kann unterschiedlich ausfallen, abhängig von den rechtlichen Gegebenheiten oder den dahinter stehenden Motiven. Die Anfänge von Due Diligence-Arbeiten gehen zurück auf die amerikanische Rechtsprechung, nach der bei der Ausgabe von Aktien eine besondere Prüfung des Unternehmens, die dessen Lage ausführlich beschreibt, notwendig ist. Im Folgenden wird darauf nicht weiter eingegangen, sondern der Begriff Due Diligence im Kontext heutiger Private Equity-Transaktionen näher erläutert. Eine Due Diligence beinhaltet demnach Analysen und Bewertungen, die die Informationsversorgung von Entscheidungsträgern innerhalb des Planungs- und Entscheidungsprozesses hinsichtlich eines Unternehmenserwerbs erhöht. Neben der Informationsversorgung, zielt die Due Diligence darauf ab, eine Investitionsentscheidung unter Berücksichtigung der Risiken und Chancen und der zur Verfügung gestellten Informationen möglichst umfassend vorzubereiten.[213] Synonym zum Begriff Due Diligence werden auch die Begriffe, Sorgfältigkeitsprüfung, acquisition investigation[214], businessman's review[215] oder pre acquisition audit[216] benutzt.

Die Due Diligence-Arbeiten werden vom Konzept der imperfekten Informationsversorgung, welches in der Agency Theorie beschrieben ist, beeinflusst (s. auch Kapitel 6.1.2.). Dies resultiert aus der asymmetrischen Informationsverteilung unter den verschiedenen Parteien. Zudem herrscht eine allgemeine Unsicherheit bezüglich der zukünftigen Entwicklung des betreffenden Unternehmens sowie dessen Umfelds. Diese Informationsdifferenzen innerhalb des Transaktionsprozesses können durch den Austausch von Informationen vom Verkäufer

---

[213] Vgl. BERENS/STRAUCH (2008), S. 11.

[214] Vgl. BINDER/LANZ (1993), S. 15.

[215] Vgl. GRAFER/BALDASARO (1987), S. 272.

[216] Vgl. WELSH (1983), S. 32.

und dem potentiellen Käufer reduziert werden (Signaling). Des Weiteren kann der potentielle Käufer durch seine Due Diligence-Arbeiten sein eigenes Wissen aktiv erweitern (screening). Daher ist es für den Transaktionsprozess sowie der Vorbereitung einer Entscheidungsgrundlage hilfreich, wenn die Due Diligence in einer gut funktionierenden Kooperation mit den jeweiligen Parteien durchgeführt werden kann.

Die Informationsversorgung spielt vor allem bei Turnaround-Investitionen eine entscheidende Rolle, da nicht bei allen Parteien Zielkonformität herrscht und zum Teil versucht wird, den Turnaround-Investor durch verfälschende Darstellung des Ist-Zustandes zu einer Bereitstellung von Finanzmitteln zu bewegen. Darüber hinaus ist häufig bei Turnaround-Investitionen ein Wechsel des Managements geplant, wodurch auf die Mithilfe des bestehenden Managements nur begrenzt bei den Due Diligence-Arbeiten zurückgegriffen werden kann. Zudem stehen wichtige Informationen in diesen Fällen oft nicht zur Verfügung, da brauchbare Controlling-Tools fehlen, wichtige Schlüsselmitarbeiter das Unternehmen in der Krise verlassen haben oder die angespannte Liquiditätslage einen Einsatz externer Berater verwehrt hat. Daher ist die Qualität von Signaling-Aktivitäten bei Krisenunternehmen besonders zu überprüfen im Vergleich zu MBO-Transaktionen. Trotzdem können die Aussagen des bestehenden Managements dem Turnaround-Investor Hinweise für die Gründe der Unternehmenskrise liefern sowie die Schwachstellen des Zielunternehmens aufzeigen.

4.2.1. Die Due Diligence als mehrstufiger Prozess

Eine Due Diligence kann als Prozess verstanden werden, der auf einzelnen Prozessschritten aufbaut und somit in mehrere Schritte unterteilt werden kann. Das Due Diligence-Team der Beteiligungsgesellschaft versucht so effizient wie möglich zu arbeiten mit Rücksichtnahme auf die eingesetzten Personalkapazitäten. Es kann grundsätzlich festgehalten werden, dass die einzelnen Prozessschritte einer Due Diligence mit dem Zeitverlauf immer tiefgreifender und intensiver werden und jeweils auf einen positiven Ausgang der vorhergehenden Prüfungen warten. *Binder* und *Lanz* schlagen dabei ein fünfstufiges Konzept vor, wobei fallweise die Anzahl der Schritte individuell variiert werden kann:[217]

[217] Vgl. BINDER/LANZ (1993), S. 19f.

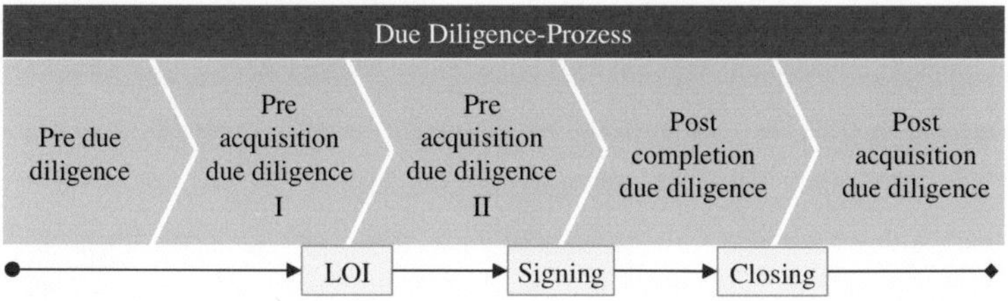

Abbildung 26: Der Due Diligence-Prozess[218]

Die Pre-Due Diligence kann als Beginn des Transaktionsprozesses in enger Verbindung zur Deal Flow-Arbeit verstanden werden. Erfolgsversprechende Zielunternehmen sollen zunächst anhand externer Informationsquellen und unstrukturierten Daten identifiziert werden. Während dieser ersten Überprüfung des Zielunternehmens werden dessen Merkmale mit den Vorgaben der Investitionsstrategie des Beteiligungsunternehmens hinsichtlich der regionalen Präferenz, der Branche, der Unternehmensgröße und der Finanzierungsphase abgeglichen.

Sofern das Zielunternehmen diese Hürde genommen hat, folgt die Pre-Acquisition Due Diligence I mit dem Ziel, die Intentionen beider Parteien aufzunehmen und gegebenenfalls in einem ersten Letter of Intent festzuhalten. Der LOI ist im Allgemeinen nicht bindend formuliert, so dass beide Parteien damit keine Verpflichtungen hinsichtlich einer beabsichtigten Transaktion eingehen. Trotzdem gibt diese Vereinbarung beiden Seiten ein gewisses Maß an Sicherheit, dass beide Parteien ernsthaft an der Umsetzung der Transaktionsabsichten arbeiten und somit aufwendige Vorleistungen in Form der Pre-Acquisition Due Diligence II gerechtfertigt sind. Die Pre-Acquisition Due Diligence II kann einige Monate in Anspruch nehmen, abhängig vom Umfang und den Bestandteilen der Due Diligence sowie der Unternehmensgröße. Während dieses Prozessschrittes wird auf Basis des LOI ein bindender Kaufvertrag formuliert, der auch die Ergebnisse der Unternehmensbewertung sowie der Transaktionsstrukturierung beinhaltet. So kann diese Zusammenführung der Ergebnisse als Kernstück des Transaktionsprozesses verstanden werden, auf dessen Basis die Entscheidung für oder gegen die geplante Transaktion gefällt wird bzw. auf dessen Basis entschieden wird, welche Parameter für eine erfolgreiche Transaktion erfüllt sein müssen.

In manchen Fällen fordert der Verkäufer vor einem ausführlichen Due Diligence-Prozess eine bindende Erklärung von der Beteiligungsgesellschaft hinsichtlich einer allgemeinen Kauf-

[218] In Anlehnung an BINDER/LANZ (1993), S. 19.

preisformel. Auf der einen Seite ist dies aus Verkäufersicht gut zu verstehen, da während einer Due Diligence wertvolle, interne Informationen freigegeben werden und der zeitintensive Prüfungsprozess auch das Tagesgeschäft des Zielunternehmens stören kann. Dies richtet sich vor allem an potentielle Käufer mit strategischem Interesse bei der Transaktion, da sie so einen Einblick in die Abläufe und Erfolgskennzahlen eines Wettbewerbers erlangen. Auf der anderen Seite ist es aus Käufersicht quasi unmöglich, bindende Aussagen bezüglich der geplanten Transaktion zu machen, da die Beteiligungsgesellschaft weitere Informationen aus den vertiefenden Prozessschritten der Due Diligence benötigt, um vor allem klare Aussagen zu Kaufpreisvorstellungen zu machen. Dies kann häufig erst nach der Ausarbeitung eines detaillierten Businessplans in Kooperation mit dem Management des Zielunternehmens geschehen.[219] Das Ergebnis dieses rigorosen Due Diligence-Prozesses ist eine relativ geringe Erfolgsrate im Hinblick auf die Anzahl an Investitionen und Investitionsmöglichkeiten, die aus dem Deal Flow generiert wurden.

Die Post Completion Due Diligence wird durchgeführt zwischen dem Signing und dem Zeitpunkt des Closings. Da dieser Prozessschritt eine überprüfende Funktion erfüllt, indem hierbei die vertraglich festgehaltenen Zusagen abschließend vor dem Übergang der wirtschaftlichen Kontrolle des Zielunternehmens abgefragt werden, sprechen *Binder* und *Lanz* der Post Completion Due Diligence eine geringere Bedeutung zu als den vorherigen Prozessschritten. Trotzdem ist die Post Completion Due Diligence wichtig, um möglicherweise Fakten zu entdecken, die zu einer ungewollten Verschlechterung der Position der Beteiligungsgesellschaft führen und berechtigte Ansprüche gegen den Verkäufer dokumentieren. Dies kann aus vertraglich vereinbarten aber nicht eingehaltenen Garantien entstehen, wie beispielsweise die Überschreitung eines maximalen, absoluten Verlustes in einer Periode. Vor allem für Turnaround-Beteiligungsgesellschaften hat die Ausgestaltung des Zielunternehmens zum Übergangsstichtag eine wesentliche Bedeutung aufgrund der kritischen Unternehmenssituation und der erhöhten Insolvenzgefahr.

Ähnlich dazu verhält sich die Post Acquisition Due Diligence, bei der die Erfüllung vertraglicher Vereinbarungen zwischen dem Closing und dem Übergang der wirtschaftlichen Verantwortung überprüft wird.[220] Zudem kann ebenfalls eine Untersuchung der getroffenen An-

---

[219] Vgl. BERENS/SCHMITTING/STRAUCH (2008), S. 89ff.

[220] Vgl. BERENS/SCHMITTING/STRAUCH (2008), S. 91.

nahmen aus den vorhergehenden Prozessschritten hinsichtlich der Geschäftsplanung nochmals untersucht werden.

Die Frage nach der zeitlichen Länge des Due Diligence-Prozesses ist diskutierbar und kann nicht allgemeingültig beantwortet werden. Turnaround-Beteiligungsgesellschaften stehen der Herausforderung gegenüber, auf die Unternehmenskrise des Zielunternehmens so schnell wie möglich zu reagieren und müssen gleichzeitig eine eingehende Untersuchung der Krisenursachen betreiben, um daraus ein solides Turnaround-Konzept zu entwickeln. In der betriebswirtschaftlichen Literatur wird eine Zeitspanne zwischen zwei Wochen und drei Monaten vorgeschlagen, und in einigen Fällen sogar mehr als drei Monate. Die Geschwindigkeit eines Due Diligence-Prozesses kann jedoch ein entscheidender Wettbewerbsvorteil gegenüber anderen Turnaround-Beteiligungsgesellschaften sein, da die Fähigkeit, den Due Diligence-Prozess und damit auch den Transaktionsprozess schnell, erfolgreich durchführen zu können, für beide Parteien vorteilig sein kann.

4.2.2. Bestandteile der Due Diligence

Der Umfang einer Due Diligence unterscheidet sich maßgeblich vom jeweiligen Kontext, in dem die Arbeiten durchgeführt werden, und hinsichtlich der beabsichtigten Ziele. Due Diligence-Arbeiten können im Allgemeinen grob nach den betriebswirtschaftlichen Unternehmensfunktionen aufgeteilt werden, wobei sich in der Praxis die folgenden Bestandteile herausgebildet haben. Dabei kann im Einzelfall entschieden werden, welche Bestandteile für die Transaktion von hoher Bedeutung sind und durchgeführt werden sollen und auf welche Bestandteile verzichtet werden kann, da sie nicht zur Qualität der Entscheidungsgrundlage hinsichtlich der Investitionsentscheidung beitragen.

Da sich die englischen Begriffe weitgehend in der Theorie und Praxis durchgesetzt haben, werden diese auch in dieser Dissertationsarbeit benutzt. Empirische Forschungsarbeiten zum Beispiel von *Berens* und *Strauch* haben gezeigt, dass die Financial, Legal und Tax Due Diligence die am häufigsten angewendeten Bestandteile einer Due Diligence bei Unternehmenstransaktionen sind. Sie sind gefolgt von der Market und Strategy Due Diligence, wobei die Environmental Due Diligence nur bei weniger als der Hälfte der untersuchten Transaktionen durchgeführt wurde.[221]

---

[221] Vgl. BERENS/STRAUCH (2008), S. 14.

Due Diligence

- Financial Due Diligence
- Legal Due Diligence
- Tax Due Diligence
- Market Due Diligence
- Strategy Due Diligence
- Management Due Diligence
- Technical Due Diligence
- Environmental Due Diligence
- Human resources Due Diligence
- Cultural Due Diligence
- IT Due Diligence
- Intellectual property Due Diligence
- Insurance Due Diligence

Abbildung 27: Bestandteile einer Due Diligence[222]

Die folgenden Absätze beschreiben die Financial, Market, Legal und Tax Due Diligence, aufgrund ihrer besonderen Bedeutung, im Detail. Die Financial Due Diligence muss von einer Unternehmensbewertung und von der Jahresabschlusserstellung abgegrenzt werden. Das hauptsächliche Ziel einer Financial Due Diligene ist die Ertragslage sowie deren Vermögens- und Finanzlage eingehend vor dem Hintergrund der geplanten Transaktion zu untersuchen. Dies beinhaltet nicht nur eine Untersuchung der Zahlen aus den vorhergehenden Jahren, sondern auch eine Prüfung und Plausibilisierung der Unternehmensplanung. Zudem soll die Financial Due Diligence auch eine Bewertung zu den organisatorischen Strukturen des Rechnungswesens und des Controllings sowie dessen Instrumente abgeben.

Besonders wichtig für Turnaround-Beteiligungsgesellschaften ist während der Financial Due Diligence abschließend festzustellen, wie hoch der Finanzmittelbedarf unter Berücksichtigung der aktuellen Krisensituation und der Unternehmensplanung ist. Dadurch können finanzielle Risiken und Chancen besser nebeneinander gestellt und verglichen werden. Dabei kommt der Liquiditäts- und Cashflow-Perspektive eine besondere Bedeutung zu, da die Liquidität meist die begrenzende Ressource während der Turnaround-Phase ist und zugleich die wirtschaftliche Sinnhaftigkeit einer Turnaround-Transaktion determiniert. Darüber hinaus liefert die Financial Due Diligence Informationen zu den Gestaltungsmöglichkeiten hinsichtlich der Finanzierungsstruktur der Transaktion, vor allem hinsichtlich der Aufteilung von Eigenkapital-

[222] Eigene Darstellung.

und Fremdkapitalmitteln. Diese hängt von den geplanten operativen Cashflows ab, die wiederum durch bilanzseitige Working Capital-Veränderungen sowie von saisonalen Schwankungen beeinflusst werden können.[223]

Die Market Due Diligence ist ebenfalls ein wichtiger Bestandteil bei den Due Diligence-Arbeiten. Zum Teil werden die Begriffe Market und Commercial Due Diligence synonym verwendet, was auch für diese Dissertationsarbeit gilt.[224] Ergänzend zur Financial Due Diligence, untersucht die Market Due Diligence vor allem strategische Aspekte auf der Absatzseite des Zielunternehmens sowie dessen Marketing-Aktivitäten. Dabei wird versucht, gleichzeitig die für die Unternehmensplanung getroffenen Annahmen bezüglich des Pricings, der Marktanteile, des Produktportfolios oder der Vertriebskanäle zu plausibilisieren und mit den analysierten externen Marktbedürfnissen, wie Kundenanforderungen, Wettbewerbsstrukturen und rechtliche Begrenzungen, abzugleichen.

Die Ziele einer Market Due Diligence lassen sich wie folgt zusammenfassen:[225]

- Analyse der Marktattraktivität und der Nachhaltigkeit
- Bestimmung der Leistungs- und Wettbewerbsposition
- Potentielle Synergien ausfindig machen, sofern diese anwendbar sind
- Plausibilisierung der Unternehmensplanung
- Identifikation von ungenutzten Wachstums- und Ertragspotentialen
- Identifikation von möglichen Exit-Optionen aus der Markt-Perspektive

Die Informationsgrundlage bei einer Market Due Diligence ist sehr breit gefächert, da nicht nur unternehmensinterne und unternehmensexterne Informationen zusammengetragen und miteinander in Beziehung gesetzt werden, sondern auch Daten aus vergangenen Perioden und Zukunftserwartungen verarbeitet werden. Die Durchführung einer Market Due Diligence kann so Aufschluss zu Wachstums- und Ertragspotentialen geben, die eine wesentliche Rolle bei der Wertsteigerung des Portfoliounternehmens nach der Transaktion spielen.

Die Legal Due Diligence konzentriert sich auf alle wesentlichen Verträge, Gesellschafterbeschlüsse und sonstige rechtliche Aspekte des Zielunternehmens. Die Legal Due Diligence liefert vor allem eine Bestätigung zu den getroffenen Annahmen im Businessplan, wie Ver-

---

[223] Vgl. Bredy/Stack (2008), S. 364.

[224] Vgl. Lauszus/Hosenfeld/Hock (2008), S. 481.

[225] Vgl. Lauszus/Hosenfeld/Hock (2008), S. 482.

träge mit Kunden, Lieferanten oder Finanzierungsinstituten. Zudem gibt die Legal Due Diligence einen Überblick zu Risikofeldern der Transaktion aus rechtlicher Perspektive, wie im Falle von laufenden Rechtsstreitigkeiten, der unrechtmäßigen Nutzung von geschützten Marken oder getroffenen Erklärungen seitens des Zielunternehmens Dritten gegenüber. Darüber hinaus spielt die Identifikation von so genannten „change of control-Klauseln" eine wichtige Rolle, die dazu führen, dass Verträge bei einem Eigentümerwechsel neu verhandelt werden.[226]

Die Tax Due Diligence wird durchgeführt, um die steuerliche Situation des Zielunternehmens zu überblicken und mögliche Auswirkungen der geplanten Transaktionsstruktur zu untersuchen. Auf der einen Seite müssen steuerliche Risiken aus den vergangenen Perioden identifiziert und im Kaufvertrag festgehalten werden. Auf der anderen Seite können sich auch steuerliche Vorteile aufgrund der neuen Eigentümerstruktur ergeben, die analysiert und bewertet werden müssen. Ein wichtiger Aspekt vor allem bei Turnaround-Investitionen ist die Nutzung von Verlustvorträgen, die vom deutschen Gesetzgeber stark eingeschränkt wurde. Daher liefert die Tax Due Diligence in erster Linie wichtige Verbindungspunkte zur Strukturierung der geplanten Transaktion.[227] Dies unterstreicht die Notwendigkeit, den Transaktionsprozess als einen integrierten Prozess zu verstehen, in dem die Due Diligence, die Bewertung und die Strukturierung der Transaktion als interdependente Teilbereiche gesehen werden müssen.[228]

Somit können während der Due Diligence-Arbeiten viele verschiedene Prüfungen am Zielunternehmen durchgeführt werden. Diese können von Fall zu Fall vom jeweiligen Zielunternehmen in ihrer Ausprägung unterschiedlich sein, wobei sich vor allem bei den gängigen Bestandteilen, wie zum Beispiel bei der Financial Due Diligence, ein allgemeines Grundmuster bei der Vorgehensweise herausgebildet hat. Die Interdependenz der drei Teilbereiche innerhalb des Transaktionsprozesses erhöht die Notwendigkeit, dass die unterschiedlichen Gruppenmitglieder gut miteinander kooperieren und kommunizieren, damit Risiken gemeinschaftlich erkannt werden und die oben beschriebenen Überlappungen zwischen den Teilbereichen ausreichend bei der Entscheidungsfindung berücksichtigt werden.

---

[226] Vgl. HÖLSCHER/NESTLER/OTTO (2007), S. 35.

[227] Vgl. WELBERS (2008), S. 423.

[228] Vgl. KOCH/WEGMANN (2002), S. 181f.

4.2.3. Informationsquellen bei der Due Diligence

Der Erfolg einer Due Diligence hängt signifikant von der Informationsbeschaffung ab. Zielsetzungen bei der Informationsbeschaffung während der Due Diligence-Arbeiten sind die Auswahl von entscheidungsrelevanten Informationen[229] sowie die Minimierung der Wahrscheinlichkeit, dass wichtige Informationen übersehen werden.[230]

Bei der Informationsbeschaffung können externe und interne Informationsquellen voneinander unterschieden werden. Externe Informationsquellen sind öffentlich zugängliche Informationen und daher für die Beteiligungsgesellschaft nutzbar ohne Erlaubnis Dritter bzw. des Verkäufers. Da Turnaround-Unternehmen in der Regel nicht börsengelistet sind und sie somit nicht den strengeren Veröffentlichungspflichten von öffentlich notierten Kapitalgesellschaften unterliegen, ist diese Art der Informationen nur begrenzt für den Turnaround-Investor hilfreich. Im Gegensatz zu externen Informationsquellen, sind interne Informationen nicht für jeden einsehbar und zugänglich, sondern nur mit Einverständnis oder Zustimmung des Verkäufers bzw. einer dritten Partei. Interne Informationsquellen sind daher wertvoller als externe Informationen, da diese Quellen der Beteiligungsgesellschaft einen Informationsvorsprung verschaffen können, auch wenn meist innerhalb des Kreises der potentiellen Käufer wiederum Informationsgleichheit seitens des Verkäufers herrscht. Die Arbeiten von *Berens* und *Strauch* zeigen, dass eine Besichtigung des Unternehmensstandortes als meist genutzte interne Informationsquelle im weiteren Sinne von Beteiligungsgesellschaften genutzt wird. Weitere bedeutende Informationsquellen sind Managementpräsentation, Gespräche mit dem Management und Mitarbeitern, Interviews mit Stakeholdern, wie zum Beispiel Kunden, Lieferanten und Marktexperten.[231]

Da der Due Diligence-Prozess auch eine wichtige Rolle bei der Vorbereitung auf die späteren Vertragsverhandlungen einnimmt, muss die Verlässlichkeit der gegebenen Informationen überprüft werden. Dies gilt insbesondere für Turnaround-Investments, da vor allem in einer Unternehmenskrise der Anreiz zu Manipulationen und der Ausnutzung von Gestaltungsspielräumen groß ist. Das Vorliegen einer Unternehmenskrise kann außerdem zu einer Resistenz der Kommunikation führen. Demnach muss der Turnaround-Investor auch seine Erfahrung

---

[229] Vgl. Wöhe (2008), S. 174.

[230] Vgl. Berens/Hoffjan/Strauch (2008), S. 115.

[231] Vgl. Berens/Hoffjan/Strauch (2008), S. 118.

und Intuition einsetzen, um die gegebenen Informationen richtig zu bewerten und eine Abschätzung der Risiken sowie Chancen der Investitionsmöglichkeit vorzunehmen. Es gibt im Allgemeinen drei Kriterien, die den Grad der Zuverlässigkeit einer Quelle beschreiben:

- Unabhängigkeit
- Qualifikation
- Klarheit

Demnach ist eine Information besonders zuverlässig, wenn diese von außerhalb des Managements oder des Eigentümers des Zielunternehmens kommt, wie Wirtschaftsprüfern oder Rechtsanwälten, und wenn die Information mit einer gewissen Sicherheit verifiziert werden kann.[232] Trotzdem spielt vor allem bei der Aufarbeitung der Ist-Situation bei dem Vorliegen einer Unternehmenskrise bei Turnaround-Investitionen die Kommunikation mit betroffenen Mitarbeitern eine entscheidende Rolle, da sie meist wichtige Hinweise zur Lösung der Situation beisteuern können.

Für die Bereitstellung detaillierter Informationen zu einzelnen Sachverhalten sowie interner Dokumente, wie Jahresabschlüsse, Verträge, Patenturkunden oder Produktregistrierungen wird in der Regel ein so genannter Datenraum eingerichtet, in dem die Informationen von einer begrenzbaren Gruppe an potentiellen Käufern eingesehen werden können. Die meisten Datenräume sind heutzutage online bereitgestellt und mittels des Webbrowsers abrufbar. Hier ist es wichtig, ein strukturiertes Inhaltsverzeichnis mit zu liefern, damit eine Navigation und Einsicht in die Vielzahl der Dokumente erleichtert wird. Für die Bereitstellung und Pflege solcher Online-Datenräume gibt es spezialisierte Dienstleister, die diesen Aufwand für den Verkäufer übernehmen können. Der Vorteil dieser Online-Datenräume liegt zum einen in der Ortsunabhängigkeit und zum anderen im einfachen sowie schnellen Zugriff auf die Dokumente, so dass der Transaktionsprozess beschleunigt werden kann. Trotzdem sind Datenräume bei Turnaround-Investitionen von untergeordneter Bedeutung, da Datenräume vor allem bei Bieterverfahren eingesetzt werden, bei denen viele potentielle Käufer mit den gleichen Informationen zur gleichen Zeit versorgt werden sollen.

---

[232] Vgl. BERENS/HOFFJAN/STRAUCH (2008), S. 115f.

4.2.4. Beteiligte im Due Diligence-Prozess

Da die Due Diligence, wie in Kapitel 4.2.1. dargestellt, in verschiedene Bestandteile unterteilt werden kann, kann das Due Diligence-Team aus Mitgliedern mit verschiedenen Ausbildungen und beruflichen Hintergründen bestehen. *Kinast* differenziert dabei basierend auf dem Expertensystem der BASF-Gruppe für Akquisitionen drei Gruppen hinsichtlich der Mitglieder des Due Diligence-Teams: das Verhandlungsteam, das interne Expertenteam und das externe Expertenteam.[233]

Das Verhandlungsteam besteht aus einer operativen Einheit, die den Akquisitionsprozess leitet und die Verhandlungen führt. Neben der operativen Einheit gibt es zusätzlich ein Team, welches für die Finanzen und ein Team, welches für rechtliche sowie steuerlichen Aspekte bei der Transaktion verantwortlich ist. Sie alle haben Zugriff auf weitere interne oder externe Unterstützung je nach Notwendigkeit. Die Herausforderung für das Verhandlungsteam ist die Integration der fragmentierten Ergebnisse der Spezialisten aus den unterschiedlichen Abteilungen oder Professionen. So muss das Verhandlungsteam die Einzelergebnisse, die aus den unterschiedlichen Bestandteilen der Due Diligence erarbeitet werden, im Hinblick auf die übergeordneten Akquisitionsziele einordnen und bewerten können. Daher sollten Mitglieder des Verhandlungsteams als Generalisten ausgebildet sein, um das Due Diligence-Team ganzheitlich führen zu können und das multifunktionale Wissen zusammenzubringen. Das Verhandlungsteam repräsentiert den Gegenpart zu der Vielzahl an Spezialisten in den Expertenteams.

Das Verhandlungsteam wird begleitet von einem internen und externen Expertenteam. Das interne Expertenteam kann nach den betriebswirtschaftlichen Funktionen, wie Experten für Controlling, strategische Planung sowie Experten für rechtliche und steuerliche Fragen, gruppiert werden. Zudem beinhaltet das interne Expertenteam Spezialisten aus den Bereichen Einkauf, Produktion, Marketing und Vertrieb sowie aus der Entwicklung. Das interne Expertenteam kann bei Bedarf auf weitere Bereiche, wie Technik, IT oder Personal vergrößert werden. Trotz einer Fülle von internen Ressourcen kann eine Due Diligence nur in seltenen Fällen komplett selbst durchgeführt werden, so dass auf eine Unterstützung externer Experten zurückgegriffen werden muss.

233 Vgl. KINAST (1991), S. 36.

Wirtschaftsprüfer und Steuerberater sind zwei der wichtigsten externen Expertengruppen. Sie helfen hauptsächlich bei der Durchführung einer Financial, Market sowie Tax und Legal Due Diligence. Aufgrund ihrer Profession können sie inter alia die Richtigkeit und Plausibilität der zur Verfügung gestellten Zahlen des Zielunternehmens prüfen. Dies kann hilfreich unter anderem auch für die Formulierung von Garantien und Zusicherungen im Kaufvertrag sein. Die Ausarbeitungen des finanzwirtschaftlichen Businessplans, vor allem die darin enthaltenen Umsatzerwartungen, können sinnvoll mit Marktstudien externer Marktforschungsunternehmen verglichen werden. Rechtsanwälte sind eine weitere wichtige Expertengruppe. Sie bestimmen in wesentlichen Zügen die abschließende Transaktionsstruktur und untersuchen diese im Hinblick auf die aktuelle Rechtsprechung auf mögliche Risiken. Neben den hier explizit genannten externen Expertengruppen gibt es eine Vielzahl weiterer Spezialisten, wie zum Beispiel Aktuare oder Grundstücksgutachter, die während der Due Diligence und des gesamten Transaktionsprozesses mit ihrer Expertenmeinung zu einer erfolgreichen Transaktion beisteuern können.[234]

Eine Studie von *Berens, Hoffjan* und *Strauch* zeigt, dass Wirtschaftsprüfer und Steuerberater knapp 20% der gesamten Zeit, die für den Due Diligence-Prozess benötigt wurde, ausmachten. Damit sind sie die Expertengruppe, die zeitlich gesehen am aktivsten im Due Diligence-Prozess involviert ist. Ihnen folgen die Mitarbeiter des Zielunternehmens selbst, denen rund 18% der benötigten Zeit beigemessen wurde. Dies kann vor allem mit der zeitaufwendigen Informationsbereitstellung, den Management-Präsentationen sowie der gemeinschaftlichen Entwicklung einer Strategie und eines Businessplans, die zum Teil auf das Zielunternehmen entfallen, erklärt werden. Die Funktionen Personal und Marketing des Zielunternehmens sind nach dieser Studie von nachrangiger Bedeutung für den Transaktionsprozess.

4.2.5. Verbindungen zur Bewertung des Zielunternehmens

Wie schon angedeutet können die beiden Teilbereiche Due Diligence und Bewertung des Zielunternehmens nicht getrennt voneinander als zwei unabhängige Prozesse betrachtet werden. Die Due Diligence liefert demnach eine umfassende Datenbasis für die Aggregation zu einem Unternehmenswert.[235] Die Bewertung kann als Instrument für die Berechnung von Un-

---

[234] Vgl. BERENS/HOFFJAN/STRAUCH (2008), S. 128 - 130.

[235] Vgl. SCHACHT (2009), S. 33.

ternehmenswerten angesehen werden, wobei der Due Diligence-Prozess den Input für die unterschiedlichen Bewertungsmethoden bestimmt und liefert.[236]

Die Bestimmung des Unternehmenswertes ist eine wichtige Aufgabe im Transaktionsprozess mit der Herausforderung, einen Unternehmenswert zu finden, der sowohl vom Verkäufer als auch vom Käufer akzeptiert wird. Dies kann nicht nur auf Basis von finanzmathematischen Modellen geschehen, sondern braucht auch eine Erweiterung um qualitative Ergebnisse aus der Due Diligence, in der das Produktportfolio, die Marktstellung und die Unternehmensstrategie ausführlich untersucht wurden. Dies umfasst auch die Berücksichtigung der Gründe, warum das Zielunternehmen oder die Zielaktivität verkauft werden soll, um die Motive des Verkäufers besser zu verstehen. Zudem erlaubt die Bewertung eines Zielunternehmens unter Berücksichtigung des Businessplans Rückschlüsse auf den geplanten Exit-IRR, wobei es auch Aufgabe der Due Diligence ist, die Wertsteigerungspotentiale des Zielunternehmens eingehend zu eruieren.

Die Due Diligence liefert außerdem Informationen für die Auswahl geeigneter Bewertungsmethoden. Analytische Bewertungsmethoden, wie zum Beispiel die Discounted Cash Flow-Methode, brauchen ein hohes Informationsvolumen einschließlich interner Informationen vom Zielunternehmen. Dies betrifft vor allem die Projektion der zukünftigen Cashflows, die von verschiedenen Einzelplänen des Zielunternehmens abhängig sind. Im Gegensatz dazu können komparative Methoden, wie zum Beispiel Multiple-Berechnungen, allein auf Basis von externen Datenquellen durchgefürht werden. Daher kann die Wertermittlung während des Transaktionsprozesses sich zum Teil deutlich verändern, da die Informationsdichte während des Prozesses zunimmt und somit sich vorher getroffene Annahmen wieder verschieben können. Anfängliche Annahmen kommen meist von den Informationsquellen des Zielunternehmens, welche in Form eines Teasers, eines Informationsmemorandums oder während gemeinsamer Gespräche gesammelt werden konnten. Das Informationsmemorandum, welches grundsätzlich vom Verkäufer mit der Unterstützung von M&A-Beratern für die Transaktion erstellt wird, gibt der Gruppe potentieller Käufer eine erste Informationsbasis zu der Historie des Zielunternehmens, dessen rechtlicher Aufbau, dessen Produkte, dessen Markt, dessen Technologie, dessen Management, dessen finanzwirtschaftliche Situation sowie eine grobe Skizze der geplanten Transaktionsstruktur. Das Informationsmemorandum ist das Ergebnis einer so

[236] Vgl. BERENS/STRAUCH (2008), S. 17.

genannten Vendor Due Diligence, die zum einen die Position des Verkäufers durch eine erhöhte Informationsversorgung stärken und zum anderen den Zugang zu Eigenkapital erleichtern soll.[237]

In den meisten Fällen legt der Verkäufer nach dem Eingang eines indikativen Angebotes des Käufers weitere interne Informationen zum Zielunternehmen offen. Dies kann auch eine Bewertungsformel oder eine Zielbandbreite bezüglich des Kaufpreises betreffen, um den Verhandlungsprozess zu beschleunigen. Hier ist der potentielle Käufer einem Dilemma ausgesetzt, das er nicht komplett lösen kann.[238] Der potentielle Käufer muss während der Anfangsphase der Due Diligence ein indikatives Angebot bzw. Kaufpreisvorstellungen für die Offenlegung weiterer Informationen abgeben. Nachträgliche Veränderungen einer Kaufpreisformel oder absoluter Kaufpreisbandbreiten, die während eines indikativen Angebotes kommuniziert wurden, können zu erheblichen Konflikten im Transaktionsprozess führen und die eigenen Verhandlungsposition deutlich schwächen. Daher ist die Formulierung von Annahmen, auf der die indikative Bewertung oder eine Kaufpreisbandbreite beruhen, ein probates Instrument, das Risiko dieses Dilemmas zu mildern und auf das Informationsdefizit zu reagieren.

4.3. Teilbereich des Transaktionsprozesses: Bewertung des Zielunternehmens

Die Bewertung des Zielunternehmens sowie die Bestimmung des Kaufpreises sind Kernaufgaben der Beteiligungsgesellschaft im Transaktionsprozess. So ist die Unternehmensbewertung in den meisten Fällen ein entscheidender Aspekt in den Kaufverhandlungen, vor allem wenn Verkäufer und Käufer, aufgrund ihrer Interessensdivergenz, stark unterschiedliche Meinungen bezüglich des Kaufpreises haben. Zunächst kann die Frage gestellt werden, ob es einen objektiven Unternehmenswert gibt. Anhänger dieser Theorie objektiver Unternehmenswerte stellen die Annahme auf, dass jedes Unternehmen einen Unternehmenswert hat, der objektiv bestimmbar ist. Dieser Wert kann dann als feste Größe für den Verkäufer, den Käufer sowie andere Beteiligte innerhalb des Transaktionsprozesses als gegeben interpretiert werden. Anhänger dieser Theorie argumentieren, dass subjektive Elemente in die individuelle

---

[237] Vgl. WEILEP/DILL (2008), S. 1946ff.

[238] Vgl. KLEIN/JONAS (2008), S. 181.

Bestimmung von Werten integriert werden müssen.[239] Somit hängt der Unternehmenswert lediglich von den zukünftigen Erträgen eines Unternehmens ab, die den Anteilseigner zustehen.[240] Da jedoch die Erträge für die Anteilseigner nicht nur aus finanziellen Werten sondern auch aus einem nicht-finanziellen Nutzen bestehen, ist es schwer, diese in einem objektiven Wert zu quantifizieren. Beispiele für nicht-finanzielle Werte für einen Käufer sind eine gewisse Machtposition im Kernmarkt sowie Prestige oder strategische Aspekte. Daher werden im Transaktionsprozess in den meisten Fällen subjektive Unternehmenswerte benutzt, die die individuellen Interessen, Zielsetzungen, Potentiale sowie Erwartungen der verschiedenen Parteien berücksichtigen.

Die subjektiven Werterwartungen des Verkäufers bilden im Allgemeinen die Preisuntergrenze, wohingegen die Wertermittlung des Käufers die Preisobergrenze repräsentiert.[241] Um die Transaktion erfolgreich abzuschließen, muss der verhandelte Kaufpreis innerhalb dieser Preisbandbreite liegen. Wenn die Preisuntergrenze des Verkäufers oberhalb der maximalen Zahlungsbereitschaft des Käufers liegt bzw. wenn die maximale Zahlungsbereitschaft geringer ist als die Preisuntergrenze, dann droht die Transaktion zu scheitern. Während der Verhandlungsprozesse versuchen beide Parteien die für sich optimale Position zu bestimmen. Somit versucht die Beteiligungsgesellschaft grundsätzlich möglichst nah an die Preisuntergrenze des Verkäufers zu gelangen, um nicht einen unnötig hohen Kaufpreis zu zahlen. In den ersten Gesprächen werden beide Parteien meist oberhalb bzw. unterhalb ihrer Grenzen anbieten, um im weiteren Verlauf ein gewisses Maß an Verhandlungsspielraum zu behalten.

Objektive Unternehmenswerte vernachlässigen die individuelle Unternehmenssituation und die Zielsetzungen der einzelnen Teilnehmer im Transaktionsprozess, vor allem die des Verkäufers und des Käufers. Ein wichtiger Aspekt bei Preisverhandlungen ist die Harmonisierung der verschiedenen Zielsetzungen und Interessen, so dass der Unternehmenswert nicht als statisch und einmalig festgelegt definiert wird, sondern als dynamisch und diskutierbar verstanden wird. Trotzdem gibt es bestimmte Ereignisse, die die Ermittlung eines objektiven Unternehmenswertes notwendig machen, wie zum Beispiel ein Squeeze-Out-Verfahren. Squeeze-Out-Verfahren beschreiben die Option von Mehrheitseigentümern gegenüber Minderheitseigentümern ihre Geschäftsanteile gegen eine Barabfindung erwerben zu können, so dass diese

[239] Vgl. HOMMEL/DEHMEL (2008), S. 40f.

[240] Vgl. ACHLEITNER/NATHUSIUS (2004), S. 11.

[241] Vgl. ACHLEITNER/NATHUSIUS (2004), S. 11.

gezwungen sind zu verkaufen. Nach dem deutschen Gesetz unterliegen diese Verfahren verschiedenen rechtlichen Verpflichtungen und sind nur möglich sofern der Käufer über mindestens 95% aller ausstehenden Geschäftsanteile verfügt.[242] Objektive Unternehmenswerte für diese Art von Ereignissen müssen einem vorgeschriebenen und gerichtlich anerkannten Ansatz folgen, wie dem Bewertungsstandard IDW S 1 des Instituts der Wirtschaftsprüfer in Deutschland.[243] Demnach muss die objektive Unternehmensbewertung von einem neutralen Gutachter durchgeführt werden und dann ggf. dem zuständigen Gericht vorgelegt werden.

Trotz der Anwendungsgebiete von objektiven Unternehmenswerten, werden bei Unternehmenstransaktionen aufgrund der ausführlichen Kaufpreisverhandlungen in der Regel subjektive Unternehmenswerte benutzt. Sie haben Vorteile im Transaktionsprozess aufgrund ihrer Subjektivität und Individualität. Dies sollte jedoch nicht dazu führen, dass die ermittelten subjektiven Unternehmenswerte das Wunschdenken einer Partei widerspiegelt und vollständig die Erwartungen der anderen Partei ausblenden. Vor allem bei Turnaround-Situationen, bei denen sich oft der Kaufpreis nicht nur in der Bezahlung der Anteile ausdrückt, sondern auch die Finanzmittel hinsichtlich der notwendigen Restrukturierung umfasst, erfolgt die Unternehmensbewertung häufig in Kombination mit anderen finanziellen Verpflichtungen, die der Käufer bzw. Verkäufer nach der Transaktion tragen soll. Zudem sind Unternehmensplanungen von Turnaround-Unternehmen mit einer hohen Unsicherheit behaftet und spiegeln die Erwartungen unterschiedlicher Akteure wider. Inwieweit sich diese erfüllen können ist eine subjektive Bewertung, die nicht objektiv überprüfbar ist und somit die Ermittlung von subjektiven Unternehmenswerten notwendig macht.

4.3.1. Die Bewertung als mehrstufiger Prozess

Der Bewertungsprozess wird oft zusammengefasst in der Auswahl der Bewertungsmethode und deren technischer Ausführung. Der Bewertungsprozess muss jedoch sorgfältig vorbereitet werden und die erarbeiteten Ergebnisse hinterfragt sein, um die Unternehmenswerte brauchbar in Verhandlungsprozessen einsetzen zu können.[244] Daher sollte die Unternehmensbewertung nicht nur von einem Experten durchgeführt werden. Es sollten auch weitere Due Diligence-Teammitglieder einbezogen werden. Sie können wertvolle Daten von ihren Untersu-

[242] Für weitere Informationen siehe auch: §§ 327a - 327f. AktG und §§ 39a-c WpÜG.

[243] Vgl. IDW (2008).

[244] Vgl. KRANEBITTER (2007), S. 173.

chungen direkt in die Bewertung einfließen lassen. Zudem kann diese Heterogenität im Bewertungsteam dazu beitragen, ein umfassendes Bild vom Zielunternehmen zu bekommen. Dies ist vor allem wichtig für die Planung der zukünftigen Entwicklung der Cashflows des Zielunternehmens. Die Unternehmensbewertung kann demnach als eine anspruchvolle Fähigkeit betrachtet werden, die ein gewisses Maß an Erfahrung benötigt und weniger die alleinige Ausführung von universalen Bewertungsmethoden ist. Die folgende Abbildung zeigt den ausführlich dargestellten Bewertungsprozess in sechs Phasen:

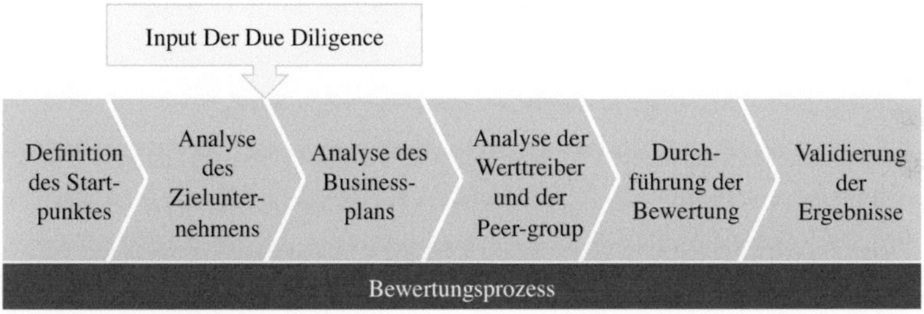

Abbildung 28: Bewertungsprozess[245]

Noch vor der Definition des Startpunktes ist ein klares Verständnis zu den Beweggründen der Bewertung zu entwickeln. Dies hat nicht nur einen wesentlichen Einfluss auf die Festlegung des Bewertungsteams, sondern auch auf die Bestimmung der Bewertungsmethode. Bei einer Unternehmenstransaktion befassen sich die Verantwortlichen für die Due Diligence meist ebenfalls mit der Unternehmensbewertung und arbeiten zudem an der Transaktionsstrukturierung mit.

In einigen Fällen sind von einer Partei schon vorläufige Unternehmenswerte oder Preisspannen vorbestimmt worden von einer Partei, so dass während der Unternehmensbewertung versucht wird, Werte zu bestimmen, die in dieser Spanne liegen. Trotzdem darf dies nicht dazu führen, dass Annahmen bewusst so gewählt werden, dass ein bestimmter Zielwert erreicht wird. Dies ist in der Praxis teilweise der Fall und folgt nur begrenzt ökonomischen Grundsätzen. Die Bewertung wird dann für illustrative Zwecke benutzt und um einen Wert rechtfertigen zu können.

Die Analyse des Zielunternehmens ist eigentlich die Aufgabe der Due Diligence, wie im vorigen Kapitel beschrieben. Porter's Five-Forces-Konzept ist zum Beispiel ein Instrument, wel-

---

245 Eigene Abbildung.

ches in diesem Kontext oft benutzt wird, um die Lage des Unternehmens besser einschätzen zu können.[246] Es beschreibt die Umwelt des Zielunternehmens und versucht zu intentifizieren, wie stark die Wettbewerbsintensität ist. Grundsätzlich kann angenommen werden, dass je stärker die Wettbewerbsintensität ist, desto größer sind die Herausforderungen hinsichtlich der zukünftigen Unternehmenswertentwicklung des Zielunternehmens. Zudem impliziert eine starke Wettbewerbsintensität die besondere Wichtigkeit eines tiefen Verständnisses des Marktes des Zielunternehmens für die Bewertung. Dabei mag eine zusätzliche Unterstützung durch externe Berater oder Marktforschungsunternehmen die Ergebnisse der Bewertung verbessern. Dies trifft vor allem auf den jeweiligen Absatzmarkt des Zielunternehmens zu, durch dessen Betrachtung Einflüsse auf die individuelle zukünftige Umsatzkurve des Zielunternehmens identifiziert werden können. Dabei müssen die Absatztreiber und deren individuelle Bedeutung für die Absatzzahlen des Zielunternehmens herausgestellt werden.[247] Demnach kann die Qualität einer Unternehmensbewertung nur begrenzt anhand des Ausmaßes an theoretischer Fundierung und Genauigkeit beurteilt werden, sondern mehr mittels der Tiefe der individuellen Analysen und der Zweckmäßigkeit der Bewertung.[248]

Zusätzlich zu den Marktanalysen des Zielunternehmens, die vor allem für die Projektion der zukünftigen Ertragslage genutzt werden, liefern die Jahresabschlüssen des Zielunternehmens ebenfalls wichtige Informationen und sind essentiell für die Bewertung. Dabei wird eine Analyse der vergangenen finanzwirtschaftlichen Lage des Unternehmens meist für die letzten drei Jahre vorgenommen. In diesem Zusammenhang beantworten zudem die Ergebnisse der Financial Due Diligence aufkommende Fragen und geben Anhaltspunkte zur Plausibilität der Planungsrechnung.

Die meisten Unternehmen verfügen über einen Drei-Jahres-Unternehmensplan, der sich vor allem auf die Ertragsplanung konzentriert. Die Financial Due Diligence gibt erst Implikationen zu der Plausibilität der getroffenen Annahmen, die dann während der Bewertung angepasst werden können. Zudem sind bei der Veränderung von wesentlichen Annahmen Wertsensitivitäten zu rechnen, um zu verstehen, welche Wertauswirkungen eine marginale Änderung einer Annahme zur Folge hat. Der der Bewertung zugrunde liegende Businessplan sollte sich mindestens über drei detaillierte Planungsperioden erstrecken und als integriertes Modell

[246] Vgl. PORTER (1985), S. 4ff.

[247] Vgl. KRAUS-GRÜNEWALD (1982), S. 85.

[248] Vgl. KRANEBITTER (2007), S. 153.

aufgebaut sein, dass die Entwicklungen der Ertragsplanung mit denen der Vermögens- und Finanzplanung in Einklang bringt. Außerdem sollte den geplanten Umsatzzahlen bei produzierenden Unternehmen ein Preis-Mengen-Gerüst als Berechnungsgrundlage dienen, so dass sowohl unternehmensinterne als auch unternehmensexterne Aspekte bei der Bestimmung des Umsatzes berücksichtigt werden. Darüber hinaus können in einem Investitionsplan Maßnahmen zur Wertsteigerung des Zielunternehmens eingebaut werden, die sich dann wiederum in der Vermögens- und Ertragsplanung niederschlagen, um die Preisobergrenze des Käufers bestimmen zu können. Somit ist der Businessplan nicht als einfache Projektion der vergangenen Entwicklung zu verstehen, sondern berücksichtigt strategische wie auch operative geplante Veränderungen innerhalb der Prozesse und der Organisation des Zielunternehmens.

Entscheidender Bestandteil bei der Unternehmensbewertung ist die Identifikation von Werttreibern, um Wertschwankungen des Unternehmenswertes zu verstehen. Das Shareholder-Value-Netzwerk von *Rappaport*, welches ursprünglich für die Analyse der Konsequenzen von Managemententscheidungen entwickelt wurde, ist ein nützliches Instrument, um essentielle Faktoren zu bestimmen, die den Wert eines bestimmten Unternehmens beeinflussen.[249] Dies funktioniert am besten bei der Anwendung der DCF-Methode (s. zur DCF-Methode auch Kapitel 4.3.3.). Das Shareholder-Value-Netzwerk beschreibt Abhängigkeiten zwischen dem Wert eines Unternehmens und grundlegenden Unternehmensentscheidungen. Die führt zu folgenden Implikationen hinsichtlich der Bewertung von Unternehmen: Der Unternehmenswert ist umso höher,

- je länger die Dauer der Wertsteigerung ist.
- je größer das Umsatzwachstum ist.
- je höher die Jahresüberschuss-Marge ist.
- je geringer der Unternehmenssteuersatz ist.
- je geringer die Investitionen ins Anlagevermögen sind.
- je geringer die Kapitalkosten sind.[250]

Der Einfluss des Nettofinanzstatus des Zielunternehmens auf dessen Bewertung ist dabei komplexer. Auf der einen Seite verringert eine Erhöhung der Finanzverbindlichkeiten direkt den Marktwert des Eigenkapitals (equity value). Auf der anderen Seite führt jedoch die Zu-

[249] Vgl. RAPPAPORT (1999), S. 68.

[250] Vgl. KRANEBITTER (2007), S. 170.

führung von günstigerem Fremdkapital, im Vergleich zum Eigenkapital, zu geringeren Kapitalkosten. Dies kann dann jedoch wiederum einen umgekehrten Effekt haben, da durch ein erhöhtes Risiko die Kapitalkosten wieder steigen. Daher sollte die Kapitalstruktur mit Bedacht gewählt werden, da sich bei einer Anpassung der Kapitalstruktur verschiedene Faktoren im Bewertungsmodell gleichzeitig ändern können und diese unterschiedliche Auswirkungen auf den Unternehmenswert haben.

In der oben dargestellten Aufzählung von Punkten, die zu einer Erhöhung des Unternehmenswertes führen, wurde auch die Implikation aufgestellt, dass geringere Investitionsausgaben zu höheren Unternehmenswerten führen. Dies ist insoweit richtig, da sich die Auslassung von Investitionen ins Anlagevermögen positiv auf den Cashflow eines Unternehmens auswirkt. Trotzdem muss dies unter einer langfristigen Betrachtung des Unternehmens kritisch betrachtet werden. Zu geringe Investitionsausgaben können negative Folgen für das zukünftige Geschäft und die Profitabilität eines Unternehmens haben, da wichtige Trends bei Produktionstechnologien nicht genutzt werden und so Wettbewerber effizienter produzieren können. Bei der Anwendung eines Zwei-Phasenmodells bei der DCF-Methode, sollten daher Investitionen ins Anlagevermögen mit dem Wert, der eine nachhaltige Investitionsrate repräsentiert, angesetzt werden, auch wenn die Investitionen in den Detailplanungsperiode deutlich niedriger ausfallen. Somit bleibt die Wertauswirkung nur auf den mittelfristigen Zeitraum der Detailplanungsphase beschränkt und wird nicht langfristig fortgeführt.

Der Ansatz von *Rappaport* berücksichtigt jedoch ausschließlich interne Faktoren (Managemententscheidungen) als eine Quelle für potentielle Werttreiber. Externe Umweltfaktoren können jedoch ebenso einen Einfluss auf den Unternehmenswert haben. Die Unternehmensführung kann diese externen Faktoren, wie Veränderungen in den Marktstrukturen, Veränderungen des Kundenverhaltens sowie globale Nachfragerückgänge, nur begrenzt kontrollieren.

Des Weiteren wird während des Bewertungsprozesses auch eine Analyse der Peer-Group vorgenommen. Die Peer-Group beinhaltet Unternehmen, die in ihrer Geschäftstätigkeit, ihrer Struktur sowie in ihrer Beschaffenheit mit dem Zielunternehmen vergleichbar sind. Die DVFA empfiehlt mindestens fünf Peer-Group-Unternehmen auszuwählen, um eine ausreichende Validität der zusammengetragenen Informationen zu garantieren.[251] Eine Analyse der Peer-Group liefert vor allem Ergebnisse zu Betafaktoren und Multiples (dazu mehr in Kapitel

[251] Vgl. DVFA e.V. (2005), S. 1.

4.3.3.). Der Betafaktor wird dabei meist in Form des arithmetischen Mittels der Peer-Group oder Median benutzt. Der Median kann dazu benutzt werden, statistische Fehler zu vermeiden und weniger Ausreißer in den Ergebnissen zu berücksichtigen. Die Suche nach passenden Peer-Group-Unternehmen ist oft zeitintensiv, da der Zugang zu Unternehmensdaten begrenzt ist. Somit sollten Peer-Group-Unternehmen öffentlich gelistet sein oder Teil der Transaktion sein, so dass von ihnen vertrauliche Unternehmensdaten vorliegen. Einige dieser Informationen können von Finanzinformationsdienstleistern, wie zum Beispiel Bloomberg L.P., bezogen werden.[252]

Um vergleichbare Unternehmen zum Zielobjekt zu finden, sollten die Peer-Group-Unternehmen insbesondere über das gleiche Produktportfolio verfügen, welches die Produkte oder Dienstleistungen des Zielunternehmens substituieren könnte. Die folgenden Auswahlkriterien können genutzt werden, um die Vergleichbarkeit von Zielunternehmen und Peer-Group-Unternehmen zu bestimmen:[253]

- Branche / Geschäftsaktivitäten
- Marktumfeld
- Unternehmensgröße
- Finanzwirtschaftliche Kennzahlen
- Operative Kennzahlen
- Strategische Ausrichtung

Darüber hinaus kann die Peer-Group-Analyse weitere Zielsetzungen verfolgen. So ist sie auf der einen Seite ein Instrument, um den Businessplan und die darin angenommenen Cashflows zu plausibilisieren mit den Einschätzungen hinsichtlich anderer vergleichbarer Unternehmen. Dies ist insbesondere wertvoll bei der Bestimmung des nachhaltigen Cashflows des Zielunternehmens. Dabei wird grundsätzlich angenommen, dass die nachhaltigen Erträge von Unternehmen in einer Branche gleich hoch sind. Auf der anderen Seite liefert die Peer-Group-Analyse Benchmarks für eine bestimmte Branche, die bei der Identifikation von starken als auch schwachen Punkten des Zielunternehmens behilflich sind. Dies spielt vor allem für Turnaround-Investitionen eine wichtige Rolle, da so Gründe für eine Unternehmenskrise ausgemacht werden können und direkt quantitative Zielwerte für die Verbesserung der Situation

[252] Für weitere Informationen siehe http://www.bloomberg.com/.

[253] Vgl. KRANEBITTER (2007), S. 171.

anhand von Branchenvorgaben ausgegeben werden können. Somit kann der Turnaround-Investor ein besseres Gefühl für das Wertsteigerungspotential des Zielunternehmens bekommen und besser abschätzen, wie es im Vergleich zu Wettbewerbern im Markt steht.

Beispiele für finanzwirtschaftliche Kennzahlen und operative Kennzahlen sind in der folgenden Abbildung zusammengefasst:

Finanzwirtschaftliche Kennzahlen	Operative Kennzahlen
Umsatzrentabilität	Output pro Mitarbeiter
EBITDA-Marge	Output pro Stunde
EBIT-Marge	Kilometer pro Mitarbeiter
Umsatz pro Mitarbeiter	Klicks pro Minute
Personalaufwand pro Mitarbeiter	Output pro Input
Investitionen ins Anlagevermögen	

Abbildung 29: Finanzwirtschaftliche und operative Kennzahlen[254]

Die rechentechnische Ausführung der Unternehmensbewertung kann schließlich beginnen, wenn die vorigen Prozessschritte erfolgreich beendet wurden. Dafür muss der technische Bewertungsstichtag bestimmt werden, an dem die Ertragsplanung sowie die Vermögensplanung beginnen. Zudem sollte darauf geachtet werden, dass die wesentlichen Annahmen, die dem Businessplan sowie der Bewertung zu Grunde liegen, gesondert aufgeführt werden. Dadurch bekommen Betrachter der Bewertung ein leichteres Verständnis bezüglich der Wertermittlung und entwickeln zudem mehr Vertrauen hinsichtlich der Werte.

Trotzdem müssen die Ergebnisse der Unternehmensbewertung mittels Plausibilitätsüberprüfungen und Diskussionen mit dem Management validiert werden. Die Sensitivitätsanalyse ist dabei ein häufig verwendetes Instrument, um die Wertauswirkung von kritischen Annahmen sichtbar zu machen. Bei der Sensitivitätsanalyse werden meist zwei Annahmen isoliert betrachtet und verändert.

Des Weiteren können die Bewertungsergebnisse auch mittels Marktdaten (market approach) validiert werden. Hierbei stellen so genannte Multiples (s. auch Kapitel 4.3.3.) eine gebräuchliche Methode dar, um die eigenen Resultate mit dem Durchschnitt von Marktbeobachtungen und den Bewertungen anderer Transaktionen zu vergleichen. Auch wenn die eigene Bewertung stark von diesem Marktdurchschnitt abweicht, können trotzdem gute Argumente vorlie-

---

[254] Vgl. KRANEBITTER (2007), S. 172.

gen, die die Bewertung rechtfertigen. Andererseits sollte die eigene Bewertung und deren Annahmen noch einmal überprüft werden.

Die folgende Abbildung zeigt beispielhaft das Ergebnis einer Sensitivitätsanalyse in Matrixform, wobei eine Veränderung des Barwertfaktors und des nachhaltigen EBIT hinsichtlich deren Wertauswirkung dargestellt ist:

Veränderung des nachhaltigen EBIT	Veränderung des Barwertfaktors				
	-1,0%	-0,5%	0,0%	0,5%	1,0%
-2,0%	50.585	48.001	45.706	43.642	41.775
-1,0%	50.975	48.364	46.045	43.960	42.073
0,0%	51.384	48.745	46.401	44.293	42.386
1,0%	51.784	49.117	46.749	44.618	42.692
2,0%	52.183	49.489	47.096	44.944	42.997

Abbildung 30: Sensitivitätsanalyse[255]

4.3.2. Unternehmenstransaktionen als Grund für eine Unternehmensbewertung

Für die Durchführung einer Unternehmensbewertung kann es mehrere Beweggründe geben, die gleichzeitig die Anforderungen an die Bewertung bestimmen. Die Beweggründe einer Bewertung entscheiden auch darüber, ob die Bewertung intern ausgeführt werden kann oder das Hinzuziehen eines neutralen Gutachters notwendig ist.[256]

Für das Thema dieser Dissertationsarbeit sind Unternehmensbewertungen im Kontext von Unternehmenstransaktionen zu betrachten. Daher wird auf eine Darstellung der Bilanzierung von Unternehmenswerten als weiterer möglicher Bewertungsgrund verzichtet.

Nach *Mandl* verfolgen Unternehmensbewertungen im Kontext einer Unternehmenstransaktion fünf unterschiedliche Intentionen: die Ermittlung von Schiedswerten, die Ermittlung von Argumentationswerten, die Ermittlung von Buchwerten, die Ermittlung von steuerlichen Werten sowie die Ermittlung von Entscheidungswerten. Die Ermittlung von Schiedswerten ist vor allem beim Kauf von Geschäftsanteilen einer börsengelisteten Aktiengesellschaft von Bedeutung, wenn zum Beispiel ein Squeeze-Out durchgeführt werden soll. Wie schon bei der Gegenüberstellung von subjektiven und objektiven Unternehmenswerten ausgeführt, wird bei diesem Bewertungsgrund eine objektive, allgemein akzeptierte Bewertung benötigt, die sich

---

[255] Eigene Darstellung.

[256] Vgl. NÖLLE (2009), S. 12.

von der Ermittlung subjektiver Argumentationswerte unterscheiden kann. Argumentationswerte repräsentieren subjektive Einschätzungen zu bestimmten zukünftigen Entwicklungen des Unternehmens und unterstützen somit eine spezifische Argumentation hinsichtlich der Werthaltigkeit eines Unternehmens. Des Weiteren sind buchmäßige und steuerliche Konsequenzen in Folge einer Unternehmenstransaktion nicht zu vernachlässigen. Dies gilt sowohl für den Verkäufer als auch für den Käufer. Jedoch bilden Entscheidungswerte die Basis für Kaufverhandlungen während des Transaktionsprozesses und sind demnach auch die Grundlage für die spätere Kaufentscheidung. Mittels der Ausführungen in diesem und dem vorigen Kapitel kann die Unternehmenswertermittlung im Kontext dieser Dissertationsarbeit als eine Ermittlung von subjektiven Entscheidungswerten definiert werden.

4.3.3. Bewertungsmethoden

Bewertungsmethoden können im Allgemeinen nach ihrem Bewertungsumfang unterschieden werden: Gesamtbewertungsmethoden und Einzelbewertungsmethoden.[257] Einzelbewertungsmethoden bestimmen einzelne Vermögensgegenstände sowie Verbindlichkeiten separat von einander auf der Basis von Substanz- oder Liquidationswerten.[258] Der Unternehmenswert setzt sich schließlich aus der Summe der einzelnen Vermögens- sowie Schuldenwerten zusammen. Einzelbewertungsverfahren auf der Basis von Substanzwerten bzw. Marktwerten gehen von einer Fortführung des Unternehmens aus, wohingegen bei der Bestimmung von Liquidationswerten die Liquidation des betreffenden Unternehmens angenommen wird. Daher wird die Wertbestimmung auf Basis von Liquidationswerten häufig bei Insolvenzverfahren angewendet, um eine Wertuntergrenze für den Insolvenzverwalter zu bestimmen.

Gesamtbewertungsverfahren liefern einen ganzheitlichen Unternehmenswert. Dieser kann nicht direkt auf die einzelnen Vermögensgegenstände des Unternehmens hinunter gebrochen werden, sondern berücksichtigt den zusammenhängenden Wertbeitrag aller Vermögensgegenstände sowie Schulden inklusive derer zukünftigen Wertauswirkungen. Anhänger dieses Bewertungskonzeptes vertreten die Ansicht, dass ein Unternehmen im Ganzen einen anderen Wert hat, als die bloße Summe seiner Einzelteile.[259] Dies impliziert, dass Einzelbewertungsverfahren den eigentlichen Goodwill des Unternehmens, der positiv wie auch negativ sein

---

[257] Vgl. BALLWIESER (2007), S. 8.

[258] Vgl. HOMMEL/DEHMEL (2008), S. 45.

[259] Vgl. MÜNSTERMANN (1970), S. 18; s. auch BECKMANN (2006), S. 17.

kann, vernachlässigen. Der Goodwill eines Unternehmens setzt sich vor allem aus den Wertbeiträgen von intangiblen Vermögensgegenständen sowie deren Interdependenzen zusammen und kann nicht mittels Marktwerten oder Liquidationswerten monetär bestimmt werden, sondern drückt sich zum Beispiel in der Fähigkeit aus, überdurchschnittlich hohe Cashflows zu erwirtschaften. Daher sind Einzelbewertungsmethoden nur eingeschränkt für die Ermittlung von Entscheidungswerten brauchbar. Sie machen mehr in Form einer Ergänzung eines Gesamtbewertungsverfahren Sinn, indem Preisspannen definiert werden können oder die Ergebnisse des Gesamtbewertungsverfahrens mit denen des Einzelbewertungsverfahrens verglichen werden können.

Bei Gesamtbewertungsverfahren wird der Unternehmenswert meist durch Diskontierung der geschätzten zukünftigen Erträge oder Cashflows des Zielunternehmens ermittelt. Der Unternehmenswert repräsentiert somit vor allem die zukünftige Ertragskraft des Zielunternehmens und berücksichtigt gleichzeitig dessen individuelles Chancen- und Risiken-Profil. Eine andere Möglichkeit den Unternehmensgesamtwert zu bestimmen bieten Multiplikatoren oder so genannte Multiples, die auf der Basis von Marktbeobachtungen ermittelt werden. Dabei wird eine bestimmte Basisgröße, wie zum Beispiel das Ergebnis vor Zinsen und Steuern (EBIT), festgestellt und mit einem Faktor (Multiple) multipliziert. Das Produkt beider Faktoren bildet schließlich den Unternehmenswert. In der Bewertungstheorie wurde in der Vergangenheit eine Vielzahl von Unternehmensbewertungsmethoden entwickelt. Die folgende Abbildung fasst dabei einen Teil dieser Bewertungsmethoden, die insbesondere aufgrund ihrer Praktikabilität und Verbreitung für diese Dissertationsarbeit relevant sind, zusammen:

Gesamtbewertungsmethoden	Einzelbewertungsmethoden
DCF-Ansatz	Substanzwertverfahren auf Basis von Marktwerten
Ertragswertverfahren	Liquidationswertverfahren
Multiples	

Abbildung 31: Bewertungsmethoden[260]

4.3.3.1. Der DCF-Ansatz und das Ertragswertverfahren

Der DCF-Ansatz ist einer der bekanntesten und in der Praxis oft verwendeter Bewertungsansatz. Der DCF-Ansatz und das Ertragswertverfahren basieren auf den gleichen finanzmathe-

[260] In Anlehnung an KRANEBITTER (2007), S. 75.

matischen Grundüberlegungen, so dass im Folgenden lediglich der DCF-Ansatz aufgrund seines hohen Verbreitungsgrades im Detail erläutert wird. Beim DCF-Ansatz stellen zukünftige Cashflows den Startpunkt der Bewertung dar.[261] Grundsätzlich kann zusammengefasst werden, je höher die positiven Cashflows des Zielunternehmens ausfallen, desto höher ist auch dessen Unternehmenswert. Somit hängt der Unternehmenswert entscheidend von der Fähigkeit eines Unternehmens ab, positive Cashflows zu generieren. Die erwarteten zukünftigen Cashflows werden dabei vom Businessplan des Zielunternehmens abgeleitet. Da jedoch nicht alle Zielunternehmen über einen fundierten Businessplan verfügen und vor allem bei Turnaround-Investitionen der aktive Input der Beteiligungsgesellschaft im Zusammenhang mit der Transaktion berücksichtigt werden soll, entsteht mit der Unternehmensbewertung auch ein überarbeiteter Businessplan.[262]

Im Allgemeinen können zwei unterschiedliche Wege bei der Bestimmung des Cashflows eines Unternehmens unterschieden werden. Zum einen kann der Cashflow direkt bestimmt werden, durch die Summe aller Einzahlungen abzüglich der Summe aller Auszahlungen in einer bestimmten Periode. Diese Methode ist sehr detailliert und verlangt im Rahmen einer Unternehmensbewertung vielschichtigen Input hinsichtlich der aktuellen Zahlungsflüsse im Unternehmen sowie derer zukünftigen Planung. In der Praxis werden daher die zukünftigen Cashflows indirekt über eine Differenzenrechnung ermittelt. Die indirekte Ermittlung beginnt mit einer Kennzahl aus der Gewinn- und Verlustrechnung, wie dem Jahresüberschuss oder dem EBIT. Die ausgewählte Kennzahl wird dann im Hinblick auf liquiditätswirksame und nicht-liquiditätswirksame Geschäftsvorfälle adjustiert. Die Anpassungen beinhalten vor allem Abschreibungen, Investitionen, Veränderungen der Rückstellungen sowie Veränderungen im Working Capital des Zielunternehmens. Das Working Capital umfasst dabei das kurzfristige Umlaufvermögen sowie laufende, kurzfristige Verbindlichkeiten, die nicht zinstragenden Charakter aufweisen. Somit zählen Bankverbindlichkeiten oder kurzfristige Finanzverbindlichkeiten nicht zum Working Capital.

Der sogenannte Flow-to-entity oder Free-Cashflow repräsentiert den Einzahlungsüberschuss (Einzahlungsunterdeckung), der den Kapitalgebern des Unternehmens zugesprochen werden kann. Der Begriff Kapitalgeber meint dabei sowohl die Anteilseigner als auch externe Institu-

---

[261] Vgl. SCHACHT/FACKLER (2009), S. 207 ff.

[262] Vgl. SCHOBERTH/IHLAU (2008), S. 2116.

tionen, die dem Unternehmen Finanzmittel bereitstellen.[263] Um den so genannten Flow-to-equity zu bestimmen, der lediglich den Anteilseigner des Unternehmens zuzuordnen ist, muss der Free-Cashflow um Zinszahlungen (sofern noch nicht in der Ausgangsgröße der Gewinn- und Verlustrechnung berücksichtigt), Tilgungsleistungen sowie andere Zahlungen an externe Kapitalgeber reduziert werden.

Die folgende Abbildung zeigt grafisch beispielhaft die indirekte Berechnung des Cashflow:

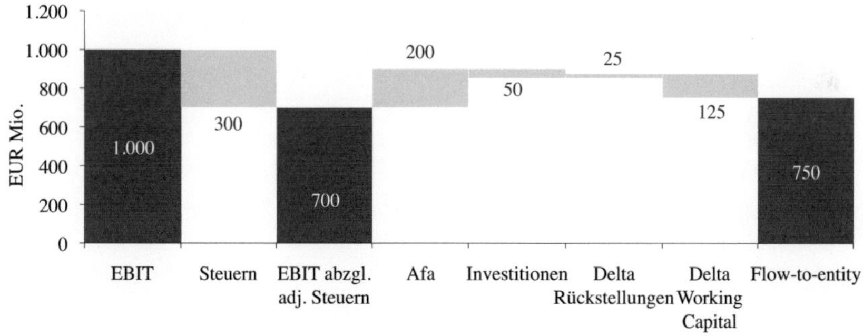

Abbildung 32: Indirekte Ermittlung des Cashflow[264]

In diesem Zusammenhang ist es wichtig, Bruttowertermittlungen von Nettowertermittlungen zu unterscheiden. Bruttowertermittlungen berechnen zunächst den Unternehmensgesamtwert (enterprise value), der sich aus dem Marktwert des Eigenkapitals sowie dem Marktwert des Fremdkapitals zusammensetzt. In einem nächsten Schritt wird der Marktwert des Eigenkapitals mittels der Berücksichtigung des Nettofinanzstatus des Zielunternehmens bestimmt. Der Marktwert des Eigenkapitals repräsentiert schließlich den eigentlichen Unternehmenswert für die Anteilseigner nach Abzug aller Finanzverbindlichkeiten. Der Nettofinanzstatus beinhaltet die Summe aller zinstragenden Vermögensbestandteile sowie Verbindlichkeiten und kann daher sowohl einen positiven als auch negativen Wert annehmen. Im Gegensatz zu Bruttowertermittlungen wird bei einer Nettowertermittlung direkt der Marktwert des Eigenkapitals berechnet. Somit liefert eine Diskontierung des Flow-to-entity einen Bruttounternehmenswert und die Diskontierung des Flow-to-equity einen Nettounternehmenswert. Beide Verfahren

---

[263] Vgl. BORN (2003), S. 95.

[264] Eigene Darstellung.

führen zum gleichen Ergebnis, da sich nicht nur der Zähler (Cashflow) verändert, sondern auch der Diskontierungsfaktor im Nenner angepasst werden muss. Die nachfolgende Abbildung zeigt beispielhaft die Berechnung des Equity Value nach dem DCF-Ansatz:

	2008	**2009**	**2010**	**Terminal Value**
	TEUR	TEUR	TEUR	TEUR
EBIT	294	927	1.429	1.144
Unternehmenssteuern	-93	-293	-451	-361
EBIT abzgl. adj. Steuern	**201**	**634**	**978**	**783**
+ Abschreibungen	70	60	50	350
- Investitionen	-20	-30	-40	-350
+/- Delta Rückstellungen	-32	46	90	0
+/- Delta Working Capital	437	-684	-708	0
+ Wachstumsabschlag				-10
Flow-to-entity	**657**	**26**	**370**	**773**
WACC (Diskontierungszinssatz)	7,5%	7,8%	7,8%	7,1%
Barwertfaktor	0,9299	0,8624	0,8003	11,3053
Barwerte	611	22	296	8.735
Summe der Barwerte (enterprise value)	**9.664**			
Nettofinanzstatus	-4.674			
Equity value	**4.990**			

Abbildung 33: Berechnung des Equity Value nach dem DCF-Ansatz

Der Flow-to-entity repräsentiert den Cashflow, der aufgrund seiner erst zukünftigen Realisation mittels eines Diskontierungszinssatzes auf den Bewertungsstichtag abgezinst werden muss. Dies resultiert aus dem Umstand, dass die Unternehmensplanung auf eine Zeitspanne zukünftiger Perioden abstellt, die Unternehmenswertberechnung jedoch genau auf einen Zeitpunkt erfolgt. Daher werden die zukünftigen Cashflows bei der Wertermittlung lediglich mit ihren jeweiligen Barwerten angesetzt. Der Diskontierungszinssatz berücksichtigt das individuelle Risiko sowie den Unsicherheitsgrad der geplanten, zukünftigen Cashflows[265] und fällt dementsprechend für jedes Unternehmen unterschiedlich aus. Somit hängt die Höhe der Summe der Barwerte der Cashflows im Wesentlichen von der absoluten Höhe, dem Realisierungszeitpunkt und dem Unsicherheitsgrad bezüglich Höhe und Realisierungszeitpunkt ab.

Die mathematische Herleitung der Barwerte lautet:

$$PV_0 = \frac{CF_1}{(1+r)^1} + \frac{CF_2}{(1+r)^2} + \frac{CF_3}{(1+r)^3} + \ldots + \frac{CF_n}{(1+r)^n}$$

[265] Vgl. ACHLEITNER (2004), S. 41.

wobei:

PV_0 = Barwert zum Zeitpunkt t = 0

CF_t = Cash flow der Periode t

r = Diskontierungszinssatz

Bei der Annahme einer zeitlich unbegrenzten Fortführung des Unternehmens erfolgt die Unternehmensbewertung mittels der Abzinsung von Cashflows unendlich vieler Perioden. Da dies praktisch nicht ausführbar ist, wird grundsätzlich ein Zwei-Phasen-Modell angewendet. Dies Modell setzt sich zusammen aus einer Detailplanungsphase (1. Phase) und einer Grobplanungsphase (2. Phase). Die Detailplanungsperiode basiert auf dem Businessplan des Zielunternehmens und erfolgt unter Berücksichtigung einer integrierten Planung der einzelnen GuV-Positionen und Bilanzposten. In der Regel wird hierbei eine Zeitspanne von 3 bis 5 Jahren betrachtet. Im Gegensatz dazu wird in der Grobplanungsphase eine nachhaltige Ergebnisentwicklung angenommen, die eine Extrapolation der Entwicklungen der letzten Planungsperiode(n) darstellt. Diese zweite Phase wird auch als Ewige Rente (terminal value) bezeichnet. Um den Barwert der Ewigen Rente, die einen konstanten Cashflow (CF_c) beinhaltet, zu berechnen ist folgende Formel anzuwenden:

$$PV_0 = \frac{CF_c}{r}$$

Die Gordon-Growth-Formel berücksichtigt dabei einen konstant wachsenden Cashflow und lässt sich mathematisch wie folgt definieren:

$$PV_0 = \frac{CF_1}{r - g}$$

Wobei:

CF_1 = $CF_0 * (1 + g)$

g = nachhaltige Wachstumsrate

Die Gleichung für die Berechnung von Barwerten und somit die Berechnungsgrundlage für Unternehmenswerte ist im Wesentlichen von zwei Variablen abhängig: Der Cashflow des Zielunternehmens im Zähler und der Diskontierungsfaktor im Nenner. Neben der Planung der zukünftigen Cashflows hat eine unterschiedliche Ableitung des Diskontierungsfaktors einen entscheidenden Einfluss auf den Unternehmenswert. In diesem Zusammenhang wurde dass WACC-Konzept entwickelt, wobei WACC abkürzend für die gewichteten durchschnittlichen

Kapitalkosten steht (weightes average cost of capital). Der WACC beinhaltet sowohl die Eigenkapital- als auch Fremdkapitalkosten des Zielunternehmens, wobei die Eigenkapitalkosten auch als die Zielverzinsung verstanden werden können. Zur Berechnung des WACC werden dann die Eigenkapital- sowie Fremdkapitalkosten mit ihrem jeweiligen Kapitalanteil gewichtet.

Die folgende Formel zeigt die einzelnen Komponenten zur Berechnung des WACC:

$$WACC = (ER * r_{ec}) + (DR * r_{dc})$$

Wobei:

ER = Eigenkapitalanteil

r_{ec} = Eigenkapitalkosten

DR = Fremdkapitalanteil

r_{dc} = Fremdkapitelkosten

Der Eigenkapital und der Fremdkapitalanteil sind in diesem Kontext nicht mit den Buchwerten aus der Bilanz zu vertauschen, sondern bezeichnen jeweils deren Marktwerte. Hierbei tritt ein Zirkelschlussproblem auf, da der WACC für die Unternehmensbewertung notwendig ist, dieser jedoch bei dessen Berechnung auf die Ergebnisse der Unternehmensbewertung, in Form der Bestimmung des Marktwertes des Eigenkapitals, zurückgreift. Diese Zirkelschlussproblematik kann entweder mittels einer Zielkapitalstruktur, die eine Kapitalstruktur für die einzelnen Perioden unter Berücksichtigung der angestrebten Transaktionsstruktur fest definiert, gelöst werden. Oder es wird zunächst mit einer ersten Annahme bezüglich der Kapitalstruktur gerechnet, um einen vorläufigen Unternehmenswert zu bestimmen. Der vorläufige Unternehmenswert kann dann verwendet werden, um die Kapitalstruktur auf dieser Basis zu ermitteln. Dieser iterative Prozess wird solange wiederholt, bis die Ergebnisse der Unternehmensbewertung mit den Annahmen der Kapitalstruktur übereinstimmen.[266]

Die Fremdkapitalkosten können mit Hilfe der Summe der Zinsaufwendungen und der durchschnittlichen Summe der Finanzverbindlichkeiten überschlägig bestimmt werden. Es wird dabei angenommen, dass die Höhe des Zinssatzes das individuelle Risikoprofil des Zielunternehmens berücksichtigt. Im Gegensatz zu der Ermittlung der Fremdkapitalkosten, kann die Bestimmung der Eigenkapitalkosten nicht direkt anhand der GuV oder der Bilanz des Zielun-

[266] Vgl. HOMMEL/DEHMEL (2008), S. 244.

ternehmens durchgeführt werden, sondern beinhaltet auch marktseitige Überlegungen. Das Capital Asset Pricing-Model (CAPM), welches von *Sharpe*, *Lintner* and *Mossin* entwickelt wurde,[267] liefert ein brauchbares und verbreitetes Instrument für die Bestimmung der Eigenkapitalkosten. Nach dem CAPM setzen sich die Eigenkapitalkosten aus einen risikofreien Zinssatz und einer Risikoprämie zusammen. Basisgröße der Risikoprämie ist die Marktsrisikoprämie, welche hinsichtlich des individuellen Risikos des Zielunternehmens mittels des so genannten Betafaktors (β) angepasst werden muss. Somit ergibt sich folgende Gleichung für die Berechnung der Eigenkapitalkosten:

$$r_{ec} = r_f + (r_m - r_f) * \beta$$

Wobei:

r_f = Risikoloser Zinssatz

r_m = Verzinsung des Marktportfolios

β = Betafaktor

Die Bestimmung des individuellen Betafaktors des Zielunternehmens ist direkt nur möglich, sofern das Zielunternehmen börsengelistet ist, da der Betafaktor die Entwicklung des Aktienpreises des Zielunternehmens mit der Entwicklung des Marktes in Beziehung setzt. Dabei wird für die Ermittlung der Marktentwicklung ein geeigneter Aktienindex benutzt. Somit kann der Betafaktor als ein Indikator für die Bewertung des Risikos des Zielunternehmens in Relation zum Risiko des Gesamtmarktes verstanden werden. Der Betafaktor ist stets positiv und kann vier verschiedene Ausprägungen haben: Beta = 0, Beta = 1, Beta > 1, Beta < 1. Wenn Beta gleich 0 ist, dann ist die betrachtete Investition risikolos. Ist Beta genau 1, dann repräsentiert die betrachtete Investition genau das Risiko des Marktportfolios. Ein Betafaktor der größer als 1 ist impliziert, dass der Aktienpreis des Zielunternehmens überproportional stark im Durchschnitt auf Marktschwankungen reagiert.[268] Somit ist eine Investition in ein Zielunternehmen mit einem Beta > 1 grundsätzlich risikoreicher und dynamischer hinsichtlich ihrer Wertentwicklung.[269] Im Gegensatz dazu ist bei einem Beta < 1 der Aktienpreis weniger volatil im Vergleich zum Marktportfolio.

---

[267] Vgl. FRENCH (2003), S. 60-72.

[268] Vgl. PANKOKE/PETERSMEIER (2009), S. 119.

[269] Vgl. ACHLEITNER/NATHUSIUS (2004), S. 48.

Die Problematik, dass Betafaktoren in den meisten Fällen für das betreffende Zielobjekt nicht vorliegen, da es entweder nicht börsengelistet ist oder dessen Betafaktor keine statistische Signifikanz aufweist, kann durch eine Analyse der Peer-Group gelöst werden. In einem ersten Schritt werden dazu die Roh-Betafaktoren aller Peer-Group-Unternehmen statistisch anhand von Kapitalmarktdaten mit Hilfe einer Regressionsanalyse für einen Zeitraum von 2 oder 5 Jahren auf Wochen- bzw. Monatsbasis ermittelt. Die Roh-Betafaktoren berücksichtigen jeweils die individuelle Kapitalstruktur des betreffenden Unternehmens. Die Regressionsanalyse wird in der Regel mit dem jeweiligen regionalen Aktienindex für etablierte Unternehmen durchgeführt. In einem zweiten Schritt werden die einzelnen Roh-Betafaktoren durch die Eliminierung des individuellen Risikos bezüglich der Kapitalstruktur miteinander vergleichbar gemacht. Das Ergebnis sind so genannte unlevered Betafaktoren. In einem dritten Schritt werden der Durchschnitt der unlevered Betafaktoren der einzelnen Peer-Group-Unternehmen unter Einbezug der Kapitalstruktur des Zielunternehmens zu dem so genannten relevered Betafaktor zusammengefasst. Dieser relevered Betafaktor wird schließlich für die Berechnung des WACC eingesetzt. Branchenbetafaktoren stellen eine Alternative zu der Anwendung der Peer-Group-Analyse dar. Sie nutzen allgemeine Marktdaten und beschreiben zum Beispiel, wie Erträge auf Marktentwicklungen reagieren.[270] Eine Schwäche von Branchenbetafaktoren ist jedoch die mögliche Auslassung der individuellen Wettbewerber des Zielunternehmens und werden daher meist dann genutzt, falls keine ausreichende Anzahl von Peer Group-Unternehmen gefunden werden konnte.

Eine weitergehende Darstellung der genauen Berechnungsgrundlagen hinsichtlich des Unlevering- und Relvering-Vorganges würde an dieser Stelle das Thema dieser Arbeit verlassen. Ein grundsätzliches Verständnis zu den einzelnen Bewertungsparametern der DCF-Methode ist dennoch notwendig, da deren Relevanz bei der Bewertung von Turnaround-Unternehmen in Frage gestellt werden kann.

---

[270] Vgl. Achleitner/Nathusius (2004), S. 51.; s. auch http://pages.stern.nyu.edu/~ADAMODAR/New_Home_Page/data.html

Die folgende Abbildung zeigt zusammenfassend eine exemplarische Ermittlung des WACC:

	2008	**2009**	**2010**	**Ewige Rente**
Risikoloser Zinssatz	4,8%	4,8%	4,8%	4,8%
Marktrisikoprämie	5,0%	5,0%	5,0%	5,0%
Relevered Betafaktor	1,19	1,10	1,15	1,22
Risikoprämie	6,0%	5,5%	5,7%	6,1%
Nachhaltige Wachstumsrate				-1,0%
Eigenkapitalkosten	10,7%	10,3%	10,5%	9,8%
Fremdkapitalkosten	4,1%	4,7%	4,6%	4,3%
Eigenkapitalanteil	52%	57%	54%	50%
Fremdkapitalanteil	48%	43%	46%	50%
Gewichtete Kapitalkosten (WACC)	**7,5%**	**7,8%**	**7,8%**	**7,1%**

Abbildung 34: Berechnung des WACC

Eine Zusammenfassung dieses Kapitels zum DCF-Ansatz führt zu der folgenden Berechnungsformel des Unternehmenswertes mittels des Zwei-Phasen-Modells:

$$PV_0^{EV} = \sum_{t=1}^{n} \frac{CF_t}{(1+WACC)^t} + \frac{CF_{n+1}}{(1+WACC)^n * (WACC - g)}$$

Wobei:

PV_0^{EV} = Unternehmensgesamtwert (enterprise value) zum Zeitpunkt $t = 0$

CF = Free Cashflow

WACC = Gewichtete Kapitalkosten

n = Ende der Detailplanungsphase

g = Wachstumsrate

Außerhalb der Bewertungspraxis wird der Begriff Unternehmenswert oft unscharf benutzt, indem nicht zwischen dem Marktwert des Eigenkapitals (equity value) und dem Unternehmensgesamtwert (enterprise value) unterschieden wird. Daher ist es wichtig, den Unternehmensgesamtwert im Zweifel in Höhe des Nettofinanzstatus zu korrigieren, um zum Marktwert des Eigenkapitals zu gelangen, der den Anteilseignern des betreffenden Unternehmens zusteht.[271]

[271] Vgl. SEPPELFRICKE (2007), S. 22.

4.3.3.2. Multiples

Multiplikator-Methoden (Multiples) können unterteilt werden in marktorientierte Bewertungen und komparative Bewertungen. Der Unternehmenswert wird bei Multiplikator-Methoden grundsätzlich durch das Produkt aus einer Kennzahl und einer Verhältniszahl (Multiplikator) berechnet. Dabei setzt der Multiplikator den Unternehmenswert eines vergleichbaren Unternehmens ins Verhältnis zu dessen Leistungsfähigkeit.[272] Beispiele für Kennzahlen hinsichtlich der Leistungsfähigkeit, die für Multiplikator-Methoden angewendet werden können, sind die Umsatzerlöse, das EBITDA, das EBIT sowie der Jahresüberschuss. Des Weiteren können auch andere Indikatoren, wie zum Beispiel Bilanzbuchwerte, Absatzvolumina oder die zur Verfügung stehende Produktionsfläche in Verbindung zum Unternehmenswert als Verhältniszahl dienen.[273] Multiplikator-Methoden sind eine praktische Alternative zu anderen aufwendigeren Bewertungsmethoden, wie zum Beispiel dem DCF-Ansatz, da sie überwiegend frei zugängliche Marktdaten anstatt eine Vielzahl unternehmensinterner Planungsdaten berücksichtigen.[274] Die notwendigen Daten für die Durchführung eines Multiple-Verfahrens werden in der Regel in Form einer Peer-Group-Analyse vom Kapitalmarkt gewonnen. Die mathematischen Zusammenhänge bei der Multiplikator-Methode stellen sich wie folgt dar:

$$EV_{Target} = EBITDA_{Target} * M_{EBITDA}$$

$$M_{EBITDA} = \frac{EV_{CoCo}}{EBITDA_{CoCo}}$$

Wobei:

EV_{Target} = Enterprise Value des Zielunternehmens

EV_{CoCo} = Enterprise Value des Vergleichsunternehmens

$EBITDA_{Target}$ = EBITDA des Zielunternehmens

$EBITDA_{CoCo}$ = EBITDA des Vergleichsunternehmens

M_{EBITDA} = EBITDA Markt-Multiple

Bei marktorientierten Multiplikatorbewertungen wird angenommen, dass der Unternehmenswert eines börsengelisteten Vergleichsunternehmens einen fairen Wert darstellt und dass dieser auch auf vergleichbare privat gehaltene Unternehmen anzuwenden ist. Da Multiples in der

---

[272] Vgl. BALLWIESER (1991), S. 49.

[273] Vgl. HOMMEL/DEHMEL (2008), S. 66.

[274] Vgl. ACHLEITNER/NATHUSIUS (2004), S. 115.

Regel für die gesamte Peer-Group, bestehend aus mindestens fünf Unternehmens, ermittelt werden, ergibt sich jeweils für einen Multiplikator eine gewisse Bandbreite. Um die Ergebnisse zu einem Multiplikator zusammenzufassen wird in den meisten Fällen auf das arithmetische Mittel der Einzelwerte zurückgegriffen.

Bei den Multiplikator-Methoden können zwei unterschiedliche Herangehensweisen voneinander unterschieden werden. Auf der einen Seite werden Markt-Multiplikatoren auf der Basis vergleichbarer Unternehmen ermittelt, wie in Abbildung 35 beispielhaft dargestellt. Auf der anderen Seite können auch so genannte Transaktions-Multiplikatoren bestimmt werden, die Daten aus Unternehmenstransaktionen der Vergangenheit für die Berechnung des Multiplikators nutzen. Markt-Multiplikatoren können für verschiedene Perioden berechnet werden, indem zum Beispiel Vergangenheitszahlen oder auch Schätzungen für die Zukunft ins Verhältnis zum Unternehmenswert, der sich aus dem Aktienpreis ableiten lässt, gesetzt wird. Dabei wird angenommen, dass der heutige Unternehmenswert auch die zukünftige Ertragskraft eines Unternehmens berücksichtigt.

Die folgende Tabelle zeigt beispielhaft das Vorgehen einer Multiplikatorbewertung:

Peer Group	**Enterprise Value**	**EBITDA**	**EBITDA-Multiple**
	EUR Mio.	EUR Mio.	
Unternehmen A	45	8	5,6x
Unternehmen B	127	28	4,5x
Unternehmen C	67	14	4,8x
Unternehmen D	58	19	3,1x
Unternehmen E	98	20	4,9x
Maximum			5,6x
Arithmetisches Mittel			**4,6x**
Minimum			3,1x
EBITDA des Zielunternehmens		**12**	
Enterprise Value - Maximum	67		
Enterprise Value - Arithmetisches Mittel	**55**		
Enterprise Value - Minimum	37		

Abbildung 35: Multiplikatorbewertung

Im Gegensatz zu Marktmultiples, basieren Transaktions-Multiplikatoren auf Informationen von abgeschlossenen Transaktionen in einer bestimmten Branche oder einem Zeitrahmen, um Werte zu erlangen, die aus Verhandlungen resultierten und wirklich bezahlt wurden. Somit ergibt sich der Multiplikator aus dem bei der Transaktion bezahlten Unternehmenswert und, je nach Art des gesuchten Multiplikator, zum Beispiel dem EBITDA des verkauften Unternehmens. Die Schwierigkeit hierbei liegt häufig in der nicht ausreichenden Anzahl von vergleichbaren Transaktionen, bei denen die Transaktionssummen sowie weitere Finanzdaten für die Berechnung des Multiplikators offengelegt wurden, so dass keine belastbare Wertindikation bestimmt werden kann.[275]

Multiple-Bewertungen können zudem anhand ihres Ergebnisses unterschieden werden, indem entweder direkt der Marktwert des Eigenkapitals (equity value) oder zunächst der Unternehmensgesamtwert (enterprise value) bestimmt wird. Markt-Multiplikatoren, die sich auf eine Kennzahl aus der Gewinn- und Verlustrechnung eines Unternehmens beziehen, welche vor Abzug des Zinsergebnisses externer Kapitalgeber berechnet werden, ergeben bei ihrer Anwendung zunächst einen Unternehmensgesamtwert. Basisgrößen hierfür sind zum Beispiel Umsatz, EBITDA oder EBIT. Dieser Wert kann dann um den Nettofinanzstatus bereinigt werden, um den Marktwert des Eigenkapitals des betreffenden Unternehmens zu bestimmen. Bezieht sich der Multiplikator jedoch auf den Jahresüberschuss, nach Abzug des Ergebnisses externer Kapitalgeber, so wird direkt der Marktwert des Eigenkapitals bestimmt, da der Schuldendienst an Dritte schon in der Berechnung des Jahresüberschusses berücksichtigt wurde.

Ein Vorteil von Multiplikator-Verfahren ist vor allem deren relativ einfache Anwendbarkeit im Vergleich zum Beispiel zu einem DCF-Verfahren. Die notwendigen Daten können je nach der zusammengestellten Peer-Group in der Regel aus den veröffentlichten Daten von börsengelisteten Unternehmen ermittelt werden. Dabei entfällt, im Vergleich zu einer DCF-Bewertung, eine aufwendige Projektion der zukünftigen Cashflows sowie eine Bestimmung der Kapitalkosten. Multiplikator-Verfahren erlauben daher eine grobe und schnelle Ermittlung eines indikativen Unternehmenswertes mit Hilfe relativ wenig notwendiger Daten. Des Weiteren zeichnen sich Multiples durch ein gewisses Maß an Objektivität aus, welches durch den Einbezug von neutralen Marktdaten und Transaktionsbeobachtungen hergestellt wird und somit in Verhandlungen nur eingeschränkt in Frage gestellt werden kann. Neben der eigenen Ermittlung von Multiples kann auch auf eine Reihe von Datenbanken zurückgegriffen werden, die jeweils aktuelle Multiple-Berechnungen auf Basis von Marktbeobachtungen oder Transaktionen veröffentlichen.

[275] Vgl. BARTHEL (2007), S. 667.

Trotz der Vorteile von Multiplikatoren, zeigen sich bei Ihrer Anwendung auch Schwächen. So gibt es keine Sicherheit, dass das arithmetische Mittel der einzelnen ermittelten Multiplikatoren der Peer Group-Unternehmen auch für die Berechnung des Unternehmenswertes des Zielunternehmens brauchbar ist. So können zum Beispiel individuelle kritische Aspekte des Zielunternehmens, wie Liquiditätsengpässe oder ein veraltetes Produktportfolio, nicht direkt berücksichtigt werden. Des Weiteren kann die Suche nach vergleichbaren Unternehmen Schwierigkeiten bereiten, da diese in der Regel börsengelistet sein müssen, um die notwendigen Finanzinformationen für die Berechnung des Multiplikators zu erlangen. Schließlich können die Ergebnisse aus der Ermittlung von Multiplikatoren durch Schwankungen an den Kapitalmärkten beeinflusst werden, da jeweils Marktpreise anhand des Aktienpreises der jeweiligen Unternehmen einbezogen werden. Somit geben Multiplikatoren eine grobe Idee zur Kaufpreisbestimmung und können in einem weiteren Schritt mit Hilfe weiterer Untersuchungen oder der Anwendung anderer Unternehmensbewertungsmethoden ergänzt werden. Der IDW empfiehlt, dass Multiplikatoren als ein Instrument genutzt werden sollten, um die Ergebnisse aus anderen Bewertungsmethoden zu testen und zu plausibilisieren.[276]

4.3.3.3. Einzelbewertungsmethoden

Die allgemeine Idee von Einzelbewertungsmethoden ist, danach zu fragen wie viel dafür bezahlt werden muss, um das betreffende Unternehmen zu reproduzieren oder zu liquidieren. Dies steht im Gegensatz zu Gesamtbewertungsverfahren, wie zum Beispiel dem DCF-Ansatz, der den Unternehmenswert auf Basis von möglichen Gewinnen berechnet, die von den Anteilseignern aus dem Unternehmen herausgenommen werden können. Die Relevanz von Einzelbewertungsmethoden wurde von Anhängern der Gesamtbewertungsmethoden hinterfragt, da vor allem der Fokus auf die zukünftige Unternehmensentwicklung fehlt. Daher versuchen Einzelbewertungsmethoden Preisgrenzen oder Korrekturwerte zu bestimmen und werden häufig bei Insolvenzfällen oder in Fällen einer sehr geringen operativen Geschäftstätigkeit angewendet. Trotzdem können Einzelbewertungsmethoden auch flankierend zu Gesamtbewertungsmethoden je nach dem vorliegenden Fall verwendet werden.

Die Einzelwertberechnung kann entweder auf der Grundlage von Marktpreisen oder auf der Grundlage von Liquidationswerten durchgeführt werden. Die Summe der Einzelwerte, die

[276] Vgl. IDW (2008), S. 33.

sowohl Aktiva als auch Passiva umfassen, ergibt schließlich den Unternehmenswert. Je nach Umfang der einbezogenen Bestandteile des Unternehmens kann so ein vollständiger Reproduktionswert oder ein Teilreproduktionswert des betreffenden Unternehmens berechnet werden. Der vollständige Reproduktionswert berücksichtigt demnach neben den Vermögenswerten des Anlagevermögens, wie Maschinen, maschinelle Ausstattung, Gebäude und Betriebsausstattung auch immaterielle Vermögenswerte, wie Kundenstamm, Marken oder die Qualität des Managements. Dies zeigt, dass je mehr versucht wird einen vollständigen Reproduktionswert zu bestimmen, desto höher wird die Subjektivität der Werte, da ihnen nur begrenzt tatsächliche Marktwerte unterlegt werden können.

Der Startpunkt für die Berechnung von Einzelwerten ist die Bilanz. Dabei geben die Buchwerte eine erste Indikation hinsichtlich deren substantiellen Bewertung. Für etliche Vermögensgegenstände ist es jedoch schwierig tatsächliche Marktpreise ausfindig zu machen, da es zum Teil keinen etablierten Markt gibt, auf dem ein aktiver Handel stattfindet. In diesen Fällen kann zunächst der Wert auch dadurch bestimmt werden, indem vom Anschaffungspreis kalkulatorische Abschreibungen auf Basis der betrieblichen Nutzungsdauer abgezogen werden.

Die folgende Formel zeigt schematisch die Berechnung des Substanzwertes eines Unternehmens auf der Basis von Marktpreisen:[277]

Reproduktionswert der betrieblichen Vermögensgegenstände
+ Liquidationswert von nicht betriebsnotwendigem Vermögen
- Verbindlichkeiten und andere finanzielle Verpflichtungen
= Substanzwert

Im Gegensatz zu der Berechnung von Substanzwerten auf der Basis von Marktpreisen, wird bei der Ermittlung von Liquidationswerten keine Fortführung des Unternehmens angenommen. Der Marktwert des Eigenkapitals ergibt sich danach durch die Verkauferlöse sämtlicher Aktiva abzüglich aller Verbindlichkeiten sowie zu tragende Liquidationskosten. Somit liefern Einzelbewertungen auf der Basis von Liquidationswerten eine Wertuntergrenze aus der Sicht des Verkäufers. Der Liquidationswert eines Unternehmens repräsentiert zudem eine sehr hohe Wahrscheinlichkeit hinsichtlich dessen Realisierbarkeit, da diese nur begrenzt von der Kaufentscheidung anderer abhängig ist. In manchen Fällen kann die Berechnung von Liquidati-

[277] Vgl. KRANEBITTER (2007), S. 94.

onswerten auch zu negativen Unternehmenswerten führen, so dass der Verkäufer im Zweifel bereit ist seine Geschäftsanteile für einen symbolischen Wert zu verkaufen, um sich besser als bei einer Liquidation zu stellen. Letztlich können Liquidationswerte auch in überprüfender Funktion benutzt werden. Sollte der Liquidationswert eines Unternehmens höher ausfallen als der dazugehörige DCF-Wert, so könnte die Liquidation die beste Handlungsalternative darstellen, um das eingesetzte Kapital optimal zu nutzen.[278]

4.3.4. Verbindungen zu den Optionen der Transaktionsstruktur

Die drei Teilbereiche des Transaktionsprozesses – Due Diligence, Bewertung des Zielunternehmens sowie die Transaktionsstrukturierung – müssen als ein interaktiver Prozess verstanden werden, in dem Informationen und Ergebnisse untereinander ausgetauscht werden und sich gegenseitig beeinflussen. Wie in Kapitel 4.2.5. gezeigt, können die Due Diligence und die Bewertung des Zielobjektes aufgrund verschiedener Überschneidungen nicht als separate Bestandteile des Transaktionsprozesses behandelt werden. Dies gilt auch für die Bewertung und die Transaktionsstrukturierung, wobei dies in der betriebswirtschaftlichen Literatur zum Teil kontrovers diskutiert wird.[279] So beeinflusst zum Beispiel die geplante rechtliche Struktur der Transaktion die Auswahl der Bewertungsmethode sowie den für die Bewertung zu Grunde gelegten Businessplan. Wenn ein Unternehmen im Zuge eines Verkaufes seiner Geschäftsanteile (Share Deal) veräußert werden soll, dann macht es Sinn, einen Gesamtbewertungsansatz zu wählen und einen Businessplan für das bestehende Unternehmen zu erarbeiten. Sofern jedoch nur Teile eines Unternehmens im Zuge eines Verkaufs einzelner Vermögenspositionen oder Verbindlichkeiten verkauft werden sollen (Asset Deal), kann es sinnvoll sein, nur bestimmte Vermögensgegenstände anhand ihrer zukünftigen Cashflows zu bewerten.

Des Weiteren liefert die Bewertung des Zielunternehmens für die Beteiligungsgesellschaft wichtige Informationen für die finale zukünftige Anteilseignerstruktur hinsichtlich der Aufteilung der Geschäftsanteile, sofern nicht 100% von der Beteiligungsgesellschaft erworben werden. Dies kann das Management betreffen, welches im Zuge der Transaktion stärker an das Unternehmen gebunden werden soll oder auch Altaktionäre. In den meisten Fällen muss das Management nicht den vollen Preis für seinen Geschäftsanteil bezahlen, da es nicht über die

---

[278] Vgl. HOMMEL/DEHMEL (2008), S. 61.

[279] Vgl. KRAFT (2001), S. 207.

notwendigen finanziellen Mittel verfügt. Dieser auch als „sweet" oder „sweat equity" bezeichnete Erwerb von Geschäftsanteilen durch das Management beträgt in der Regel zwischen einem und zwei Jahresgehältern, wobei die Höhe des daraus entstehenden Anteilserwerbs von der jeweiligen Größe und Bewertung des Zielunternehmens abhängig ist.

Schließlich kann eine Sensitivitätsanalyse bei der Bewertung des Zielunternehmens die Wertauswirkungen unterschiedlicher Transaktionsstrukturen sichtbar machen. Dies erlaubt ein tieferes Verständnis der Chancen und Risiken, die mit einem höheren oder niedrigeren Leverage-Anteil einhergehen, bezogen auf das jeweilige Zielunternehmen.

4.4. Optionen der Transaktionsstruktur

Eine positiv ausfallende Due Diligence sowie die Bestimmung einer attraktiv erscheinenden Kaufpreisspanne kann eine detaillierte Erarbeitung der Transaktionsstrukturierung nicht ersetzen. Im Allgemeinen werden bei der Transaktionsstrukturierung Lösungen zu rechtlichen und finanziellen Aspekten der geplanten Transaktion formuliert sowie vertragliche Vereinbarungen hinsichtlich der Informations-, Kontroll- und Entscheidungsrechte der beiden Parteien erarbeitet.[280] Dies beinhaltet in der Regel auch eine individuelle Konfiguration der Transaktionsfinanzierung. Eine wesentliche Aufgabe der Transaktionsstrukturierung ist die Ausarbeitung eines Angebotes bezüglich einer Eigenkapitalfinanzierung, die die Interessen des Käufers, hier der Turnaround-Beteiligungsgesellschaft, als auch des Verkäufers bestmöglich berücksichtigt und zusammenbringt.[281] Bei Familienunternehmen wird dieses Ziel jedoch dadurch erschwert, dass die Verkäuferinteressen aus den Interessen verschiedener Familienmitgliedern bestehen und untereinander keine Einigkeit aufweisen.

Bei der Transaktionsstruktur einer Turnaround-Investition spielt vor allem die Vereinbarung zur Kaufpreiszahlung eine große Rolle, da sich der Kaufpreis hinsichtlich der Restrukturierung aus verschiedenen Komponenten zusammensetzen kann und aufgrund der hohen Unsicherheit je nach Einzelfall nicht direkt in einer Summe zum Übergangszeitpunkt bezahlt wird, sondern erfolgsabhängig in mehreren Tranchen (Earn-Out-Modell). Die Kaufpreiszahlungen können auch an die Übernahmen von vorigen Intercompany-Verpflichtungen oder Verträgen gekoppelt werden. Die Turnaround-Beteiligungsgesellschaft hat bei der Transaktionsstruktur

---

[280] Vgl. BADER (1996), S. 114.

[281] Vgl. BADER (1996), S. 123.

grundsätzlich vier unterschiedliche Zielsetzungen, die sich zum Teil entgegenstehen. Auf der einen Seite versucht die Turnaround-Beteiligungsgesellschaft, die Verzinsung der Investition zu maximieren und zukünftige Ausstiegskanäle (exit channels) abzusichern, um den Grad der Liquidität zu erhöhen. Auf der anderen Seite versuchen Turnaround-Beteiligungsgesellschaften das Risiko eines Totalverlustes zu minimieren und aktiven Einfluss auf die Geschäftsführung des Zielunternehmens auszuüben. Sie beabsichtigen, den Turnaround-Prozess zu kontrollieren. Dies hat für Turnaround-Beteiligungsgesellschaften eine besondere Bedeutung, da die Wertsteigerungsmöglichkeiten aus dem Turnaround-Prozess einen wesentlichen Beweggrund ihrer Investition darstellen.

Die folgende Abbildung gibt einen Überblick zu wesentlichen Optionen bei der Transaktionsstrukturierung, wobei diese je nach Einzelfall noch zur erweitern sind:

	Beteiligungs-höhe	Rechtliche Struktur	Finanzierung	Haltedauer	Management
Optionen	Mehrheit	Asset deal	Eigenkapital	Exit-Orientierung	MBI/MBO
	Minderheit	Share deal	Mezzaninkapital	Industrieholding	Task force
			Fremdkapital		Recruiting

Abbildung 36: Optionen der Transaktionsstrukturierung[282]

4.4.1. Beteiligungshöhe

Obwohl es andere Wege gibt, Kontroll- und Einflussrechte über ein Unternehmen zu erlangen, ist grundlegendes Ziel von Beteiligungsgesellschaften der Erwerb eines Mehrheitsanteils am Zielunternehmen.[283] Trotzdem gibt es auch Beteiligungsgesellschaften, die sich explizit auf Minderheitsbeteiligungen spezialisiert haben und eine passive Gesellschafterrolle einnehmen möchten. Bei der Bestimmung der Beteiligungshöhe können neben einer Zuführung von Eigenkapital auch andere Finanzierungsinstrumente, wie Optionen oder Wandelanleihen genutzt werden.

Ein wesentliches Argument für den Erwerb von 100% der Geschäftsanteile des Zielunternehmens ist die Erlangung der vollen Einflussnahme über die strategische Ausrichtung und

---

[282] Eigene Darstellung.

[283] Vgl. KRAFT (2001), S. 212.

operativen Entscheidungen im Zielunternehmen. Zudem hat die Beteiligungsgesellschaft so keine Einschränkungen in der eigenen Entscheidungsfreiheit zu befürchten. Dies gilt hinsichtlich weiterer Zukäufe in Form einer Add-on-Investition zum Zielunternehmen (Konsolidierungsstrategie) oder bezüglich unplanbarer Exit-Möglichkeiten. Daher kann durch den Erwerb eines Mehrheitsanteils oder sogar der Gesamtheit der Geschäftsanteile des Zielunternehmens das Risiko einer eingeschränkten Handlungsfreiheit des Beteiligungsunternehmens minimiert werden. Außerdem dient der Erwerb eines beherrschenden Mehrheitsanteils der Beschleunigung von Maßnahmen, die im Zuge der Transaktion hinsichtlich der zukünftigen Ausrichtung des Zielunternehmens beschlossen wurden, da es eine bestimmende Partei gibt. Dies hat vor allem für Turnaround-Beteiligungsunternehmen eine hohe Bedeutung, da sie sich durch ein besonders aktives Beteiligungsmanagement auszeichnen und hierfür eine besonders starke Gesellschafterposition benötigen. Und das dient nicht nur der Legitimation für die Erarbeitung radikaler Maßnahmen in Krisensituation, sondern auch der Beschleunigung deren Umsetzung. Das Bestreben den Restrukturierungsprozess selbst zu kontrollieren kann auch als ein Grund genannt werden, warum Turnaround-Beteiligungsgesellschaften in der Regel nicht nach Syndizierungs-Partnern suchen.[284]

Die Beteiligungshöhe, also der vom Eigenkapitalgeber erwerbbare Geschäftsanteil am Zielunternehmen spielt somit nicht nur zu Beginn der Investition bzw. des Turnaround-Prozesses eine wichtige Rolle, sondern auch für den späteren Verkauf der Beteiligung. Sofern eine Exit-Orientierung bei der Beteiligungsgesellschaft verfolgt wird, können schon bei der Transaktionsstrukturierung des Erwerbs Regelungen zu einem späteren Verkauf eingebracht werden. Ein Instrument, welches in diesem Zusammenhang genutzt werden kann, sind so genannte "tag along rights". Sie geben der Beteiligungsgesellschaft vordefinierte Rechte, sofern ein anderer Anteilseigner plant, seine Anteile am Zielunternehmen zu verkaufen. So berechtigen tag along-Rechte die Beteiligungsgesellschaft, ihre Anteile zu den gleichen Konditionen wie die anderen Anteilseigner zu verkaufen. Ein anderes Instrument sind so genannte "drag along rights". Hierdurch wird die Beteiligungsgesellschaft berechtigt, sofern sie einen Käufer gefunden hat und ihre Anteile abgeben möchte, die anderen Anteilseigner zu verpflichten ebenfalls ihre Anteile zu verkaufen, falls dies vom Käufer gewünscht ist.

---

[284] Vgl. JESCH (2004), S. 95.

Zudem kann die Beteiligungsgesellschaft Call- oder Put-Optionen in den Kaufvertrag während des Transaktionsprozesses einbauen. Dies wird dann bedeutsam, wenn ein oder mehrere Anteilseigner ihre Anteile zum Verkauf freigeben und so die Beteiligungsgesellschaft sich die Option zusichern lässt, dass sie zu einem bestimmten vordefinierten Preis diese Anteile mit einem Vorrecht übernehmen kann (Call-Option). Eine Put-Option kann zum Beispiel dann genutzt werden, wenn sich das Zielunternehmen nicht wie erwartet entwickelt und bestimmte Zielsetzungen unterschreitet. Für diesem Fall kann die Beteiligungsgesellschaft sich das Recht einräumen lassen, dass der Verkäufer gezwungen werden kann, die Anteile am Zielunternehmen wieder zu vordefinierten Konditionen zurückzunehmen (Put-Option). Diese Form der Rückabwicklung ist jedoch in der Praxis oft mit großen Hindernissen verbunden und bedeutet für beide Seiten einen erheblichen Aufwand. Besonders unpraktikabel erscheint dies bei Familienunternehmen, bei denen die Altgesellschafter womöglich gar nicht die finanziellen Mittel für eine Rückabwicklung bereitstellen können.

4.4.2. Rechtliche Struktur des Erwerbs

Die Beteiligungsgesellschaft hat im Allgemeinen zwei Optionen hinsichtlich der rechtlichen Struktur des Erwerbs des Zielunternehmens, wobei beide Optionen im Einzelfall auch miteinander kombiniert werden können. Auf der einen Seite kann das Zielunternehmen in Form eines so genannten Share Deals erworben werden, worunter der Kauf von Geschäftsanteilen verstanden wird. Auf der anderen Seite kann der Erwerb auch durch den Kauf von einzelnen Vermögens- und Schuldenbestandteilen erfolgen, was unter der Bezeichnung Asset Deal zusammengefasst wird. Die Entscheidung hinsichtlich der rechtlichen Strukturierung wird meist maßgeblich von der individuellen Konstellation des Zielunternehmens begrenzt. So sind beispielsweise Konzernaktivitäten, die zum Verkauf stehen, nicht immer in eigene rechtliche Einheiten separiert, sondern Bestandteil einer größeren Konzerngesellschaft, die durchaus einer anderen Geschäftstätigkeit nachgehen kann. Zudem bestehen in diesen Fällen in der Regel sehr enge Abhängigkeiten zu bestimmten Funktionen, die von der Unternehmensgruppe konzernübergreifend bereitgestellt werden. Dies kann auch bestimmte Aktiva betreffen, wenn zum Beispiel Gebäude gemeinsam mit anderen Konzernunternehmen genutzt werden.

Bei einem Share Deal werden grundsätzlich alle Verträge und Verpflichtungen des Zielunternehmens von der Beteiligungsgesellschaft übernommen. Dies bedeutet, dass Mitarbeiterverträge, Kundenbeziehungen, Lieferantenvereinbarungen und Finanzierungsverpflichtungen zu prüfen sind, da diese in den meisten Fällen auch nach der Transaktion Bestand haben. Dabei sind vor allem Eventualverbindlichkeiten sowie andere drohende vertragliche Verpflichtungen, wie Haftungsrisiken, Rechtsstreitigkeiten oder Garantieerklärungen während des Transaktionsprozesses auch im Rahmen der Due Diligence zu untersuchen. Sie führen aufgrund der Informationsasymmetrie auf Seiten der Beteiligungsgesellschaft zu einem erhöhten Due Diligence-Aufwand. Denn da das Risiko aus einer Übernahme möglicher Verpflichtungen durch den Kauf der Geschäftsanteile des Zielunternehmens muss transparent dargestellt und von der Beteiligungsgesellschaft bewertet werden. Für Turnaround-Beteiligungsgesellschaften ist diese Prüfung der zu übernehmenden Verträge besonders wichtig, da sie auch Erklärungen zu Krisenursachen liefert. Danach können kritische Vereinbarungen bzw. Verpflichtungen mit den jeweiligen Parteien verhandelt werden und im Zuge der geplanten Transaktion zum Vorteil der Turnaround-Beteiligungsgesellschaft verhandelt werden.

Im Gegensatz dazu ermöglicht ein Asset Deal, durch den gezielten Erwerb einzelner Bestandteile des Zielunternehmens bzw. der Zielaktivität, die Fortführung der Geschäftstätigkeit des Zielunternehmens in einer dafür neugegründeten Gesellschaft (NewCo). Somit kann die Übernahme von versteckten, nicht entdeckten finanziellen Risiken aus früheren Verpflichtungen und Garantien auf definierte Bestandteile der Transaktion begrenzt werden. Der wesentliche Vorteil von Asset Deals liegt in einem geringeren Prüfungsaufwand aufgrund der selektiven Übernahmen von Teilen des Zielunternehmens. Außerdem kann die Übernahme auf besonders lukrative Bestandteile reduziert werden, um die Chancen eines erfolgreichen Turnarounds zu maximieren. Dieses Vorgehen wird in der Praxis auch als „cherry picking“ bezeichnet. Trotzdem muss sich dies auch mit den Vorstellungen und Möglichkeiten des Verkäufers decken, der nicht immer dazu bereit ist nur bestimmte Teile der defizitären Aktivität zu veräußern. Darüber hinaus sind gesetzliche Bestimmungen zu beachten, wie zum Beispiel die des §613a des BGB, nach denen ein Beteiligungsunternehmen verpflichtet ist, die Mitarbeiter einer erworbenen Aktivität zu übernehmen (Betriebsübergang). Das kann Kostenvorteile einer Personalreduktion abmindern und höhere Restrukturierungsaufwendungen verursachen. In den Kaufpreisverhandlungen ist dann zu klären, wer für diese Aufwendungen aufkommen soll.

4.4.3. Finanzierung der Transaktion

Grundsätzlich stehen der Beteiligungsgesellschaft drei verschiedene Finanzierungsoptionen zur Verfügung: Eigenkapital-, Mezzaninkapital- und Fremdkapitalinstrumente. Es sind die unterschiedlichen Einsatzbereiche für benötigte Finanzmittel zu eruieren. Daraus resultiert die Wahl der Finanzierungsart. Die Beteiligungsgesellschaft benötigt eine Finanzierung für den Erwerb der Anteile (Kaufpreisfinanzierung), wobei ein positiver Kaufpreis vorausgesetzt wird. Vor allem bei Turnaround-Investitionen kann der Betrag der Kaufpreisfinanzierung relativ gering ausfallen. Daher ist insbesondere bei Turnaround Equity auch die Finanzierung der Restrukturierung zu berücksichtigen, die neben der Turnaround-Beteiligungsgesellschaft auch durch die Mithilfe weiterer Parteien finanziert werden kann. Bei der Restrukturierungsfinanzierung werden die benötigten Finanzmittel grundsätzlich in Form einer Kapitalerhöhung oder eines Gesellschafterdarlehens dem Zielunternehmen direkt zugeführt und können so für die Umsetzung der im Turnaround-Konzept aufgezeigten Maßnahmen verwendet werden. Im Gegensatz dazu gehen Kaufpreiszahlungen in der Regel an die Alteigentümer und stehen somit nicht für eine Restrukturierung zur Verfügung. Deshalb ist die Turnaround-Beteiligungsgesellschaft bestrebt, den Betrag der Finanzmittel, die in das Zielunternehmen hineinfließen, zu maximieren.

Abhängig von dem jeweiligen Turnaround-Konzept wird ein Teil der Finanzmittel für die Restrukturierung direkt mit Abschluss der Transaktion benötigt, um die Überlebensfähigkeit des Zielunternehmens zu gewährleisten. Mittel- und langfristig angelegte Maßnahmen können jedoch auch eine stufenweise Finanzierung erhalten, so dass dies von der Beteiligungsgesellschaft für eine Reduktion des Risikos hinsichtlich der Gesamtfinanzierungssumme am Transaktionsstichtag, an dem die Unsicherheit für die Beteiligungsgesellschaft relativ hoch ist, genutzt werden kann.

Des Weiteren muss neben der Finanzierung der Transaktion und den damit verbundenen Maßnahmen auch die laufende Unternehmensfinanzierung von der Beteiligungsgesellschaft sichergestellt werden. Dies nimmt vor allem bei Turnaround-Investitionen eine hohe Bedeutung ein. Der operative Cashflow kann je nach Einzelfall negativ sein und die Finanzierungsmöglichkeiten sind durch die Krisensituation stark begrenzt. In den meisten Fällen ist das Kreditrating des Zielunternehmens nicht mehr ausreichend, um zusätzliche Fremdkapitalmittel zu bekommen. Die Beteiligungsgesellschaft wird darüber hinaus auch weitere Finanzierungsmöglichkeiten, wie Factoring, Leasing oder sonstige Finanzierungen prüfen. Gerade bei

Turnaround-Investitionen ist die Entschuldung des Zielunternehmens durch Verzichtserklärungen von Gläubigern oder eine Ablösung von Fremdkapital durch Eigenkapitalmittel ein wesentlicher Bestandteil des Turnaround-Konzeptes. Der Entfall eines überdurchschnittlich hohen Schuldendienstes führt dann zu einer nachhaltigen Stärkung des Cashflows des Zielunternehmens, der wiederum für die Gesundung der Unternehmenslage eingesetzt werden kann. Es gibt Fälle, bei denen Krisenunternehmen mit zunehmendem Krisenausmaß immer mehr Schulden aufgenommen haben und so die Zins- und Tilgungslast zur Zahlungsunfähigkeit des betreffenden Unternehmens geführt hat. In diesem Zusammenhang werden in der öffentlichen Debatte über Private Equity gerne Fälle der jüngeren Vergangenheit angeführt, bei denen ein Beteiligungsunternehmen mit seiner Finanzierungsstrategie dem Zielunternehmen ein Übermaß an Verschuldung aufgebürdet hat und dieses in der Folge Insolvenz anmelden musste. Im Allgemeinen wird von einer Turnaround-Beteiligungsgesellschaft die Zuführung zusätzlicher, „frischer“ Finanzmittel erwartet, die entweder in Form einer Kapitalerhöhung oder durch Gesellschafterdarlehen dem Unternehmen zugeführt werden, wobei diese beiden Formen auch kombiniert werden können.

Im Falle einer Insolvenz wird das Gesellschafterdarlehen grundsätzlich wie Eigenkapital behandelt und erst nach der Begleichung sämtlicher vorrangiger Gläubigerforderungen berücksichtigt. Sofern das Zielunternehmen sich planmäßig entwickelt, kann das Gesellschafterdarlehen vorrangig zurückbezahlt werden und eine Rückzahlung an die Finanzierungsfähigkeit des Zielunternehmens angepasst werden. Dies erlaubt dem Beteiligungsunternehmen, Teile der Risikosumme in Form des investierten Kapitals mit einer marktüblichen Verzinsung wieder zurückzuführen. Trotzdem muss bei einem solchen Vorgehen die Ertragslage des Unternehmens dementsprechend stark sein, so dass der Eigenkapitalverlust durch die Rückzahlung von Gesellschafterdarlehen, von den einbehaltenen Unternehmensgewinnen kompensiert werden kann.

Mezzaninkapital ist von Beteiligungsunternehmen meist nicht für die Transaktionsfinanzierung genutzt. Es spielt eher eine Rolle bei der laufenden Unternehmensfinanzierung. Abhängig von der Ausgestaltung kann Mezzaninkapital einen stärkeren Eigenkapital- oder Fremdkapitalcharakter aufweisen. Der Vorteil von stärker eigenkapitalorientiertem Mezzaninkapital ist die erhöhte Flexibilität hinsichtlich der Laufzeit, der Rückzahlungsbedingungen sowie der Zinszahlungen durch auflaufende Zinszahlungen, die erst beim Verkauf der Beteiligung fällig werden. Dies kann vor allem am Anfang einer Investition zur Schonung der Liquidität des

Zielunternehmens beitragen. Zudem kann durch den Einsatz von Mezzaninkapital, welches einen stärkeren Eigenkapitalcharakter aufweist, die Bilanzstruktur verbessert werden. Dies kann wiederum positiv auf die Kreditwürdigkeit des Zielunternehmens einwirken, wodurch die Möglichkeiten der Unternehmensfinanzierung erweitert werden. Da der Mezzaninkapitalgeber bei einer Insolvenz in der Regel vor dem Eigenkapital aber nach dem Fremdkapital bedient wird, erhält er/sie im Gegenzug zum erhöhten Risiko häufig eine erfolgsabhängige jährliche Renditezahlung (bullet payment). Trotz dieser Vorteile von eigenkapitalähnlichen Mezzaninkapitalinstrumenten ist ihr Einsatz mit relativ hohen Kapitalkosten im Vergleich zu Fremdkapitalmitteln verbunden.

Bei Eigenkapitaltransaktionen konnte in der Vergangenheit eine steigende Anzahl von Verkäuferdarlehen (vendor loans) beobachtet werden. Hierbei stellt der Verkäufer Finanzmittel zu meist geringen Konditionen dem Zielunternehmen zur Verfügung, um das Finanzierungskonzept des Käufers zu unterstützen und einen erfolgreichen Geschäftsübergang zu gewährleisten. Dies berücksichtigt auch die schwierigen Finanzierungsbedingungen aufgrund externer ökonomischer Entwicklungen und der geringen Solvenz des Zielunternehmens. Darüber hinaus stellt dies für die Beteiligungsgesellschaft die Möglichkeit dar, einen Teil des Risikos auf den Verkäufer zu lenken, so dass er/sie kooperativ und loyal im Transaktionsprozess mitarbeitet vor allem was den Informationsaustausch angeht. Dies spielt vor allem für Turnaround-Beteiligungsgesellschaften eine wichtige Rolle, da sie einem besonders hohen Grad an Unsicherheit ausgesetzt sind. Syndizierungen sind eine weitere Möglichkeit die Finanzierungskraft der Beteiligungsgesellschaft zu stärken. Dies ist weit verbreitet bei großen Buy-Out-Transaktionen, bei denen Beteiligungsunternehmen erhebliche Finanzierungsbeträge für die Bezahlung von Kaufpreisen aufbringen müssen und so auf die Mithilfe anderer angewiesen sind. Zudem kann dadurch das Risiko einer großen Transaktion auf mehrere Beteiligungsgesellschaften verteilt werden.

Des Weiteren helfen vertragliche Vereinbarungen innerhalb des Kaufvertrages die Transaktionssumme zu finanzieren sowie Koordinationsprobleme zwischen dem Verkäufer und Käufer zu minimieren. So kann beispielsweise das Investitionsrisiko durch eine schrittweise Bezahlung der Kaufpreissumme abhängig von der Ertragsentwicklung gesenkt werden. Sollten bestimmte Zielvereinbarungen nicht erreicht werden, wird der Kaufpreis dementsprechend angepasst. Die Schwierigkeit bei solchen Earn-Out-Vereinbarungen ist zum einen die Einigung auf eine klare Basisgröße, die quantitativ überprüfbare Ziele als Erfolgsindikator definiert.

Auf der anderen Seite hat der Verkäufer nach der Transaktion nur noch eingeschränkte Kontrolle über die Entwicklung des Unternehmens, so dass dem Käufer Spielräume zur Manipulation hinsichtlich der Zielerreichung gegeben sind. Hier bieten Optionen und eine schrittweise Veräußerung der Geschäftsanteile eine Möglichkeit gemäß der anteilig gezahlten Kaufpreissumme einen Lösungsansatz, so dass der Verkäufer weiterhin Gesellschafter des betreffenden Unternehmens bleibt. Dies ist jedoch gerade bei Krisenunternehmen von der Verkäuferseite gar nicht gewollt. In vielen Fällen ist der Verkäufer bestrebt einen so genannten „clear cut" zu machen, also seine Beteiligung und die damit verbundenen Risiken möglichst zum Transaktionsstichtag komplett auf den Erwerber zu übertragen. Dies deckt sich auch mit den Interessen einer Turnaround-Beteiligungsgesellschaft, die grundsätzlich bestrebt ist, sämtliche Geschäftsanteile am Zielunternehmen zu erwerben, um vollen Zugriff auf die Cashflows des Unternehmens zu bekommen und ein aktives Beteiligungsmanagement stellen zu können.

Eigenkapitalfinanzierungen können bewusst stufenweise erfolgen oder darauf abzielen nur einmal einen Finanzmittelbetrag zur Verfügung zu stellen, der ausreichen soll, die geplanten Unternehmensziele zu erreichen. Venture Capital wird in der Regel in mehreren Runden dem noch jungen Unternehmen zugeführt, damit wichtige Meilensteine vor einer erneuten Finanzierung bereits erfolgreich abgearbeitet werden. Somit kann das steigende Risiko hinsichtlich des eingesetzten Kapitals durch die steigende Sicherheit des Markterfolges und der Renditeerwartungen kompensiert werden. Im Gegensatz dazu gehen Buy-Out-Transaktionen davon aus, dass mit der Begleichung des Kaufpreises keine weiteren Finanzmittel für das operative Geschäft des Zielunternehmens bereitgestellt werden müssen. Etwas anderes gilt für die Unterstützung der Investitionstätigkeit des Zielunternehmens. Wenn im Zuge einer Wachstumsstrategie die Eröffnung weiterer Unternehmensstandorte geplant sind oder Wettbewerber im Rahmen einer Konsolidierungsstrategie übernommen werden sollen, erklären sich Buy-Out-Fonds grundsätzlich bereit, das Zielunternehmen bei dessen Vorhaben zu unterstützen mit dem Ziel den Unternehmenswert dadurch zu erhöhen.

4.4.4. Haltedauer

Die geplante Haltedauer von Eigenkapitalinvestitionen hängt im Wesentlichen von der Strategie der Beteiligungsgesellschaft und der Finanzierungsphase ab. So haben einige Beteiligungsgesellschaften eine klare Exit-Orientierung, so dass bei einer erfolgreichen Wertsteigerung eines Portfolio-Unternehmens aktiv eine schon bei der Transaktion bedachte Exit-

Strategie aktiv verfolgt wird. Demgegenüber gibt es jedoch auch so genannte Industrieholdings, die versuchen ein Konglomerat aufzubauen, indem verschiedene Portfoliounternehmen mit einer Strategie der unendlichen Haltedauer nebeneinander gehalten werden. Sollte sich jedoch eine wirtschaftlich besonders attraktive Verkaufsmöglichkeit ergeben, sind auch Industrieholdings offen für die Prüfung eines Verkaufes von Beteiligung. Hinter dieser strategischen Ausrichtung stehen im Allgemeinen die Forderungen der Investoren, die die Exit-Orientierung bei den meisten Buy-Out-Fonds vorgeben, indem sie über einen Zeitraum definierte Verzinsung erwarten. Diesen zeitlichen Zwang eines Fonds hat beispielsweise eine Industrieholding nicht, wenn diese aus ihrer Bilanz heraus Transaktionen finanziert.

Darüber hinaus bestimmt die Finanzierungsphase die Haltedauer, da sich ein Verkauf eines Portfoliounternehmens für eine Beteiligungsgesellschaft erst dann lohnt, wenn es sich in seinem Wert adäquat steigern konnte. Dies kann bei Frühphasenfinanzierungen oder Krisenunternehmen länger dauern, als bei Bridge- oder Buy-Out-Finanzierungen. So macht es für eine Venture Capital-Gesellschaft wenig Sinn sich von einem Portfolio-Unternehmen nach 5 Jahren zu trennen, falls diese noch inmitten seiner Entwicklung zur Marktreife ist. Im Gegensatz dazu kann es bei einer Buy-Out-Transaktion schneller dazu kommen, dass durch eine begonnene Konsolidierungsstrategie sich die Marktposition des Portfoliounternehmens derart verbessert hat, dass Käufer schon nach kürzerer Zeit aufgrund von Zukunftserwartungen bereit sind ein Vielfaches dessen zu bezahlen, was die Beteiligungsgesellschaft ursprünglich aufwenden musste. Grundsätzlich kann davon ausgegangen werden: je älter das Zielunternehmen, desto kürzer die Haltedauer der Beteiligungsgesellschaft. Turnaround-Investitionen stellen die Ausnahme dar, da ihnen als Spätphasenfinanzierung eine tendenziell längere Haltedauer entgegenkommt.

Im Allgemeinen sind Eigenkapitalfinanzierungen als mittel- und langfristige Engagements zu verstehen. Untersuchungen Ende der 1980er Jahre kamen zu einer durchschnittlichen Haltedauer bei Private Equity-Investitionen von rund 5,7 Jahren. Dadurch, dass in den letzten Jahren im Durchschnitt vermehrt Spätphasenfinanzierungen von Beteiligungsgesellschaften eingesetzt wurden und diese zum Teil mit einem hohen Anteil an Fremdkapital finanziert wurden, ist auch die durchschnittliche Haltedauer zurückgegangen. Als ein weiterer Grund für diese Entwicklung wird das größere Verlangen von Investoren nach Liquidität angeführt. So wurde in einer Untersuchung des deutschen Private Equity-Marktes aus dem Jahr 1998 eine durchschnittliche Haltedauer von 4,8 Jahren festgestellt. [285]

4.4.5. Management

Ein wichtiger Treiber des Unternehmenserfolges und damit auch für den Erfolg einer Eigenkapitalinvestition ist die Geschäftsführung bzw. das Managementteam des betreffenden Unternehmens. Die besten Ideen oder Beraterkonzepte nützen wenig, wenn diese nicht umgesetzt werden können. Die Anforderungen an das Managementteam während einer Unternehmenskrise sind komplex und vielschichtig. So benötigt ein Turnaround-Manager nicht nur ausgezeichnete Fähigkeiten in seinem Fachbereich, sondern auch eine emotionale Kompetenz. *Platt* und *Howaldt* fassen zusammen, dass Turnaround-Manager über exzellente analytische Fähigkeiten, finanzwirtschaftliches Wissen und Verhandlungsgeschick verfügen müssen. Zudem ist es wichtig, dass er/sie die Geschäftsprozesse im Zielunternehmen versteht und im täglichen Geschäftsablauf präsent ist. Zudem sollte er/sie die Fähigkeit besitzen genau Zuhören zu können. Ein Turnaround-Prozess stellt eine schwierige Situation für alle Mitarbeiter des betreffenden Unternehmens dar, weil viele um ihren Arbeitsplatz und ihre Existenz besorgt sind. Somit sollte ein Turnaround-Manager ein gesundes Maß an Optimismus verkörpern und Mitarbeiter motivieren können.[286] Die genauen Management-Fähigkeiten, die für den Turnaround eines bestimmten Unternehmens benötigt werden, sind individuell anhand der vorliegenden Situation und der Krisenursachen zu bestimmen.

Um ein geeignetes Managementteam für einen Turnaround zusammenzustellen, hat die Turnaround-Beteiligungsgesellschaft grundsätzlich die Möglichkeit, Fähigkeiten beim bestehenden Management des Zielunternehmens zu finden oder neue Managementressourcen in das Unternehmen einzubringen. Dabei sind einige Turnaround-Beteiligungsgesellschaften so organisiert, dass eigene Mitarbeiter die Funktion eines Interimmanagers im Zielunternehmen einnehmen können. Nur in seltenen Fällen wird eine permanente aktive Geschäftsführungsposition in einer Beteiligung angestrebt. Zudem kann die Turnaround-Beteiligungsgesellschaft Kontroll- und Beratungsfunktionen durch eine aktive Position im Beirat oder Aufsichtsrat wahrnehmen. Je nach den Umständen muss im Einzelfall entschieden werden, welche Quali-

---

[285] Vgl. Kraft (2001), S. 247f.

[286] Vgl. PLATT (1998), S. 136ff. und HOWALDT (1994), S. 245ff.

täten das bestehende Management mitbringt und welche Fähigkeiten ergänzt werden müssen, so dass die Turnaround-Beteiligungsgesellschaft auch mehrere Funktionen gleichzeitig durch mehrere Personen übernimmt. Eine Position, die oft von Turnaround-Beteiligungsgesellschaft eingenommen wird, ist die Leitung der Finanzen. Es ist ein genauer Blick auf die Liquiditätssituation und Finanzplanung gefordert und der Einsatz von Finanzmitteln, die nur sehr begrenzt zur Verfügung stehen, muss in einer Krisensituation sehr genau überwacht werden.

In vielen Fällen haben Teile des bestehenden Managementteams eine Mitverantwortung für die Krisensituation des Zielunternehmens, weshalb ihre Eignung für den anstehenden Turnaround-Prozess von der Turnaround-Beteiligungsgesellschaft in Frage gestellt werden muss. Somit gehen Turnaround-Investitionen auch in der Regel mit Veränderungen in der obersten Führungsebene einher. Es kann jedoch auch Fälle geben, bei denen Teile des Managements erst kurz vor den Transaktionsgesprächen mit der Turnaround-Beteiligungsgesellschaft hinzugestoßen sind und unter Berücksichtigung der Krisensituation gute Arbeit geleistet haben. Die neue Ausrichtung unter der Turnaround-Beteiligungsgesellschaft sowie die Befreiung der oft angespannten Liquiditätslage kann dann dazu führen, dass sich die Leistungsfähigkeit des Managements durch Befreiung voriger Begrenzungen insgesamt verbessert. Ebenso ist die Turnaround-Beteiligungsgesellschaft grundsätzlich auch daran interessiert langjährige Führungskräfte, die über eine hohes Maß an Erfahrung und internem Wissen verfügen, im Unternehmen zu halten. Das Festhalten an bestehenden Führungskräften muss jedoch auch immer vor dem Hintergrund der Außenwirkung und des Vertrauens zu Kunden, Lieferanten, Gläubigern und anderen Stakeholdern gesehen werden, was innerhalb des Krisenprozesses erheblich gelitten haben kann. Somit gilt grundsätzlich, dass weder ein kompletter Austausch noch ein ausnahmsloses Festhalten am bestehenden Management als erfolgversprechend gilt.

4.5. Umweltbezogene Einflussfaktoren auf die Private Equity-Wertschöpfungskette

Neben den Akteuren innerhalb des Private Equity-Marktes und dem Leistungsspektrum sowie der Ausgestaltung von Beteiligungsgesellschaften hinsichtlich ihrer Investitionsstrategie, ihrem Zielsystem und den von ihnen angewendeten Instrumenten, wird der Transaktionsprozess auch durch eine Vielzahl von umweltbezogenen Faktoren beeinflusst. Dies kann zum einen dadurch geschehen, indem die Beteiligungsgesellschaft direkt durch eine Veränderung in ihrer Umwelt beeinflusst wird. Zum anderen können auch weitere Akteure, wie Investoren oder

Zielunternehmen durch eine Veränderung ihrer Umwelt tangiert sein, was einen indirekten Einfluss auf die Beteiligungsgesellschaft haben kann. Im Folgenden werden dabei die Finanzmärkte, das politische Umfeld, das ökonomische Umfeld sowie das kulturelle Umfeld als wesentliche umweltbezogene Einflussfaktoren kurz beschrieben.

Die Finanzmärkte beeinflussen wesentlich die Finanzierungsbedingungen, mit denen das Beteiligungsunternehmen umgehen muss. Mit Finanzierungsbedingungen sind dabei vor allem die Bereitschaft und die Liquidität von Banken gemeint, Akquisitionsfinanzierungen und andere Formen von Fremdkapital für Beteiligungsunternehmen bzw. deren Portfoliounternehmen bereitzustellen. Stabile Finanzierungsbedingungen zeichnen sich dabei durch eine ausreichende Vergabe von Finanzmitteln sowie einem attraktiven Zinssatz aus. Somit haben die Finanzierungsbedingungen einen wesentlichen Einfluss auf den Finanzierungsmix bei Transaktionen, aber auch Folgeinvestitionen, hinsichtlich der Auswahl zwischen Eigenkapital-, Mezzaninkapital- oder Fremdkapitalmitteln. Dies betrifft vor allem die Strukturierung von LBO-Transaktionen, da dynamische Bedingungen auf den Finanzmärkten zu einer Risikoreduktion seitens der Fremdkapitalgeber führt und so geringere Leverage-Anteile zur Folge hat. In Zeiten instabiler Finanzmärkte, kommt Private Equity grundsätzlich eine noch höhere Bedeutung bei der Suche von Unternehmen nach alternativen Finanzierungsquellen zu.

Die Finanzmärkte haben zudem einen Einfluss auf die Bewertung von Zielunternehmen. Da Beteiligungsunternehmen häufig Daten von den Aktienmärkten für ein indikatives Kaufpreisangebot nutzen, kann ein mittelfristiger Marktabschwung sowie eine generelle Verunsicherung negative Auswirkungen auf die Höhe des Angebotspreises haben. Darüber hinaus finden dynamische Währungsmärkte abhängig von der Branche des Zielunternehmens ebenso ihren Niederschlag bei der Bewertung und können so Unternehmenswerte temporär stark beeinflussen.

Neben den Finanzmärkten sind auch die politischen Umweltbedingungen von großer Bedeutung für den Private Equity-Markt, besonders im Hinblick auf die nationale Rechtsprechung.[287] Dies kann auf der einen Seite das Beteiligungsunternehmen in Form von steuerlichen Regelungen hinsichtlich der Fondstruktur direkt betreffen oder auf der anderen Seite indirekt durch staatliche Vorgaben, die Finanzierungsaktivitäten auf den Finanzmärkten einschränken. In Deutschland haben vor allem umweltrechtliche Vorgaben und arbeitsrechtliche

[287] Vgl. SAUERMANN (2008), S. 694.

Themen eine besondere Bedeutung und können die Bewertung sowie die Transaktionsstruktur beeinflussen. Dies kann auch Transaktionen betreffen, die den Erwerb ausländischer Standorte miteinschließt.

Das allgemeine wirtschaftliche Umfeld bestimmt grundlegend die Entwicklung eines Unternehmens. In einem wirtschaftlichen Aufschwung ist es für das Management in der Regel einfacher die geplanten Zielvorgaben, wie zum Beispiel Umsatzwachstum oder EBIT-Marge, zu erreichen. Insgesamt herrscht dann ein positives Investitionsklima vor, im Gegensatz zu einem instabilen ökonomischen Umfeld, welches von Unsicherheit geprägt ist. Bei der Bewertung des Zielunternehmens sollte daher versucht werden, kritische ökonomische Umweltfaktoren zu identifizieren, um diese adäquat bei der Wertermittlung zu berücksichtigen. So kann das wirtschaftliche Umfeld direkt Einfluss auf den Businessplan und die Cashflows des Zielunternehmens nehmen. Ein wirtschaftlicher Abschwung führt jedoch gerade bei Turnaround-Beteiligungsgesellschaften zu einem steigenden Markt in Krisenunternehmen und kann den Deal Flow erhöhen. Trotzdem kann ein allgemeiner wirtschaftlicher Abschwung auch dazu führen, dass ein ohnehin schon krisenbehaftetes Unternehmen durch ungeplante Umsatzausfälle und zusätzliche Liquiditätsengpässe vollkommen vom Markt verschwindet.

Darüber hinaus werden durch das allgemeine wirtschaftliche Umfeld die Fundraisingaktivitäten der Beteiligungsgesellschaft beeinflusst, da vorherige Investoren womöglich auf stabilere Bedingungen warten oder für eine feste Zeitspanne ihre Finanzmittel aus Risikoüberlegungen in andere Anlageklassen transferieren. Außerdem hat das wirtschaftliche Umfeld einen Einfluss auf die Aktivität von Private Equity hinsichtlich der unterschiedlichen Finanzierungsphasen. Wie oben beschrieben führt ein wirtschaftlicher Abschwung grundsätzlich zu einer Erhöhung des Marktes für Turnaround-Beteiligungsgesellschaften. Weiterhin wird angenommen, dass die Rate von Unternehmensgründungen abnimmt und der Verkauf von Spätphasenunternehmen wegen zu niedriger Bewertungen verschoben wird. *Kaplan* and *Schoar* fassen zusammen, dass bei Fonds, die in Boom-Zeiten erfolgreich geschlossen wurden, die Wahrscheinlichkeit geringer ist einen Folgefond erfolgreich platzieren zu können.[288] Dies kann als eine Indikation für schwache Performance interpretiert werden und führt zu der Überlegung, dass Fonds, die während eines ökonomischen Abschwungs geschlossen wurden, eine bessere Verzinsung vorweisen können. Die Studie von *Phalippou* and *Zollo* zeigt, dass "the perfor-

[288] Vgl. KAPLAN/SCHOAR (2003), S. 25-26.

mance of private equity funds is pro-cyclical as it positively co-varies with both the business cycles and public stock-markets".[289] Dies wurde auch von *Knauer* and *Marx* bestätigt, die zusätzlich den Zusammenhang zwischen Fundraising und der Aktivität des IPO-Marktes untersucht haben.[290]

Das kulturelle Umfeld kann von Region zu Region und von Land zu Land sehr unterschiedlich sein. Dabei spielen für den Transaktionsprozess von Private Equity-Investitionen vor allem die individuelle Einstellung gegenüber Private Equity-Investitionen im Allgemeinen sowie gegenüber den verschiedenen Finanzierungsoptionen eine übergeordnete Rolle. So herrschen in einigen Ländern wie auch in Deutschland Vorurteile gegenüber Beteiligungsgesellschaften. Es ist wenig bekannt, wie eine Zusammenarbeit mit einer Beteiligungsgesellschaft im Detail aussehen kann und grundsätzlich kulturell verankert das Geschäft ohne die Hilfe eines externen, unbekannten Dritten führen zu wollen. Außerdem gibt es Beispiele von Transaktionen mit der Beteiligung von Private Equity, die nicht erfolgreich verlaufen sind und so zu einer generellen Ablehnung gegenüber Private Equity-Investitionen lokal führen. Schließlich ist unser Risikobewusstsein sowie unsere Risikobereitschaft kulturell bedingt. Dies kann vor allem Auswirkungen auf die Finanzierungsstruktur haben, da durch den Hebel von Fremdkapitalmitteln, das Risiko auf verschiedene Akteure je nach Ausgestaltung verschoben werden kann. Somit sind auch im Transaktionsprozess und vor allem bei den Vertragsverhandlungen kulturelle Aspekte zu berücksichtigen.

[289] Vgl. PHALIPPOU/ZOLLO (2005), S. 15.

[290] Vgl. KNAUER/MARX (2009), S. 99.

5. Zusammenführung: Turnaround Equity

Die vorliegende Dissertationsarbeit konzentriert sich auf eine kleine Gruppe von Beteiligungsgesellschaften, die zuletzt mehr und mehr Aufmerksamkeit, aufgrund des zunehmenden Wettbewerb im Private Equity-Markt sowie der rezessiven Globalwirtschaft in den Jahren 2008 und 2009, erlangt hat:[291] Turnaround-Beteiligungsgesellschaften oder Turnaround Equity sind auf Eigenkapitalinvestitionen in unprofitable Unternehmen, die unter einer schweren Unternehmenskrise leiden, spezialisiert. Der BVK definiert Turnaround Equity als eine „Finanzierung eines Unternehmens, das sich nach Überwindung von Schwierigkeiten (z. B. Absatzprobleme) wieder aufwärts entwickeln soll".[292] Grundsätzlich ist Turnaround Equity gemäß des idealtypischen Verlaufes des Unternehmenslebenszyklus den Spätphasenfinanzierungen zuzuordnen. Ein Unternehmen kann auch schon in der Frühphase von einer Unternehmenskrise betroffen sein, zum Beispiel bei einem verfehlten Verkaufsanlauf eines neuen Produktes oder einer unzureichenden Start-Up-Finanzierung. *Schefczyk* beschreibt Turnaround-Investitionen daher als eine Ausnahme, die nicht in das Konzept des Unternehmenszyklus integriert werden kann.[293]

Das Geschäftsmodell von Turnaround-Beteiligungsgesellschaften beginnt mit der Überlegung, Unternehmen bzw. Unternehmensaktivitäten wegen ihrer angeschlagenen Situation zu einem relativ günstigen Preis erwerben zu können. Darüber hinaus beinhaltet das Geschäftsmodell einen aktiven Beitrag im Zielunternehmen durch eigene Managementkapazitäten, die zu einem Gelingen des notwendigen Turnarounds beitragen. Turnaround bezeichnet dabei die Überwindung der Unternehmenskrise. Dies kann je nach Einzelfall auch eine Übernahme der operativen Interimsgeschäftsführung bedeuten und ist ein wesentliches Unterscheidungskriterium von Turnaround-Beteiligungsgesellschaften im Vergleich zu klassischen Beteiligungsunternehmen im Bereich Buy-Outs. Daher benötigen Turnaround-Beteiligungsgesellschaften eine andere Aufbauorganisation, indem sie nicht nur über die notwendige Transaktionserfahrung sowie Fähigkeiten im Bereich der Unternehmensfinanzierung verfügen, sondern auch branchenspezifische operative Managementkapazitäten bereitstellen können, um einen Turnaround in Gänze oder in Teilen selbst durchführen zu können. Das aktive Turnaround-

---

[291] Vgl. PRICEWATERHOUSECOOPERS (2008b), S. 5.

[292] BVK (2008), S. 37.

[293] Vgl. SCHEFCZYK (2006), S. 25.

Management von Turnaround-Beteiligungsgesellschaften ist ein sehr zeitintensiver Prozess, der die Ambivalenz des Ausganges einer schweren Unternehmenskrise verdeutlicht und somit die Chancen eines erfolgreichen Turnarounds erhöhen soll. Der Turnaround-Investor beginnt schon während des Transaktionsprozesses mit der Unterstützung von Experten, die Krisenursachen zu identifizieren, zu analysieren und Gegenmaßnahmen für ein Überwinden der Krise zu formulieren. Dadurch werden die Potentiale zur Wertsteigerung bewertbar gemacht. Eine abschließende Beurteilung hinsichtlich der Restrukturierbarkeit des betreffenden Zielunternehmens beeinflusst, neben den rein transaktionsspezifischen Themen, maßgeblich die Investitionsentscheidung des Turnaround-Investors.

In Kapitel 3.2. wurde dargestellt, dass das Risiko von Private Equity-Transaktionen entlang des Unternehmenslebenszyklus tendenziell abnimmt. So tragen Start-Ups und Frühphasenfinanzierungen ein relativ hohes Investitionsrisiko, da deren Geschäftsmodell meist noch nicht vollständig entwickelt ist und die Erreichung der Planzahlen hinsichtlich der Geschäftsentwicklung von vielen schwer einzuschätzenden internen sowie externen Faktoren abhängig ist. Daher bieten Wachstumsfinanzierungen oder Spätphasenfinanzierungen in dieser Hinsicht eine stabilere und gefestigtere Unternehmenssituation, die eine risikoärmere Planung der zukünftigen Ertragskraft des betreffenden Unternehmens ermöglicht. Trotzdem kann dieser Trend eines abnehmenden Risikos einer Investitionsalternative hinsichtlich eines fortgeschrittenen Alters eines Unternehmens nicht verallgemeinert werden, wie Turnaround-Investitionen zeigen.[294] In der Regel durchläuft ein Unternehmen verschiedene Unternehmenskrisen während seines Lebenszyklus, die das Investitionsrisiko hinsichtlich einer Eigenkapitalfinanzierung in Abhängigkeit von ihrer Schwere erhöhen.

Zielunternehmen von Turnaround-Beteiligungsgesellschaften befinden sich in einer starken Unternehmenskrise und arbeiten operativ unprofitabel. Dementsprechend leiden sie in der Regel unter einer Liquiditätskrise (s. auch Abbildung 4) und benötigen neben qualitativem Input in Form von Managementkapazitäten auch finanziellen Input, um Liquiditätsengpässe zu vermeiden. Zudem sind die Zielunternehmen von Turnaround-Beteiligungsgesellschaften bei Banken, Kunden, Lieferanten und weiteren Stakeholdern unter dem Handlungsdruck, den spürbaren Folgen der Unternehmenskrise entgegenzuwirken. Typische Merkmale der Zielunternehmen sind überzogene Kreditlinien, relativ hohe Lieferrückstände oder Vorkassezahlun-

---

[294] Vgl. ECKHOFF (2007), S. 17-18.

gen bei der Bestellung neuer Rohware. Der Versuch, die Krisensituation mit eigenen Kapazitäten unter Kontrolle zu bringen, wird häufig nicht entschieden genug umgesetzt. Dadurch werden die Überlegungen hinsichtlich der Unterstützung durch einen externen Turnaround-Investor verstärkt. Die Unternehmenssituation bleibt durch den Zeitverzug noch weiter angespannt. So hat der Verkäufer meist keine hohen Vorstellungen bezüglich des Kaufpreises, sondern ist im Wesentlichen damit beschäftigt die finanziellen Verpflichtungen sowie die allgemeinen Risiken, welche mit seinem Unternehmen verbundenen sind, an einen Dritten weiterzugeben. Bei großen Konzernunternehmen können diese Verkaufsüberlegungen von unprofitablen Teilaktivitäten zu negativen Kaufpreisen führen mit der Maßgabe einen Käufer zu finden, der das betreffende Geschäft gewissenhaft und langfristig unter Berücksichtigung der vorhandenen Mitarbeiter sowie der Standorte fortführt. So kann es für den Vorstand eines international-operierenden Konzernunternehmens, das im allgemeinen Medieninteresse steht, von Vorteil sein durch eine negative Kaufpreiszahlung die Verlustsituation zu beenden und auf den Käufer zu übertragen. Dadurch wird ein Reputationsschaden im Falle einer Liquidation des Geschäftes abgewendet. Bei der Bestimmung der Zielgruppe von Turnaround-Beteiligungsgesellschaften ist nicht immer klar abzugrenzen, ob Insolvenzfälle auch zu den Zielunternehmen im engeren Sinne gehören. In der vorliegenden Dissertationsarbeit werden Insolvenzfälle nicht berücksichtigt (Sondersituation).

Wesentliche Aufgaben des Turnaround-Investors liegen in der Liquiditätsüberwachung, der Stabilisierung des Eigenkapitals sowie der Ausarbeitung eines belastbaren Turnaround-Konzeptes, das eine essentielle Bedeutung für die finale Investitionsentscheidung einnimmt.[295] Bevor das Turnaround-Konzept erarbeitet werden kann, sollte das Ausmaß der Krisensituation sowie dessen Entstehungsgründe umfassend analysiert werden.[296] Das Turnaround-Konzept beinhaltet sowohl taktische als auch strategische Restrukturierungsmaßnahmen, um die Krisensituation zu bewältigen und weiteren ungewünschten Entwicklungen vorzubeugen.[297] Dies geht einher mit der Definition einer neuen strategischen Ausrichtung, der Implementierung von geeigneten Controlling-Instrumenten zur Überwachung der Unternehmensentwicklung sowie der Ausarbeitung eines Zeitplanes hinsichtlich der Restrukturie-

---

[295] Vgl. CUNY/TALMOR (2007), S. 630.

[296] Vgl. BERGER/KRAUS (2001), S. 691.

[297] Vgl. BADER (1996), S. 108.

rungsmaßnahmen.[298] Ein Überblick zu taktischen Maßnahmen, die vor allem das Ziel verfolgen die kurzfristige Liquidität des betreffenden Unternehmens zu erhöhen, ist in Kapitel 2.4. dargestellt. Das Turnaround-Konzept und die darin dargestellten Maßnahmen zur Verbesserung der Ertragslage des betreffenden Unternehmens kann auch für Gespräche und Verhandlungen mit wichtigen Stakeholdern wie Banken, Kunden oder Lieferanten hilfreich sein.

Eine zwingende Voraussetzung für die Bewältigung einer Unternehmenskrise sind „handwerklich einwandfreie“ Turnaround-Konzepte, die in erster Linie eine hohe Maßnahmenorientierung aufweisen und somit auf eine schnelle, unternehmerische und unkonventionelle Umsetzung abzielen.[299] In den meisten Fällen wird in einer schweren Unternehmenskrise neben einer Verbesserung der internen Prozesse auch die Bereitstellung weiterer Finanzmittel für die Begleichung aufgelaufener Verpflichtungen gebraucht. Dies kann zum Beispiel überzogene Kreditlinien oder Außenstände bei Lieferanten betreffen, um den Produktionsablauf weiter aufrecht erhalten zu können. Ein Turnaround beschreibt im Allgemeinen den finanziellen als auch operativen Restrukturierungsprozess eines nicht ertragreichen Unternehmens unter hohem Risiko.[300] Somit kommt in einer schweren Unternehmenskrise dem Turnaround-Investor eine besondere Bedeutung zu, da er sowohl finanzielle Mittel als auch Managementkapazitäten mitbringt. Der Zugang zu klassischen Fremdkapitalmitteln ist bei Krisenunternehmen in der Regel sehr begrenzt.[301]

In der betriebwirtschaftlichen Literatur werden drei Möglichkeiten unterschieden, wie ein Krisenunternehmen auf eine Unternehmenskrise reagieren kann. Erstens, das Krisenunternehmen kann die Krise selbst bewältigen und den Turnaround erfolgreich aus eigener Kraft schaffen. Dies beinhaltet meist das Hinzuziehen eines Restrukturierungsberaters, der entweder an das Management (managerial process) oder an den Aufsichtsrat (board process) berichtet, wobei der board process oft impliziert, dass die bestehende Geschäftsführung ausgetauscht wird. Der Restrukturierungsberater hat die Aufgabe die Restrukturierungsfähigkeit zu untersuchen, ein Turnaround-Konzept zu erstellen sowie den Wert eines erfolgreichen Turnarounds zu berechnen.[302] Zweitens, sofern es nicht möglich ist den Turnaround aus eigener

---

[298] Vgl. WIESELHUBER (2009).

[299] Vgl. ANDERSCH/PHILIPP (2010), S. 205.

[300] Vgl. SANDER (2006), S. 23.

[301] Vgl. FENN/LIANG/PROWSE (1997), S. 28.

[302] Vgl. CUNY/TALMOR (2007), S. 631f.

Kraft zu schaffen oder einen Turnaround-Investor zu finden, wird das betreffende Unternehmen liquidiert bzw. es muss Insolvenz angemeldet werden. Drittens, das betreffende Unternehmen wird an einen Turnaround-Investor verkauft, der ein Turnaround-Konzept erarbeitet und die Bereitstellung weiterer Finanzmittel anbietet (external process).

Die Ziele von Turnaround Equity bei einer idealtypischen Investition können wie folgt zusammengefasst werde: Identifikation von Schwächen bei Zielunternehmen, Entwicklung von Lösungen, Kauf des Unternehmens zu einem relativ niedrigen Preis, Durchführung des Turnarounds, Verkauf des Unternehmens mit einem hohen ROI. Da Turnaround-Investitionen mit vielschichtigen Risiken behaftet sind, die im Vorhinein nur teilweise erkannt werden können, sind sowohl die Anforderungen an das Management des Turnaround-Investors als auch die Haltedauern von Turnaround-Investitionen überdurchschnittlich hoch.

Turnaround-Beteiligungsgesellschaften sind von der Annahme getrieben, dass Investitionen mit einem höheren Risiko die Möglichkeit für außerordentlich hohe Erträge mit enormen Risikoprämien bieten.[303] Das Ziel des Turnarounds an sich, ist die Wiederherstellung der Profitabilität und des Wiedererreichens einer finanziellen Stabilität beim Zielunternehmen.[304] In diesem Markt hochriskanter Investitionsmöglichkeiten bewegen sich Turnaround-Beteiligungsgesellschaften, so dass sie sich weniger mit der Finanzierung sehr hoher Kaufpreissummen beschäftigen müssen, sondern vielmehr mit der Frage ob ein Unternehmen noch marktfähig ist und wenn ja, wie es mittels einer attraktiven Investitionssumme wieder marktübliche Margen erzielen kann. Aufgrund der angespannten Situation der Zielunternehmen und der Notwendigkeit, Maßnahmen umgehend im Hinblick auf das Zielsystem des Turnaround-Investors umzusetzen, ist ein aktives Eingreifen in die Geschäftsführung des Zielunternehmens seitens des Turnaround-Investors in der Regel unausweichlich.

Um ausreichend Kontrollrechte auf den zeitkritischen Turnaround-Prozess zu haben, kaufen Turnaround-Beteiligungsgesellschaften überwiegend die Mehrheit der Geschäftsanteile. Im Gegensatz zu so genannten Vulture oder Distressed Debt Investoren, die zunächst Fremdkapitaltitel kaufen und diese dann zu einem späteren Zeitpunkt in Eigenkapital wandeln (Debt-to-Equity-Swap), sind Turnaround-Beteiligungsgesellschaften auf den direkten Erwerb von Ei-

---

[303] Vgl. BALLWIESER (1990), S. 109.

[304] Vgl. SCHWENKEDEL (1991), S. 16.

genkapitaltiteln fokussiert.[305] Trotz des Erwerbs von Fremdkapitaltiteln, die durch die kritische Unternehmenssituation von einem Ausfall bedroht sind, betrachten Vulture Investoren dies als eine Investition in das Zielunternehmen, da sie dafür ebenfalls ein umfassende Turnaround-Konzept entwickeln.[306] *Kucher* und *Meitner* sehen dagegen Turnaround-Beteiligungsgesellschaften als eine Teilmenge von Buy Out-Investoren mit dem Ziel, der Krisensituation beim Zielunternehmen durch die Bereitstellung von Managementkapazitäten und die Realisierung operativer Verbesserung entgegenzuwirken.[307]

Turnaround-Beteiligungsgesellschaften sind darüber hinaus auch von so genannten Hedge Fonds, die ebenso als aktive Finanzinvestoren angesehen werden können, abzugrenzen. Der Hauptunterschied zwischen Turnaround-Beteiligungsgesellschaften und Hedge-Fonds ist der starke Fokus von Hedge Fonds auf börsengelistete Zielunternehmen, die aus unterschiedlichen Gründen einen sehr niedrigen Aktienkurs aufweisen.[308] Dies kann aus dem Vorliegen einer Unternehmenskrise resultieren, kann aber auch durch verhaltene Einschätzungen bezüglich der künftigen Entwicklung des Marktes des Zielunternehmens begründet sein. Zudem können andere Informationen, die mit dem Zielunternehmen behaftet sind und den Kapitalmarkt beeinflussen, zu einem niedrigen Aktienkurs führen. Das Ziel von Hedge Fonds ist der Erwerb von Aktien solcher Zielunternehmen zu einem niedrigen Preis, um diese nach so kurzer Zeit wie möglich zu einem möglichst hohen Preis wieder zu verkaufen. Daher versuchen Hedge Fonds Aktienkurse von Unternehmen aktiv zu beeinflussen durch öffentliche Kritik am Management oder positive Unternehmensmeldungen, um die Stimmung an den Kapitalmärkten zu verbessern.[309] Aufgrund des Erwerbs sowie Verkaufes von Geschäftsanteilen börsengelisteter Unternehmen, die Ereignisse dieser Art in den meisten Fällen veröffentlichen müssen, stehen Hedge Fonds deutlich mehr im öffentlichen Interesse als die in dieser Dissertationsarbeit definierten Turnaround-Beteiligungsgesellschaften.

Es gibt in Deutschland bislang nur eine überschaubare Anzahl von Turnaround-Beteiligungsgesellschaften. Viele von ihnen wurden erst nach dem Jahr 2000 gegründet. Im Gegensatz dazu gibt es eine Reihe von Beteiligungsunternehmen die explizit Investitionen in

[305] Vgl. KUCHER (2006), S. 24; vgl. auch MARKS/VON ROTHENBURG (2008), S. 141f.

[306] Vgl. ANSON (2002), S. 16.

[307] Vgl. KUCHER/MEITNER (2004), S. 55f.

[308] Vgl. PROKOP (2008), S. 170.

[309] Vgl. ACHLEITNER/BETZER/GIDER (2008), S. 6.

Turnaround-Situationen ausschließen.[310] Die Anzahl von Turnaround-Beteiligungsgesellschaften könnte sich in Zukunft, aufgrund sinkender Margen bei klassischen Buy Out-Transaktionen und in Folge des steigenden weltweiten Wettbewerbs innerhalb des Private Equity-Marktes, erhöhen.

Die folgende Tabelle gibt einen Überblick zu den wesentlichen, idealtypischen Abgrenzungsmerkmalen von Turnaround-Beteiligungsgesellschaften:

Anteilseignerstruktur	Unabhängig
Eigentümer	Privat und staatlich
Finanzmittelbeschaffung	Fonds, Industrie-Holdings sowie situations-spezifische Finanzierungsstrukturen
Management	Aktives Beteiligungsmanagement
Unternehmensphase	Unprofitable Unternehmen, die sich in einer schweren Unternehmenskrise befinden (Turnaround-Situation)
Transaktionsstruktur	Eigenkapitalfinanzierung

Beispiele für deutsche Turnaround-Beteiligungsgesellschaften sind[311]:

- Orlando Management GmbH, München
- Bavaria Industriekapital AG, München
- Endurance Capital AG, Frankfurt
- Nordwind Capital, München
- Advisum, Berlin
- CFC-Industriebeteiligungen, Dortmund

Das Münchener Turnaround-Beteiligungsunternehmen *Bavaria Industriekapital AG* definiert sein Suchprofil für Zielunternehmen wie folgt: Zielunternehmen stammen aus dem europäischen Raum und sind tätig in verarbeitenden Industrien oder industriellen Dienstleistungen. Die jährlichen Umsatzerlöse sollten einen Betrag in Höhe von EUR 50 Mio. überschreiten. Darüber hinaus sollten erkennbare Verbesserungspotenziale bestehen, eine starke Marktstellung mit gutem Ruf am Markt und festem Kundenstamm vorhanden sein. Das Zielunterneh-

[310] Vgl. BOHNENKAMP (1999), S. 130.

[311] Weitere Beispiele für deutsche Turnaround-Beteiligungsgesellschaften finden sich auch im Interviewverzeichnis in Anlage 1.

men befindet sich in einer Umbruchsituation, die durch einen anstehenden Strategiewechsel, ungeregelte Unternehmensnachfolge oder eine Ertragsschwäche gekennzeichnet ist.[312]

[312] Vgl. BAVARIA INDUSTRIEKAPITAL AG (2009).

6. Konzeptrahmen des empirischen Teils

6.1. Zu Grunde liegende Theorien

6.1.1. Transaktionskostentheorie

Der Transaktionskostenansatz geht auf *Coase* sowie *Williamson* zurück und deren Entwicklung der “transaction cost theory”.[313] Dieser Ansatz nimmt unvollkommene Kapitalmärkte an und widerspricht somit der neo-klassischen Finanzierungstheorie. *Coase* und *Williamson* definieren Transaktionskosten als die Kosten, welche aus der Bindung, Transfer sowie Erfüllung von Eigentumsrechten bei Transaktionen entstehen. Finanztransaktionen wie Private Equity-Aktivitäten zeigen vielfältige Quellen erheblicher Transaktionskosten. Das sind die Suche nach Kapitalgebern, Kaufpreisverhandlungen, Vertragsgestaltung sowie die Durchführung von vertraglich vereinbarten Maßnahmen.[314] Transaktionskosten sind abzugrenzen von so genannten Agency-Kosten (agency costs), die in Kapitel 6.1.2. beschrieben werden. Im Gegensatz zu Agency-Kosten sind Transaktionskosten nicht das Ergebnis von Interessenskonflikten oder Motivationsungleichheiten unter den Vertragsparteien. Sie entstehen direkt durch Aufwendungen im Zusammenhang mit einer geplanten Transaktion, an der mindestens zwei Parteien beteiligt sind.

Transaktionskosten erhöhen im Allgemeinen die Kosten von Finanztransaktionen und benötigen effiziente Koordinationsmechanismen, so dass die Summe der Transaktionskosten minimal gehalten werden können.[315] Zudem können Transaktionskosten die Chancen eines erfolgreichen Vertragsabschlusses verringern, da die Vertragsparteien oder eine von ihnen die Transaktionskosten am Markt als zu hoch erachten. Die Summe aus Produktions- und Transaktionskosten bestimmen die Höhe der Opportunitätskosten, die eine wichtige Rolle bei der Entscheidung zwischen den beiden Koordinationsformen Markt oder unternehmensinterne Hierarchie spielen.[316]

---

[313] Vgl. COASE (1937) und WILLIAMSON (1985).

[314] Vgl. SCHEFCZYK (2006), S. 60.

[315] Vgl. BEITEL (2004), S. 12.

[316] Vgl. JANSEN (2008), S. 137.

Der Transaktionskostenansatz kann dazu benutzt werden, die Existenz sowie Organisationsstrukturen von intermediären Akteuren in einem bestimmten Markt zu erklären. Wie in Kapitel 3.3. dargestellt, können auch Turnaround-Beteiligungsgesellschaften als Intermediäre definiert werden, indem sie die Finanzmittel ihrer Investoren in geeignete Zielunternehmen investieren. Zwischen Turnaround-Beteiligungsgesellschaften und ihren Finanzmittelgebern (Investoren) bestehen unterschiedliche Vertragsbeziehungen. So sind Regelungen über die Bereitstellung der Finanzmittel zu finden, um bei einer geplanten Transaktion hinreichend handlungsfähig zu sein. Dabei kann die Einrichtung eines Fonds, aus dem unter den festgelegten Bestimmungen regelmäßig Finanzmittel abgerufen werden können, die Finanzierung der geplanten Transaktionen erleichtern. Es kann auch eine situationsspezifische Finanzierung, bei der individuell für jede Transaktion Finanzmittelgeber zusammengestellt werden, erfolgen. Darüber hinaus sind Regelungen zur Vergütung des Turnaround-Investors als Intermediär zu finden. Bei einem Fond sind das zum einen transaktionsunabhängige Grundvergütungen zur Deckung der laufenden Aufwendungen und zum anderen transaktionsabhängige Vergütungsformen, wie zum Beispiel die Verwendung von Exit-Gewinnen. Darüber hinaus spielen bei Turnaround-Beteiligungsgesellschaften vor allem Beraterhonorare durch ihr aktives Management im Portfoliounternehmen eine entscheidende Rolle, über deren Höhe und Abrechnung im Vorhinein vertragliche Vereinbarungen getroffen werden müssen. Schließlich sind zwischen dem Turnaround-Investor und seinen Investoren Regelungen hinsichtlich der Kontrolle sowie der Mitbestimmung vertraglich zu formulieren. Da Turnaround-Investitionen durch ein überdurchschnittlich hohes Risiko gekennzeichnet sind, werden Kapitalgeber von Turnaround-Beteiligungsgesellschaften in der Regel ein höheres Maß an Kontrolle einfordern, als bei risikoärmeren Eigenkapitalfinanzierungen. Grundsätzlich sollte die Handlungsfreiheit des Turnaround-Investors bei der Durchführung des Turnaround-Konzeptes nicht eingeschränkt sein. Sofern Planungen vom Turnaround-Investor verfehlt werden, können von den Finanzmittelgebern zum Beispiel Veto-Rechte eingefordert werden.

Trotz dieser Vielzahl an vertraglichen Regelungen mit Turnaround-Beteiligungsgesellschaften, die mit (Transaktions-)kosten verbunden sind, sind für Kapitalgeber indirekte Investitionen über Turnaround-Beteiligungsgesellschaften in den meisten Fällen eine günstigere Alternative zur eigenen Hierarchie. So wäre der Aufbau eines eigenen Teams aus Turnaround-Spezialisten und erfahrenen Private Equity-Managern sowie die Generierung eines konstanten, qualifizierten Deal Flows weniger wirtschaftlich, als die Nutzung des Marktes in Form eines Intermediärs.

Neben den vertraglichen Beziehungen zwischen Finanzmittelgeber und Turnaround-Beteiligungsgesellschaften, sind auch hinsichtlich der Zusammenarbeit von Turnaround-Beteiligungsgesellschaften und dem jeweiligen Zielunternehmen vertragliche Vereinbarungen zu treffen. Dies betrifft vor allem die Bereitstellung der Finanzmittel, die vom Zielunternehmen dringend benötigt werden, damit eine ausreichende Liquidität weiterhin gesichert ist. Zudem sind Regelungen darüber zu finden, in welcher Form die Turnaround-Beteiligungsgesellschaft ihre aktive Rolle als neuer Gesellschafter ausfüllt. Dies kann auch personelle Veränderungen beim Zielunternehmen zur Folge haben. Außerdem können im Gesellschaftsvertrag grundlegende Vereinbarungen zur Gewinnverwendung getroffen werden. Turnaround-Beteiligungsgesellschaften belassen in der Regel die erwirtschafteten Finanzmittel zunächst im Zielunternehmen, um es nachhaltig aus der Krisensituation befreien zu können.

Auch bei der Beziehung zwischen Turnaround-Beteiligungsgesellschaft und Zielunternehmen gilt die gleiche Feststellung wie zwischen Investoren und der Turnaround-Beteiligungsgesellschaft. Die Turnaround-Beteiligungsgesellschaft bietet für Krisenunternehmen eine wirtschaftliche Alternative zur eigenen hierarchischen Koordinationsform, da Turnaround-Beteiligungsgesellschaften neben der kritischen Ressource Finanzmittel auch Managementkapazitäten zur Bewältigung der Unternehmenskrise anbieten und somit zwei Angebote des Marktes miteinander vereinen. Zudem verfügt das Management eines Krisenunternehmens meistens nicht über ausreichende Fähigkeiten, den Turnaround aus eigener Kraft bewältigen zu können.

Die Transaktionskosten steigen ceteris paribus mit dem Auftreten von Intermediären, da sie die Transaktionskette erweitern und zusätzliche vertragliche Vereinbarungen notwendig machen, wie in Abbildung 37 am Beispiel von Turnaround-Beteiligungsgesellschaften gezeigt. Daher müssen die Vorteile aus der Nutzung von Intermediären die erhöhte Komplexität zusätzlicher Vertragsbeziehungen kompensieren. Arbeiten von *Benston/Smith* (1976), *Campbell* (1979) und *Fama* (1985) fassen zwei wesentliche Vorteile und Existenzgründe von Finanzintermediären zusammen. Auf der einen Seite kann das Engagement eines Finanzintermediärs die Anzahl von Transaktionsbeziehungen verringern Es werden Lösungsvorschläge zu mehreren Ressourcenengpässen beim Zielunternehmen durch finanzielle Mittel sowie aktive Managementunterstützung erarbeitet. Auf der anderen Seite kann die Dienstleistung des Finanzintermediärs wirtschaftlicher sein gegenüber anderen Alternativen, da sie Spezialisten in ihrem Bereich sind und Skalen- sowie Verbundvorteile nutzen können.[317]

Die nächste Abbildung fasst einige vertragliche Beziehungen zwischen Turnaround-Beteiligungsunternehmen zu deren Investoren sowie Zielunternehmen zusammen:

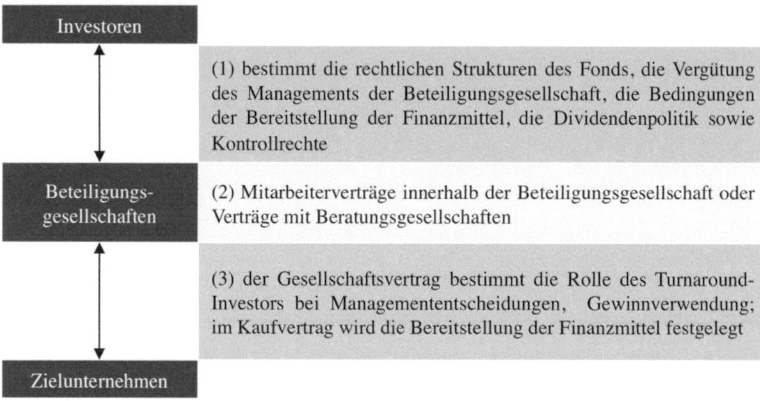

Abbildung 37: Vertragliche Beziehungen von Turnaround-Beteiligungsunternehmen[318]

Darüber hinaus gibt der Transaktionskostenansatz Hinweise zur Relevanz der Kapitalstruktur hinsichtlich der Bewertung des Zielunternehmens. Grundüberlegung ist hierbei, dass Fremdkapitalfinanzierungen wenig Handlungsspielraum bieten, wobei Eigenkapitalfinanzierung weitreichende Kontrollmöglichkeiten bieten. *Williamson* vertrat daher die Annahme, dass Fremdfinanzierungen am besten zu vielseitig einsetzbaren Gegenständen des Anlagevermögens passen und Eigenkapitalfinanzierungen Transaktionskosten durch die Investition in spezifische, intangible Vermögensgegenstände grundsätzlich minimieren.[319] Für Turnaround-Beteiligungsunternehmen spielt dies insbesondere eine Rolle bei der Überlegung der Finanzierung des Turnaround. Bei einer hohen Eigenkapitalfinanzierung erhöhen sich die Kontrollmöglichkeiten des Turnaround-Beteiligungsunternehmens dadurch, dass keine Fixkosten in Form von Leasingraten entstehen und keine Fristen beim Verkauf von Aktiva eingehalten werden müssen. Da in einer Krisensituation eine möglichst hohe Flexibilität hinsichtlich der Kostenentstehung erforderlich ist und der Versuch unternommen wird Transaktionskosten

[317] Vgl. BEITEL (2004), S. 16.

[318] In Anlehnung an SCHEFCZYK (2006), S. 61.

[319] Vgl. SCHEFCZYK (2006), S. 60-61.

möglichst zu minimieren, ist zu vermuten, dass Turnaround-Beteiligungsunternehmen grundsätzlich eine hohe Eigenkapitalquote bei der Transaktionsfinanzierung anstreben.

6.1.2. Prinzipal-Agent-Theorie

Eigenkapitaltransaktionen und insbesondere Turnaround Equity erfolgen in nicht perfekten Märkten mit einem Mangel an Markttransparenz. Darüber hinaus sind die Ertragserwartungen sehr unsicher und alle Marktakteure, die an der betreffenden Transaktion beteiligt sind, müsse ein hohes Maß an asymmetrischer Informationsverteilung berücksichtigen.[320] Die Prinzipal-Agent-Theorie, die einen Teilbereich der Neo-Institutionen-Ökonomie darstellt, untersucht Anreiz- und Kontrollprobleme in einem Umfeld asymmetrisch verteilter Information und beobachtet Handlungen, die aus der Delegation von Arbeitsaufträgen resultieren. In der Theorie werden zwei Gruppen von Akteuren unterschieden: der Prinzipal und der Agent. Der Prinzipal – Investor eines Turnaround-Beteiligungsunternehmens – delegiert Arbeitsaufträge an seinen Agenten – Turnaround-Beteiligungsunternehmen – wobei beide versuchen ihren eigenen Nutzen zu maximieren.[321] Mögliche Ineffizienzen bei der Informationsweitergabe sind zum einen in der unzureichenden Informationsbasis des Turnaround-Beteiligungsunternehmens und zum anderen in „versteckten“ Informationen (hidden information) des Agenten, hier Ziel- oder Beteiligungsunternehmen, begründet.[322]

Prinzipal-Agenten-Probleme können innerhalb der gesamten Wertschöpfungskette von Private Equity-Transaktionen gefunden werden. Zudem können Akteure im Private Equity-Markt verschiedene Positionen, als Prinzipal oder als Agent, einnehmen, je nachdem in welchen Zusammenhang sie auftreten. Ein Turnaround-Beteiligungsunternehmen handelt demnach als Agent für dessen Investoren, die die Finanzmittel für Eigenkapitalinvestitionen bereitstellen. Diese Verpflichtung basiert auf dem Glauben, dass sie dafür eine risikoadäquate Verzinsung erhalten. Prinzipal-Agenten-Probleme haben ebenso eine große Bedeutung im Transaktionsprozess vor allem bei der Due Diligence und Bewertung des Zielunternehmens.[323] Hierbei nimmt das Turnaround-Beteiligungsunternehmen die Position des Prinzipals ein, wobei das Zielunternehmen den Agenten darstellt, der bei der Bewertung der Investitionsmöglichkeit

---

[320] Vgl. LAUTERBACH/WELPE/FERTIG (2007), S. 63.

[321] Vgl. SCHEFCZYK (2000), S. 41.

[322] Vgl. ECKHOFF (2007), S. 12.

[323] Vgl. BOHNENKAMP (1999), S. 138.

unterstützend tätig ist. Dies betrifft vor allem seine Auskunftsbereitschaft, seine Mithilfe bei der Analyse der Stärken und Schwächen des Unternehmens sowie seinem qualitativen Einsatz bei der Businessplanerstellung. Die nachstehende Abbildung zeigt die ambivalente Position des Turnaround-Beteiligungsunternehmens als Prinzipal und Agent:

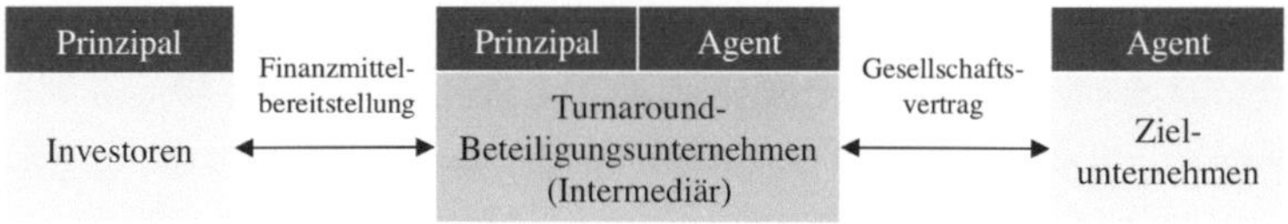

Abbildung 38: Prinzipal-Agenten-Beziehungen[324]

Die Prinzipal-Agenten-Problematik liefert eine weitere theoretische Erklärung, warum Turnaround-Beteiligungsunternehmen als Intermediäre gebraucht werden. So versuchen Turnaround-Beteiligungsunternehmen Problemstellungen ihrer Investoren zu lösen. Im Gegensatz zu Banken sind Turnaround-Beteiligungsunternehmen auf den Umgang mit asymmetrischer Informationsverteilung sowie mit den Herausforderungen, die aus Ineffizienzen von Prinzipal-Agenten-Beziehungen resultieren, spezialisiert. Turnaround-Beteiligungsunternehmen verfügen nicht nur über ausreichend Kapazitäten, ihre Informationsbasis durch Marktanalysen oder Benchmarking zu erweitern, sondern auch hinsichtlich der Fähigkeit die gegebenen Informationen qualitativ zu überprüfen, zu plausibilisieren und im Zweifel zu korrigieren. Daraus lässt sich die Empfehlung ableiten, dass Turnaround-Beteiligungsunternehmen diese Spezialisierung als Vorteil in ihrer Rolle als Intermediär nutzen sollten. Zudem sollten Turnaround-Beteiligungsunternehmen sich auf Transaktionen mit schwierigen vertraglichen Beziehungen, der Forderung nach aktivem Beteiligungsmanagement sowie einem hohen Grad an asymmetrischer Informationsverteilung konzentrieren.[325] Dies gibt Turnaround-Beteiligungsunternehmen die Chance, einen maximalen Wettbewerbsvorteil gegenüber anderen Marktteilnehmern, wie Banken, Funds of Funds oder auch konservativ ausgerichteten Eigenkapitalgebern, zu erreichen.

Es gibt zwei Merkmale asymmetrischer Informationsverteilung, die eine wichtige Rolle bei Turnaround-Equity-Transaktionen spielen.[326] Turnaround-Beteiligungsunternehmen sind im Beginn des Transaktionsprozesses dem Problem „versteckter“ Informationen (hidden infor-

[324] In Anlehnung an ECKHOFF (2007), S. 15.

[325] Vgl. KRAFT (2001), S. 51.

[326] Vgl. BAMBERGER/WRONA (2004), S. 57-58.

mation) ausgesetzt. Die Problematik entsteht durch so genannte adverse Selektion. *Akerlof* hat dieses Phänomen ursprünglich am Beispiel des Gebrauchtwagenmarktes beschrieben.[327] Später haben *Leland* und *Pyle* diese Ergebnisse auf die Finanzmärkte übertragen.[328] Die Herausforderung für das Turnaround-Beteiligungsunternehmen als Prinzipal besteht darin, dass das Management des Zielunternehmens als Agent in der Regel über einen Informationsvorteil verfügt, da es die tatsächliche Krisensituation und deren Gründe besser einschätzen kann. Zudem ist das Management des Zielunternehmens detaillierter über die eigene Marktposition sowie die Beziehungen zu Schlüsselkunden informiert. Trotzdem bedeutet dieser Informationsvorteil beim Management des Zielunternehmens nicht, dass dieses auch Chancen und Risiken korrekt identifiziert und bewertet hat. Vor allem hinsichtlich der Beziehungen zu Schlüsselkunden kann das Turnaround-Beteiligungsunternehmen zunächst nur Annahmen treffen und gegebenenfalls in einem nächsten Schritt sich durch Gespräche mit den Schlüsselkunden selbst überzeugen. Es ist Aufgabe des Turnaround-Beteiligungsunternehmens sich ein eigenes detailliertes Bild vom betreffenden Zielunternehmen zu machen hinsichtlich der finanzwirtschaftlichen Situation, der Position im Markt, der Produkte, der Managementkapazitäten und der Mitarbeiter sowie der eingesetzten Produktionstechnologie. Den Überlegungen von *Akerlof* bezüglich seiner Beobachtungen auf dem Gebrauchtwagenmarkt folgend, versuchen Turnaround-Beteiligungsunternehmen einen Risikozuschlag zu erhalten aufgrund der Annahme einer durchschnittlichen Qualität an Zielunternehmen ohne die tatsächliche Qualität des einzelnen Zielunternehmens zu kennen. Dies führt zu einer Situation, in der besonders risikoreiche Investitionsmöglichkeiten (lemons)[329] erfolgversprechende Investitionsmöglichkeiten ersetzen, da nur „lemons" gewillt sind, das Angebot des Turnaround-Beteiligungsunternehmens anzunehmen.[330] Der Prinzipal-Agent-Ansatz weist also darauf hin, dass Zielunternehmen in der Rolle des Agenten die Investitionsentscheidung des Turnaround-Beteiligungsunternehmens durch das Ausnutzen ihres Informationsvorteils, in Abhängigkeit des Umfangs asymmetrisch verteilter Information über das Zielunternehmen, mit beeinflussen

[327] Vgl. AKERLOF (1970), S. 488-500.

[328] Vgl. LELAND/PYLE, (1977), S. 371-387.

[329] Das "lemons"-Problem wurde zuerst von *George Akerlof* in seinem Artikel „The market for lemons: Quantitative uncertainty and the market mechanism" im Quarterly Journal of Economics, 84 (1970): S. 488-599 erwähnt. Ein wichtiger Artikel, der das von *Akerlof* angesprochene Problem auf Finanzierungsentscheidungen übertragen hat, ist von Greenwald, B./Stiglitz, J./Weiss, A. (1984): Information imperfections in the captal market and macroeconomics fluctuations, American Economic Review Papers and Proceedings 74, pp. 194-199.

[330] Vgl. MEIER (2006), S. 30.

können. Dies kann zum Beispiel dazu führen, dass die Unternehmensbewertung zu hoch ausfällt oder Annahmen zu Umsatzwachstumsraten sich als unrealistisch erweisen. In der Theorie wird davon ausgegangen, dass „lemons" alle erfolgversprechenden Investitionsalternativen ersetzen, was in der Folge zu einem Marktversagen führt.[331]

Neben dem Phänomen der adversen Selektion müssen Turnaround-Beteiligungsunternehmen während des Transaktionsprozesses sowie während der Beteiligungsphase so genannte versteckte Handlungen (hidden action) in ihr Kalkül aufnehmen. Dies wird auch als Moral-Hazard-Problem bezeichnet. In den 1970ern wurde das Moral-Hazard-Problem im Versicherungsmarkt zum ersten Mal beobachtet. Die Problematik von versteckten Handlungen ist, dass der Prinzipal nicht erkennen kann, ob der Agent verantwortungsbewusst oder nachlässig handelt. Für Turnaround Equity bedeutet dies, dass die operative Arbeit des Managements des Zielunternehmens sowie dessen Input hinsichtlich der Erstellung des Turnaround-Konzeptes nur schwer in der kurzen Zeit des Transaktionsprozesses vom Turnaround-Beteiligungsunternehmen qualitativ zu beurteilen ist. Bezüglich des Umganges mit den zur Verfügung gestellten Finanzmitteln haben Turnaround-Beteiligungsunternehmen grundsätzlich höhere Einflussmöglichkeiten gegenüber klassischen Beteiligungsunternehmen, da sie zumindest zu Beginn der Beteiligungsphase die Geschäftsführung vom Zielunternehmen übernehmen und so direkt operativ tätig sind. Maral-Hazard-Probleme tauchen tendenziell in einer Unternehmenskrise auf, wenn bestimmte Zielsetzungen nicht erreicht werden und das Management daraus negative Konsequenzen für sich fürchtet. Dies kann schließlich zu unfairem Verhalten seitens des Agenten führen. Solches Verhalten sowie eine Verweigerung des Agenten von Handlungsanweisungen des Prinzipals wird auch „holdup" genannt.[332] Aus diesen möglichen Konflikten und Informationsdivergenzen können unterschiedliche Agentenkosten (agency costs) entstehen. So haben Turnaround-Beteiligungsunternehmen die Kosten für die Informationsbeschaffung sowie –auswertung zu tragen mit dem Ziel, den Umfang an unsicherer Information möglichst zu reduzieren. Darüber hinaus entstehen dem Turnaround-Beteiligungsunternehmen Agentenkosten durch die Überwachung und Kontrolle des Agenten, um ein interessenkonformes Verhalten sicherzustellen.[333]

---

[331] Vgl. KRAFT (2001), S. 49.

[332] Vgl. SPREMANN (1990), S. 568-572.

[333] Vgl. ECKHOFF (2007), S. 15.

Im Allgemeinen können drei wesentliche Ansätze unterschieden werden, die dazu beitragen, neben vertraglichen Regelungen, die Unsicherheit des Turnaround-Beteiligungsunternehmens vor und nach der Unterzeichnung des Kaufvertrages zu reduzieren.[334]

i) Bei dem so genannten *Screening* haben Turnaround-Beteiligungsunternehmen die Möglichkeit besonders relevante Merkmale von Zielunternehmen, die eine allgemeine Gültigkeit für jede Investition aufweisen, direkt zu Beginn des Transaktionsprozesses zu überprüfen. Das Screening kann somit eigenständig vom Turnaround-Beteiligungsunternehmen in der Rolle des Prinzipals durchgeführt werden, wobei mit dem Turnaround-Beteiligungsunternehmen verbundene Experten beratend hinzugezogen werden können. Hierdurch kann die Verursachung von Agentenkosten aufgrund weiterer Analysen effektiv begrenzt werden und adverser Selektion vorgebeugt werden.

ii) Das so genannte *Signaling* wurde ursprünglich von *Spence* für den Arbeitsmarkt entwickelt. Die Fragestellung im Kontext von Turnaround Equity ist hierbei, wie erfolgversprechende Unternehmen (Agenten) ihre Qualität und Vorteilhaftigkeit gegenüber anderen Investitionsmöglichkeiten anzeigen können. Positive Signale in diesem Zusammenhang sind eine aktiv angestrebte Beteiligung vom Management am Zielunternehmen oder ein störungsfreier Ablauf der Due Diligence unter qualifizierter Mithilfe verschiedener Mitarbeiter des Zielunternehmens. Darüber hinaus kann auch das Turnaround-Beteiligungsunternehmen selbst positive Signale senden, um die Zurückhaltung des Managements des Zielunternehmens gegenüber der geplanten Transaktion zu reduzieren, indem es offen bisherige Investitionen kommuniziert (track record)[335], transparent die angestrebte Teilnahme im Management darstellt oder eine hohe Eigenkapitalfinanzierung anstrebt. Studien haben gezeigt, dass mehrere Finanzierungsrunden (staging) die Agentenkosten senken können und die Chancen für eine erfolgreiche Investition erhöhen.[336] Im Hinblick auf Turnaround Equity kann dies mehr auf die Bereitschaft zu einer weiteren Unterstützung durch Finanzmittel, sofern die notwendig wird, bezogen werden. Grundsätzlich zielen Turnaround-Beteiligungsgesellschaften darauf ab, Zielunternehmen im Zuge der Trans-

---

[334] Vgl. auch SANDER (2006), S. 53.

[335] Der so genannte track record zeigt die Anzahl erfolgreicher Investitionen an und ist ein Indikator für die Qualität des Management eines Turnaround-Beteiligungsunternehmen. Auch beim Fundraising spielt der track record des Managements eine sehr wichtige Rolle. Vgl. auch DAMASCHKE/ZÜCHNER (2005), S. 32.

[336] Vgl. KROHMER/LAUTERBACH/CALANOG (2009), S. 4.

aktion ausreichend Finanzmittel für den anstehenden Turnaround zur Verfügung zu stellen. Danach sollte die Finanzkraft des Zielunternehmens stark genug sein, zur Erreichung einer branchenüblichen nachhaltigen Rendite.

iii) Das *Monitoring* ist ein inhärenter Bestandteil der Private Equity-Wertschöpfungskette. Monitoring bedeutet die Überwachung und Kontrolle des Portfoliounternehmens (Agent). Es soll ein interessenskonformes Verhalten sowie eine Zielkonformität sicherstellen. Monitoring ist vor allem dazu geeignet, um die Moral-Hazard-Problematik zu reduzieren. Turnaround-Beteiligungsunternehmen können im Transaktionsprozess aber vor allem während der Beteiligungsphase durch ihre aktive Managementunterstützung im Zielunternehmen oder eine Kopplung der Bereitstellung von weiteren Finanzmitteln an die Erreichung wichtiger Meilensteine im Turnaroundprozess, das Monitoring gezielt einsetzen.[337] Des Weiteren kann das Turnaround-Beteiligungsunternehmen (Prinzipal) versuchen durch erfolgsabhängige Vergütungsmodelle für das Management, das Verhalten des Agenten (Management des Zielunternehmens) an die eigenen Interessen zu knüpfen. Somit erfordert effektives Monitoring in der Regel die Erlaubnis, wirksame Kontroll- und Bestrafungsmechanismen zwischen dem Prinzipal und dem Agenten vertraglich implementieren zu können, was eine Erklärung für die Präferenz einer Mehrheitsbeteiligung bei Turnaround Equity gibt. Dennoch entstehen dem Prinzipal dadurch wiederum Kosten durch den Einsatz von Kontrollinstrumenten, die möglichst in Form von Einsparungen von Agentenkosten aufgrund interessensdivergenten Verhaltens, aufgewogen werden sollten.[338] Hier wird schließlich die hohe Bedeutung des Transaktionsprozesses unterstrichen. Eine Vielzahl dieser strukturellen Themen, wie die Finanzierungsstruktur, Vergütungsmodelle des Managements sowie die Rolle des Turnaround-Beteiligungsunternehmens können schon in der Vorbereitung der Kaufverträge Berücksichtigung finden, um Agentenkosten vor allem in der Beteiligungsphase zu minimieren.[339]

Die Prinzipal-Agenten-Theorie kann interpretiert werden als ein Ansatz für die Erklärung von Erfolgswahrscheinlichkeiten von Eigenkapitalinvestitionen in Abhängigkeit ihrer Strukturierung. So ließe sich grundsätzlich zusammenfassen, dass zum Beispiel eine gesellschaftsrechtliche Einbindung des Managements in Form eines MBO, grundsätzlich die Erfolgswahr-

[337] Vgl. KRAFT (2001), S. 49-50.

[338] Vgl. SCHEFCZYK (2000), S. 44-45.

[339] Vgl. GERKE/BURRAK (2001), S. 480.

scheinlichkeit einer Turnaround-Investition erhöht. Dies resultiert aus einer kooperativeren und loyaleren Prinzipal-Agenten-Beziehung zwischen dem Turnaround-Beteiligungsunternehmen und dem Management des Zielunternehmens, welches im Zuge der Transaktion stärker an den Unternehmenserfolg gebunden wird und somit auch mit privaten Finanzmitteln für die getroffenen Entscheidungen haftet. Demzufolge kann eine geplante Managementbeteiligung Agentenkosten schon während des Transaktionsprozesses signifikant verringern.[340]

6.1.3. Ressourcen und wissensorientierte Perspektive

Der ressourcenorientierte Ansatz ist im strategischen Management entwickelt worden und nimmt an, dass der Erfolg oder Misserfolg von Unternehmen von spezifischen und einzigartigen internen Potentialen eines Unternehmens abhängt.[341] Unternehmen innerhalb eines Marktes zeigen unterschiedliche Ressourcenkombinationen, wobei der Unternehmenserfolg im Wesentlichen aus der Fähigkeit, die bestehenden kritischen und internen Ressourcen zu nutzen, resultiert.[342] Beispiele in diesen Zusammenhang sind kosten-effizientere Produktionsabläufe, eine höhere Liefertreue oder schnellere Durchlaufzeiten. Der ressourcenorientierte Ansatz wurde als Kritik gegenüber den vorigen Ansätzen, die auf externe Umweltfaktoren fokussiert waren, formuliert. *Porter* argumentierte zuvor, dass die auf dem Five-Forces-Konzept basierende Marktklassifikation hauptsächlich die Leistungsfähigkeit und Ertragskraft eines Unternehmens bestimmt.[343] Der ressourcenorientierte Ansatz sieht jedoch überdurchschnittliche Erträge als ein Resultat aus der Beschaffung, Kombination und Anwendung strategischer Ressourcen und nicht als ein Ergebnis der Strukturen der Marktklassifikation des betreffenden Unternehmens.[344]

Barney unterscheidet zwischen drei verschiedenen Gruppen von Unternehmensressourcen: physische Kapitalsressourcen, humane Kapitalressourcen sowie organisatorische Kapitalressourcen.[345] Physische Kapitalressourcen eines Unternehmens beinhalten alle Gegenstände des Sachanlage- sowie Umlaufvermögens, wie maschinelle Anlagen, Betriebsausstattung und

---

[340] Vgl. SANDER (2006), S. 54.

[341] Vgl. MACHARZINA/WOLF (2005), S. 67.

[342] Vgl. HAHN/HUNGENBERG (2001), S. 362f.; oder BARNEY (1996), S. 142.

[343] Vgl. PORTER (1991), S. 99.

[344] Vgl. NOLTE/BERGMANN (1998), S. 6.

[345] Vgl. BARNEY (1991), S. 101f.

Vorräte, aber auch die geografische Lage und den Zugang zu Märkten. Die humanen Kapitalressourcen beziehen sich auf die Individualität der Mitarbeiter des Unternehmens, wie deren Erfahrung, Intelligenz oder Beziehungen zu Entscheidungsträgern. Schließlich beschreiben die organisatorischen Kapitalressourcen formale und informelle Verfahrensweisen oder Strukturen innerhalb des Unternehmens. Dies beinhaltet das Finanzreportingsystem, die Budgetierung, Controllingsysteme oder informelle Beziehungen unter den Mitarbeitern sowie zu den Stakeholdern, wie zum Beispiel Zulieferer, Kunden oder Banken. Somit lässt sich zusammenfassen, dass die Definition von Unternehmensressourcen sehr breit gefasst ist und quasi jeden Aspekt einer Unternehmensstärke oder-schwäche berücksichtigt.[346]

In diesem Zusammenhang sind vier notwendige Charakteristika von strategischen Ressourcen erfasst worden, die relevant für den Unternehmenserfolg sind. Zunächst muss eine strategische Ressource einen gewissen Wert beschreiben, der für eine Erhöhung der Effizienz und Effektivität der Unternehmensprozesse sorgt. Dieser Wert repräsentiert zudem einen zusätzlichen Nutzen aus der Kundenperspektive hinsichtlich der angeboten Produkte bzw. Dienstleistungen auf einem bestimmten Markt.[347] Zudem muss eine strategische Ressource knapp sein.[348] Das bedeutet, eine strategische Ressource kann nur schwer bei Wettbewerbern ausfindig gemacht werden und ist in der Regel nicht handelbar, aber stark nachgefragt bzw. gewünscht. Also muss eine strategische Ressource eine qualifizierte und gerechtfertigte Unterscheidung zu Wettbewerbern darstellen. Des Weiteren muss eine strategische Ressource nicht-substituierbar sein, so dass es keine ähnliche Ressource mit dem gleichen Nutzen gibt. Außerdem darf es keine Alternativen geben, die den gleichen Effekt produzieren. Schließlich darf eine strategische Ressource nicht imitierbar sein. Dies bedeutet, dass Wettbewerber den Wettbewerbsnachteil einer strategischen Ressource nicht durch einen Kauf der Ressource auf einem Markt oder durch eigene Reproduktion ausgleichen können.[349] Ein Beispiel für eine strategische Ressource ist internes Verfahrens-Know-how, das über die Zeit gesammelt wurde. Darüber hinaus wird der Wert einer strategischen Ressource im Sinne der Nicht-Immitierbarkeit durch einen steigenden Grad an Interdependenz zu anderen Ressourcen, die

---

[346] Vgl. STUBNER (2004), S. 73.

[347] Vgl. RASCHE (1994), S. 69.

[348] Vgl. KNAESE (1996), S. 20.

[349] Vgl. BARNEY (1991), S. 102.

nur eingeschränkt auf Märkten gehandelt werden, erhöht.[350] Einzigartige und intangible Ressourcen werden auch unsichtbare Vermögenswerte (invisible assets) genannt und haben im Vergleich zu anderen Unternehmensressourcen den höchsten Wert für ein Unternehmen sowie die höchsten Potentiale für den Unternehmenserfolg. Daher spielt die Entwicklung von unsichtbaren Vermögenswerten eine besondere Rolle im strategischen Management. Immaterielle Vermögenswerte, wie zum Beispiel Markenrechte, die auf effizienten Märkten gehandelt werden könnten, sind nicht grundsätzlich als strategisch relevante Ressourcen berücksichtigt, auch wenn dies häufig angenommen wird.[351]

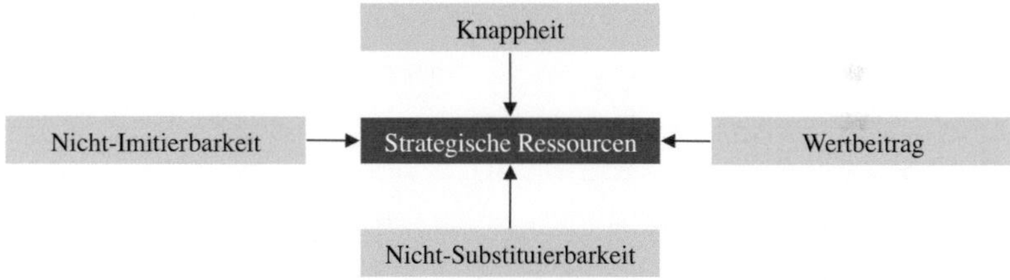

Abbildung 39: Strategische Ressourcen[352]

Der wissensorientierte Ansatz stellt eine Erweiterung zum ressourcenorientierten Ansatz dar und konzentriert sich auf das Wissen in einem Unternehmen als die wichtigste Unternehmensressource. Durch den wissensorientierten Ansatz wurde der bis dahin abstrakte Begriff Unternehmensressource gestärkt und es wurde die These aufgestellt, dass die Entwicklung von spezifischem Wissen im Unternehmen eine bedeutende Rolle bei der Bestimmung von Differenzen des Erfolgsgrades von Unternehmen innerhalb einer Branche einnimmt.[353] Aufgrund der Überlappungen der beiden Ansätze werden beide auch als ressourcen- und wissensorientierter Ansatz (resource- and knowledge-based view) kombiniert betrachtet.

Turnaround-Unternehmen weisen eine Knappheit an verschiedenen Ressourcen auf, vor allem hinsichtlich der Liquidität und der Unternehmensführung. Dies sind oft Ressourcen, die notwendig für das Überleben sowie Wachstum im jeweiligen Marktumfeld sind. In einer Krisensituation muss das Management schnell handeln und Gegenmaßnahmen ergreifen. Abhängig

---

[350] Vgl. Thiele (1997), S. 45.

[351] Vgl. Rasche (1994), S. 68-69.

[352] Eigene Darstellung.

[353] Vgl. Welge/Al-Laham (2008), S. 98.

von der Schwere der Unternehmenskrise, kann das betreffende Unternehmen die Unternehmenskrise entweder mittels eigener Ressourcen bekämpfen oder von zusätzlichen, externen Ressourcen Gebrauch machen.

Hierbei nehmen Turnaround-Beteiligungsunternehmen eine wichtige Rolle ein, indem sie fehlende Ressourcen beim Zielunternehmen identifizieren und die notwendigen Finanzmittel sowie benötigte Fähigkeiten in der Unternehmensführung aktiv bereitstellen, um den Turnaround zu schaffen. Turnaround-Beteiligungsunternehmen verfügen über Ressourcen, die Überlebenswahrscheinlichkeit des Zielunternehmens zu erhöhen und die Gründe für die Unternehmenskrise durch den Transfer strategischer Ressourcen zu beheben. In diesem Zusammenhang muss das Turnaround-Beteiligungsunternehmen sicherstellen, dass humane Kapitalressourcen, wie Instrumente zur Unternehmenssteuerung oder Vertriebskontakte korrekt auf das Zielunternehmen übertragen werden. Dies kann auch als Argument dafür verstanden werden, dass Turnaround-Beteiligungsunternehmen eine aktive Rolle im Management des Zielunternehmens einnehmen sollten, um mit den Mitarbeitern des Zielunternehmens persönlich interagieren zu können und somit den Transfer fehlender Ressourcen steuern und überwachen zu können. Daher sollte das Turnaround-Beteiligungsunternehmen weitreichende Erfahrungen in den Bereichen Unternehmensberatung, Restrukturierungsmanagement, Wirtschaftsprüfung, Investmentbanking sowie M&A vorweisen können. Damit kann es den hohen Anforderungen eines Turnarounds gerecht werden und so das Zielunternehmen mit wichtigen wissensorientierten Ressourcen unterstützen.

Der ressourcenorientierte Ansatz kann basierend auf der Prinzipal-Agenten-Theorie auch als reziproke Reflexion verstanden werden, wobei die Ressourcen- und Wissenskompatibilität von Turnaround-Beteiligungsunternehmen und Zielunternehmen den Mittelpunkt dieser Überlegung darstellen. Auf der einen Seite bietet demnach das Turnaround-Beteiligungsunternehmen Finanzmittel und Managementkapazitäten sowie andere strategische Ressourcen an und sucht geeignete Turnaround-Unternehmen, die über einen bestimmten Marktzugang und eine gewisses Maß an Ressourcen verfügen, die eine Produktion marktfähiger Produkte bzw. Dienstleistung ermöglicht. Dieser ressourcenorientierte „Fit", der von Turnaround-Beteiligungsunternehmen bei einer Transaktion angestrebt wird, indem fehlende Ressourcen beim Zielunternehmen durch aktive Unterstützung ergänzt werden, zeigt die Bedeutung des ressourcenorientierten Ansatzes im Hinblick auf die Erklärung des Phänomens Turnaround

Equity. Außerdem wird dadurch das aktive Eingreifen von Turnaround-Beteiligungsunternehmen in die operative Unternehmensführung beim Zielunternehmen erklärt.

6.1.4. Verbindungen der Theorien zur empirischen Untersuchung

Die Transaktionskostentheorie liefert zunächst eine Erklärung, warum Turnaround-Beteiligungsgesellschaften am Markt benötigt werden. Sie sind in der Lage Transaktionskosten für ihre Investoren zu senken. Die Ausführungen in Kapitel 6.1.1. haben gezeigt, dass bei Turnaround-Beteiligungsgesellschaften während des Transaktionsprozesses unterschiedliche Transaktionskosten, zum Beispiel durch die Interaktion mit anderen Akteuren oder die Vertragsgestaltung bezüglich der geplanten Transaktion, auftreten können. Die eigene Hierarchie von Turnaround-Beteiligungsgesellschaften ist darauf ausgelegt, während des Transaktionsprozesses einen großen Umfang der Prüfungsarbeiten selbst durchzuführen und innerhalb der Beteiligungsphase aktives Beteiligungsmanagement zu leisten. Trotzdem erfordern vor allem Turnaround-Investitionen einen erhöhten Regelungsbedarf hinsichtlich der Kaufvertragsgestaltung. Teile des Fragebogens gehen daher explizit auf den Umfang selbst durchgeführter Tätigkeiten von Turnaround-Investoren ein (zum Beispiel Frage 2.1 und 2.11), um herauszufinden, ob sich daraus eine Erfolgsrelevanz für Turnaround-Investitionen ableiten lässt.

Eng verbunden mit der Transaktionskostentheorie ist die Prinzipal-Agent-Theorie. Auswirkungen von Delegationsproblemen sowie Informationsungleichheiten innerhalb des Transaktionsprozesses beziehen sich dabei vor allem auf die Zusammenarbeit zwischen der Turnaround-Beteiligungsgesellschaft und dem Management des Zielunternehmens. Demnach hat die Überwindung dieser Problematik eine hohe Relevanz hinsichtlich des Erfolges von Turnaround-Investitionen. Vor allem die Fragen 3.11. und 4.5. des Interviewbogens greifen Prinzipal-Agent-Problematiken auf und sollen Erklärungen zum Umgang von Turnaround-Beteiligungsgesellschaften mit ihnen gegeben.

Der ressourcenorientierte Ansatz zeigt eine positive Korrelation zwischen der Existenz von strategischen Ressourcen in einem Unternehmen und dem Unternehmenserfolg. Somit ist anzunehmen, dass Turnaround-Investoren eine Lücke an strategischen Ressourcen im Zielunternehmen füllen können und eine gewisse Ressourcendivergenz zum Zielunternehmen aufweisen (operational und strategic fit). Der Interviewbogen nimmt diese Überlegungen vor allem in den Fragen zum Turnaround-Konzept auf sowie bei der Frage hinsichtlich des eigenen Managementeinsatzes. Zudem ist anzunehmen, dass je höher die Ergänzung von Ressourcen zwischen der Turnaround-Beteiligungsgesellschaft und dem Zielunternehmen ausfällt, umso höher fällt die Ermittlung der Transaktionssumme aus, da so der Unternehmenserfolg schneller und mit höherer Sicherheit wieder hergestellt werden kann.

6.2. Methodik

Die Ableitung von kritischen Erfolgsfaktoren innerhalb des Transaktionsprozesses von Turnaround-Investitionen in Deutschland wurde in dieser Dissertationsarbeit mit Hilfe von strukturierten Interviews empirisch untersucht. Dabei wurden deutsche Turnaround-Beteiligungsgesellschaften zu deren Praktiken im Transaktionsprozess befragt, im Sinne von Experteninterviews. *Howaldt*, *Kraft* oder *Kucher* haben diesen empirischen Ansatz ebenso bei ihren Studien bezüglich Turnaround Equity angewendet.[354] Großangelegte quantitative Auswertungen, die statistische Daten zu Grunde legen, sind hierbei nicht möglich. Die Hauptgründe dafür sind die Neuartigkeit des Turnaround Equity-Geschäftes in Deutschland und der geringe Umfang zugänglicher Daten. Dies liegt auch an der begrenzten Offenheit von Turnaround-Beteiligungsunternehmen, die ein hohes Maß an gegenseitiger Vertraulichkeit zum Zielunternehmen sowie deren Stakeholdern während des Transaktionsprozesses wahren müssen. Des Weiteren findet die Mehrzahl an Turnaround-Investitionen nicht bei börsengelisteten Unternehmen statt, so dass keine Informationen an die Kapitalmärkte gemeldet werden müssen. So ist die Forschungsleistung dieser Dissertationsarbeit als hypothesengenerierend und nicht als hypothesengetrieben zu verstehen. Das Ziel der Dissertationsarbeit ist nicht exakte Ergebnisse im Sinne von qualitativen Daten oder Korrelationen zu liefern, sondern es sollen weitere Befunde zu Turnaround Equity in allgemeiner Form zusammengetragen werden sowie die Primärdatenerfassung in einem Forschungsfeld, das relativ jung ist, unterstützt werden.

Die Experteninterviews wurden durchgeführt mittel eines standardisierten Interviewfragebogens (s. Anhang II). Der Fragebogen wurde nach der Durchführung der ersten Interviews im Hinblick auf dessen Sinnhaftigkeit kritisch hinterfragt, da sich im Abschnitt zur Unternehmensbewertung (Kapitel 3 im Fragebogen) in den Gesprächen mit den Interviewpartnern und anderen Experten, die nicht explizit als Interviewpartner aufgeführt sind, eine deutliche Diskrepanz zwischen Theorie und Praxis gezeigt hatte. Die Überarbeitung hatte zur Folge, dass die Fragen zur Unternehmensbewertung im Interview weitgehend übersprungen wurden mit

[354] Vgl. HOWALDT (1994), S. 8f.; KRAFT (2001), S. 18f. oder KUCHER (2006), S. 30f.

dem Ziel, gemeinsam mit den befragten Experten eine spezifische Bewertungsmethode für unprofitable Unternehmen aus der Perspektive eines Turnaround-Beteiligungsunternehmen zu entwickeln (s. Kapitel 7.2.). Hierbei wurde offen nach der Vorgehensweise bei der Unternehmensbewertung von Zielunternehmen bzw. der Kaufpreisfindung bei Turnaround-Investitionen gefragt und die Expertenaussagen miteinander abgeglichen.

Startpunkt für die Entwicklung des Interviewfragebogens waren die zu Grunde gelegten Theorien, wie in Kapitel 6.1.4. zusammengefasst. Zudem wurden vorher durchgeführte empirische Untersuchungen und Forschungsarbeiten in den Bereichen Turnaround Equity, Private Equity, Turnaround Management sowie M&A bei der Formulierung konkreter Fragestellungen hinzugezogen. Die Struktur des Fragebogens folgt dem in Kapitel 4.1. dargelegten Verständnis des Transaktionsprozesses und beinhaltet jeweils ein Kapitel zur Due Diligence, Bewertung von Zielunternehmen sowie den Optionen der Transaktionsstrukturierung (Kapitel 2 bis 4 des Fragebogens). An den Anfang ist ein Kapitel gestellt worden, in dem die Unternehmensdaten des Interviewpartners abgefragt werden, um zusätzlich Ähnlichkeiten hinsichtlich des Aufbaus von Turnaround-Beteiligungsgesellschaften erkennen zu können und um die gegebenen Antworten anhand der individuellen Merkmale der jeweiligen Turnaround-Beteiligungsgesellschaft bewerten zu können.

Der Interviewfragebogen beinhaltet insgesamt 45 Fragen auf sieben Seiten, die sich aufteilen in 11 Fragen bezüglich des Unternehmensprofils des Interviewpartners, 12 Fragen zur Due Diligence, 13 Fragen zur Unternehmensbewertung und 9 Fragen hinsichtlich der Optionen der Transaktionsstrukturierung. Somit ist versucht worden, den Interviewfragebogen möglichst prägnant zu formulieren, um die benötigte Zeit für die Durchführung des Interviews für den Interviewpartner gering zu halten. Zudem wurde bei der Erstellung des Fragebogens neben geschlossenen Fragen auch offene Fragen berücksichtigt, um gegebenenfalls in eine kurze Diskussion mit den Interviewpartnern einsteigen zu können. Schließlich haben im Vorhinein nicht bedachte Aspekte in Kapitel 5 des Fragebogens Berücksichtigung finden können, indem Anregungen oder Hinweise von Interviewpartnern in einem Freitextfeld erfasst wurden. Direkte Fragen zu Erfolgsfaktoren mit vorgegebenen Antwortmöglichkeiten waren nicht Bestandteil des Fragebogens, da eine vorweggenommene Position der Interviewpartner verhindert werden sollte und Antworten hinsichtlich der in dieser Dissertationsarbeit aufgeworfenen Fragen aus unterschiedlichen Perspektiven erlangt werden sollten.

Das Ziel einer Befragung der Gesamtpopulation von Turnaround-Beteiligungsgesellschaften wurde dadurch erschwert, dass Turnaround-Beteiligungsgesellschaften in Deutschland nicht professionell in einem einheitlichen Verband organisiert sind. Der BVK verfügt zwar über eine breite Mitgliederschaft im Bereich Private Equity, doch sind deren Mitglieder nur geringfügig in Turnaround-Investitionen aktiv und entsprechen demnach nicht der Zielgruppe des in dieser Dissertationsarbeit formulierten Fragebogens. Zudem sind viele Turnaround-Beteiligungsgesellschaften in Deutschland nicht älter als 6 oder 7 Jahre. Darüber hinaus geben vermehrt auch klassische Beteiligungsgesellschaften Krisenunternehmen als eine ihrer Zielunternehmen an. Diese werden damit der Definition von Turnaround-Beteiligungsgesellschaften nicht gerecht. Insgesamt ist dies mehr als Zeichen eines verstärkten Wettbewerbs um Investitionsmöglichkeiten innerhalb des Private Equity-Marktes zu interpretieren.

Somit fällt es schwer die Gesamtpopulation genau zu bestimmen. Zur Identifikation von Turnaround-Beteiligungsgesellschaften für die Durchführung der Interviews wurden daher drei unterschiedliche Datenbanken genutzt: Die Mitgliederdatenbank des BVK,[355] die Hoppenstedt Unternehmensdatenbank sowie der Concentro Turnaround Investment Guide[356]. Zusätzlich haben Veröffentlichungen von Turnaround-Beteiligungsgesellschaften und Internetrecherche den Umfang möglicher Interviewkandidaten erweitert. So konnten 27 deutsche Turnaround-Beteiligungsgesellschaften identifiziert werden, von denen 12 sich bereit erklärten an der empirischen Erhebung dieser Dissertationsarbeit teilzunehmen. Dies repräsentiert einen Anteil von 44% an der aufgestellten Gesamtpopulation.

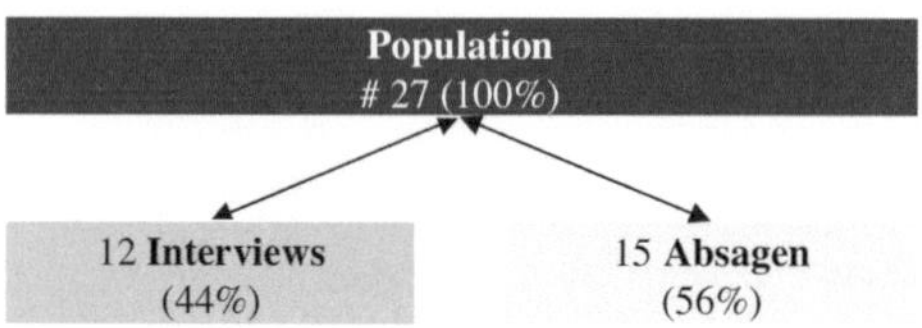

Abbildung 40: Forschungssample

Das so gewählte Forschungssample von fokussierten Turnaround-Beteiligungsgesellschaften unterscheidet sich von anderen Forschungsarbeiten, die auch große internationaltätige Beteiligungsgesellschaften einbeziehen, die neben Wachstumsfinanzierungen und Buy-Out-Transaktionen ihr Stammgeschäft auch auf Krisenunternehmen ausgeweitet haben. Beispiel dafür

355 Vgl. BVK (2009c).

356 Vgl. Concentro (2008), S. 124 - 125.

sind Beteiligungsunternehmen, wie die Carlyle Gruppe, One Equity Partners oder 3i Group Plc.

Der Erstkontakt zu einem potentiellen Interviewpartner erfolgte in der Regel durch einen Telefonanruf bei der Zentrale der betreffenden Turnaround-Beteiligungsgesellschaft (cold call). Dies sollte zunächst dazu dienen einen geeigneten Ansprechpartner im Unternehmen zu identifizieren und dessen direkte Kontaktdaten zu bekommen. Die Interviews wurden dabei grundsätzlich nur auf Geschäftsführer-Ebene durchgeführt, um eine möglichst hohe Qualität bei der Expertenbefragung zu erlangen. Im Allgemeinen wurden nach der Erstkontaktaufnahme in einer Email die Hintergründe der Arbeit erläutert und der Fragebogen zum weiteren Verständnis der Interviews an eine Sekretärin oder direkt an den potentiellen Interviewpartner gesendet. Sofern eine Sekretärin angeschrieben wurde, ist diese gebeten worden die Email an eine geeignete Kontaktperson im Unternehmen weiterzuleiten. Turnaround-Beteiligungsgesellschaften, die auf die Email oder den Erstanruf nicht reagiert haben, wurden spätestens nach drei Wochen wieder kontaktiert, um nachzufragen, ob sie für eine Teilnahme an der Erhebung zur Verfügung stehen. Erst bei einer definitiven Absage wurden die betreffenden Turnaround-Beteiligungsgesellschaften aus der Gruppe potentieller Interviewpartner herausgenommen und nicht weiter kontaktiert. Auf Basis dieses Vorgehens wurden innerhalb einer Zeitspanne von rund drei Monaten 12 Turnaround-Beteiligungsgesellschaften erfolgreich für ein Interview gewonnen.

Die Durchführung der Interviews fand bis auf eine Ausnahme, bei der der Interviewfragebogen ausgefüllt zurückgeschickt wurde, entweder face-to-face im direkten Gespräch mit dem Interviewpartner bei der Turnaround-Beteiligungsgesellschaft statt oder durch ein terminiertes Telefongespräch. Das Ziel dieses Vorgehens war ein möglichst hohes Qualitätsniveau bei den Ergebnissen der Befragung zu erreichen und Missverständnisse oder fehlgeleitete Interpretationen zu vermeiden. Außerdem gab das direkte Gespräch häufig Raum für vertiefende Überlegungen und war bei der Entwicklung eines eigenen Ansatzes zur Bewertung von Zielunternehmen von hoher Bedeutung. Schließlich waren die Interviewpartner nicht dazu aufgefordert ihre Antworten selbst niederzuschreiben. Das diente dazu, die Zeitbeanspruchung und Mühen des Interviewpartners zu reduzieren und damit die Anzahl der Teilnehmer zu erhöhen.

Die Antworten des Fragebogens wurden von einem überschaubaren Sample von 12 Turnaround-Beteiligungsgesellschaften abgeleitet. Insofern können diese Ergebnisse nicht mit dem Anspruch auf eine Allgemeingültigkeit für Turnaround Equity in Deutschland formuliert werden. Des Weiteren ist es schwierig daraus zukünftige Trends eindeutig herauszuarbeiten. Trotzdem stellt dieses Sample ein bislang noch weitgehend unerforschten Bereich dar, der einen strengen Fokus auf Turnaround-Beteiligungsgesellschaften legt, die ausschließlich in Krisenunternehmen investieren und sich somit deutlich von klassischen Beteiligungsgesellschaften abgrenzen.

7. Empirischer Teil: Untersuchung des Transaktionsprozesses

7.1. Identifikation erfolgversprechender Krisenunternehmen

Unter Berücksichtigung der besonderen Merkmale von Turnaround-Beteiligungsgesellschaften und den hohen Anforderungen hinsichtlich der Akquisition von Krisenunternehmen kann die Vermutung aufgestellt werden, dass Tunraround-Beteiligungsunternehmen einen größeren Anteil der Due Diligence-Arbeiten im Vergleich zu klassischen Beteiligungsgesellschaften selbst durchführen. Bei der Befragung der Interviewteilnehmer konnte diese Vermutung grundsätzlich bestätigt werden. So antworteten 91,7% der Befragten (11 von 12), dass sie eine Financial Due Diligence in jedem Fall selbst durchführen. Die Markt Due Diligence nimmt im Transaktionsprozess bei Turnaround-Beteiligungsunternehmen ebenfalls eine wichtige Rolle ein. So gaben 10 von 12 Befragten an, dass sie für die Beurteilung des Marktes des Zielunternehmens eigene Due Diligence-Arbeiten durchführen, wobei diese durch externe Studien und Meinungen erweitert werden können. Einige der Befragten sehen sogar die Marktkompetenz sowie eine spezifische fundierte Branchenerfahrung und die Fähigkeit eine Markt Due Diligence vollumfänglich selbst durchführen zu können als eine Kernkompetenz von Turnaround-Beteiligungsgesellschaften. Demnach sind das Verständnis von Abläufen sowie „Spielregeln" in einzelnen Märkten, das Mitbringen von spezifischer Markterfahrung in einer Branche und die Formulierung einer strategischen Neuausrichtung des Zielunternehmens auf Basis der Marktgegebenheiten eine Grundvoraussetzung, die die Turnaround-Beteiligungsgesellschaft bei der Durchführung einer Markt Due Diligence mitbringen sollte.

Trotz der Bedeutung von steuerlichen und rechtlichen Aspekten hinsichtlich der finalen Transaktionsstruktur sowie der häufig multidisziplinären Ausbildung von Turnaround-Beteiligungsgesellschaften, werden Arbeiten im Rahmen der Tax und Legal Due Diligence in der Regel fremdvergeben. Hierbei eignen sich insbesondere Wirtschaftsprüfungs- und Rechtsanwaltsgesellschaften, auch wenn zum Teil Mitglieder dieser Berufsgruppen bei Turnaround-Beteiligungsgesellschaften angestellt sind. Aus den Befragungen wurde deutlich, dass dieser Teil des Transaktionsprozesses eher einen technischen Ablauf darstellt, der mehr überprüfenden Charakter hat und weniger zu einem kritischen Kriterium führt, dass die Transaktion scheitern lässt. Trotzdem ist es auch bei Turnaround-Investitionen nach Aussage der Befragten wichtig eine Transaktionsstruktur zu finden, die möglichst für beide Parteien eine steuerlich optimale Situation darstellt, was wiederum die Chancen eines erfolgreichen Transaktionsabschlusses erhöht.

Das technische Verständnis bei produzierenden Unternehmen hinsichtlich der angewendeten Produktionsprozesse sowie der Produkte des Zielunternehmens ist ein weiterer wichtiger Bestandteil im Due Diligence-Prozess von Turnaround-Investitionen. Knapp die Hälfte der Befragten Turnaround-Beteiligungsgesellschaften führen eine Technical Due Diligence in jedem Fall selbst durch, was ein relativ hoher Wert ist, da diese Expertise im Grunde nicht zu den Fähigkeiten von Beteiligungsunternehmen gehört. Dabei zeigten die befragten Turnaround-Beteiligungsgesellschaften schon durch die teilweise technische Ausbildung der Mitarbeiter und Führungskräfte (Diplom-Ingenieur oder Diplom-Wirtschaftsingenieur) eine gewisse technische Kompetenz. Gründe für diesen multidisziplinären Recruiting-Ansatz bei Turnaround-Beteiligungsgesellschaften liegen nicht nur in der angestrebten Fähigkeit, eine Technical Due Diligence selbst durchführen zu können, sondern auch in der angestrebten Führungsposition im Zielunternehmen, die eine gewisse technische Kompetenz verlangt. Hierbei wird deutlich, dass die Branchenfokussierung bei der Strategieformulierung von Turnaround-Beteiligungsgesellschaften eine noch größere Bedeutung einnimmt, als bei klassischen Beteiligungsgesellschaften, da meist nur für bestimmte Bereiche eine ausreichende technische Kompetenz von Turnaround-Beteiligungsgesellschaften abgedeckt werden kann. Ein Interviewpartner gab sogar an, vollkommen auf eine Branche fixiert zu sein, da er und sein Managementteam aus dieser Branche stammen. Dementsprechend verfügen sie nicht nur über eine stark fokussierte technische Kompetenz, sondern auch über ein Beziehungsnetzwerk, das sich nahezu ausschließlich in dieser bestimmten Branche befindet. Die folgende Abbildung zeigt die Auswertung der zu Frage 2.1. gegebenen Antworten:

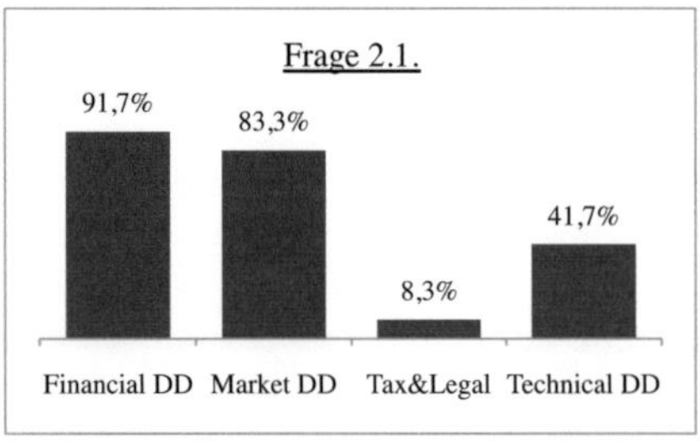

Abbildung 41: Auswertung Frage 2.1

Zudem muss bei der Financial Due Diligence bei einer geplanten Akquisition von Krisenunternehmen der sehr knappe Liquiditätsstatus des Zielunternehmens besonders berücksichtigt werden als im Vergleich zu klassischen Buy-Out-Transaktionen. So ergab die Befragung der Turnaround-Beteiligungsgesellschaften, dass im Zuge der Financial Due Diligence in der Regel auch ein kurzfristiger Liquiditätsplan auf Wochenbasis erstellt wird. Der Liquiditätsplan listet alle Einzahlungen und Auszahlungen in Form einer direkten Liquiditätsermittlung auf und zeigt die zur Verfügung stehende Liquidität inklusive möglicher Kreditlinien von Banken oder sonstigen Finanzierungszusagen. Da dieses Instrument der Liquiditätsplanung in vielen kleinen und mittleren Krisenunternehmen nicht vorliegt, muss dieses erst während der Financial Due Diligence entwickelt werden.[357]

So kann zusammengefasst werden, dass die Begründung für ein starkes Engagement der Turnaround-Beteiligungsgesellschaft in den Due Diligence-Prozess im mehr explorativen Charakter der Due Diligence-Arbeiten bei der Akquisition von Krisenunternehmen liegt. Demnach steht hierbei weniger der überprüfende Charakter von Due Diligence-Arbeiten – wie bei klassischen Eigenkapitalfinanzierungen – im Vordergrund sondern mehr die Erarbeitung einer neuen Unternehmensausrichtung und dem dazugehörigen Umsetzungsplan, der maßgeblich von der Turnaround-Beteiligungsgesellschaft nach der Transaktion durchgeführt wird.

Bei der empirischen Untersuchung von Turnaround-Beteiligungsgesellschaften wurde auch nach den genutzten Methoden für die Analyse von Krisenunternehmen während des Transaktionsprozesses gefragt (Frage 2.6). Allgemein lässt sich festhalten, dass die Befragten in der Regel zunächst mit groben Checklisten arbeiten. In einem nächsten Schritt werden konkrete Instrumente wie zum Beispiel die SWOT-Analyse eingesetzt. 11 von 12 Befragten gaben an, dass sie die SWOT-Analyse als Instrument anwenden, um Krisenunternehmen zu analysieren. So spielt die Analyse der individuellen, unternehmensinternen Stärken sowie Schwächen und eine Untersuchung der Chancen sowie Risiken, die im Unternehmensumfeld vorhanden sind bzw. entstehen können, eine bedeutende Rolle in der Gesamtuntersuchung von Krisenunternehmen. Hierbei können weitere Analysen, wie zum Beispiel das Benchmarking zu anderen Peer Group-Unternehmen (Best Practice-Ansatz) oder eine Prozessanalyse, wertvolle Hinweise zu den unternehmensinternen Stärken sowie Schwächen liefern. Das Unternehmensumfeld kann in einem ersten Schritt mit Hilfe des Five-Forces-Konzepts von Porter beschrieben wer-

[357] Vgl. BRAUNER/LESCHER (2008), S. 388.

den, das zusammenfassend Rückschlüsse auf die Wettbewerbsintensität in einem bestimmten Markt zulässt.[358] Alle befragten Turnaround-Beteiligungsgesellschaften bestätigten, dass sie in einem ersten Schritt versuchen die Krisenursachen des Zielunternehmens zu identifizieren, um dann in einem nächsten Schritt gezielte Gegenmaßnahmen formulieren zu können, die genau an den Ursachen ansetzen. Bei der Aufklärung der Krisenursachen sind nach Angaben der Befragten vor allem Gespräche mit dem Management, den Mitarbeitern sowie anderen Marktteilnehmern von großer Bedeutung.

Aus Frage 2.7 im Fragebogen der empirischen Untersuchung geht hervor, dass finanzwirtschaftliche Kennzahlen neben dem klassischen Buy-Out-Geschäft auch für Turnaround Equity eine hohe Bedeutung haben. Darüber hinaus stellt sich heraus, dass auch operative Kennzahlen zum Geschäftsbetrieb einen ebenso hohen Stellenwert wie finanzwirtschaftliche Kennzahlen einnehmen. Dies trifft vor allem auf Kennzahlen wie Liefertreue, Ausschussrate sowie Zahlungsvereinbarungen zu. Bei den finanzwirtschaftlichen Kennzahlen wird nach Angaben der Befragten ein hohes Gewicht auf liquiditätsorientierte Kennzahlen gelegt, da hier in der Regel ein wesentlicher Engpass bei Zielunternehmen von Turnaround-Beteiligungsgesellschaften vorliegt. Auch wird der Leverage des Zielunternehmens, der sich aus dem EBITDA in Relation zur Nettoverschuldung ergibt, analysiert, um Finanzierungsspielräume zu identifizieren. Trotzdem dienen diese Kennzahlen mehr der Analyse des Ist-Zustands, wobei gerade operative Kennzahlen von Turnaround-Beteiligungsgesellschaften für die Analyse von Ertragspotentialen beim Zielunternehmen für die Investitionsentscheidung, die auf die zukünftigen Perioden gerichtet ist, hilfreich sind. Insgesamt wird ein Mehr oder Weniger bezüglich des Umfanges von eingesetzten Kennzahlensystemen oder so genannten Key Performance Indicators (KPI) von den Befragten sehr unterschiedlich bewertet, so dass hier vor allem persönliche Neigungen der jeweiligen Turnaround-Beteiligungsgesellschaft entscheidend sind.

Hohe Durchfallquoten bezüglich des Deal Flows und tatsächlich abgeschlossener Transaktionen sind ein generelles Merkmal von Eigenkapitalinvestitionen. Dies lässt sich auch bei Turnaround-Beteiligungsgesellschaften erkennen. So gaben ein Drittel der im Rahmen der Interviews befragten Turnaround-Beteiligungsgesellschaften an, dass ihre Erfolgsquote unterhalb von 1% aller angebotenen Investitionsmöglichkeiten liegt. Die Hälfte der Befragten sieht de-

---

[358] Vgl. PORTER (1985), S. 4ff.

ren Erfolgquote über 1% aber unterhalb von 5%. Bei dieser Betrachtung sind auch solche Investitionsmöglichkeiten berücksichtigt, die nur kurz geprüft und dann aufgrund von Merkmalen, die nicht in die Investitionsstrategie passen, zurückgewiesen worden sind. Somit behauptete keiner der Befragten, dass seine Erfolgsquote größer als 5% sei. Hieraus lässt sich die zum Teil verbreitete Anschuldigung, dass Turnaround-Beteiligungsgesellschaften aufgrund günstigerer Einstiegspreise wahllos Zielunternehmen erwerben und dann eher unüberlegt ausprobieren, ob der Turnaround klappt oder nicht, nicht bestätigen. Die hier durchgeführte Befragung hat gezeigt, dass Turnaround-Beteiligungsgesellschaften ihre Zielunternehmen sehr genau auswählen und einem starken Investitionsfokus folgen. Die folgende Abbildung zeigt die Auswertung von Frage 2.8 hinsichtlich der Erfolgsquote von Turnaround-Beteiligungsgesellschaften:

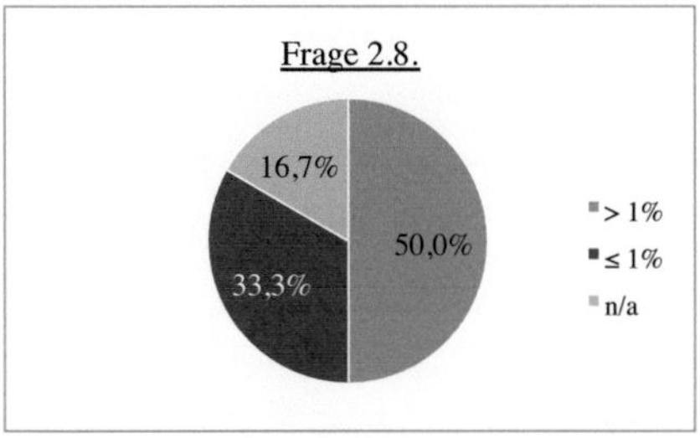

Abbildung 42: Auswertung Frage 2.8

Ein spezifisches Merkmal von Turnaround Equity bzw. Turnaround-Beteiligungsgesellschaften ist die Erarbeitung eines Turnaround-Konzeptes. Die im Rahmen dieser Dissertationsarbeit durchgeführte Befragung von Turnaround-Beteiligungsgesellschaften hat ergeben, dass alle Befragten zu jeder Due Diligence auch ein Turnaround-Konzept erstellen und dieses auch maßgeblich zur Investitionsentscheidung beiträgt. Das Turnaround-Konzept beinhaltet zunächst eine kurze Einführung zur Unternehmenssituation, um danach explizit die Krisenursachen darzustellen. Danach folgt die Formulierung von operativen sowie strategischen Maßnahmen, um die vorliegende Unternehmenskrise zu bewältigen. Schließlich wird unter Berücksichtigung der zu erzielenden Einsparungen sowie Zusatzaufwendungen aus der Restrukturierung ein Finanzplan erstellt, der angibt wie hoch die Kapitallücke ausfällt, die durch die Zuführung zusätzlicher Finanzmittel gedeckt werden muss. Zudem wird aus dem Finanzplan für die Turnaround-Beteiligungsgesellschaft ersichtlich, ob sich eine risikoadäquate Verzinsung mit der Investition erzielen lässt, indem die vermutete ertragsmäßige Entwicklung des

Zielunternehmens in Beziehung zu der für den Turnaround benötigten Zeit und die Höhe der Eigenkapitalzuführung gesetzt wird.

Das Turnaround-Konzept ist aufgrund der zeitkritischen Lage des Zielunternehmens auf die Entwicklung von Maßnahmen sowie deren Umsetzung fokussiert. Dabei wird das Ziel verfolgt, dass notwendige Maßnahmen direkt nach Übernahme der wirtschaftlichen Verantwortung des Zielunternehmens durchgeführt werden können, damit eine drohende Verschlimmerung der Krisensituation verhindert wird. Dabei sollte der Inhalt des Turnaround-Konzeptes nicht nur auf kostensenkende Maßnahmen beschränkt sein, sondern auch umsatzsteigernde Maßnahmen durch die Verbesserung von Marketing- und Vertriebsaktivitäten darstellen. Aus den geführten Interviews wurde deutlich, dass von Turnaround-Beteiligungsgesellschaften eine bewusste Schrumpfung der Geschäftstätigkeit (streamlining strategy) grundsätzlich nicht als zielführend in einer Unternehmenskrise angesehen wird. Da das Zielunternehmen meist jedoch unter einer angespannten Liquiditätssituation leidet, zielen Sofortmaßnahmen des Turnaround-Konzeptes in einem ersten Schritt auf eine Verbesserung der Liquiditätssituation ab bevor sich weiteren Themenbereichen zugewendet werden kann.

Die Befragung von deutschen Turnaround-Beteiligungsgesellschaften hat zudem gezeigt, dass das Turnaround-Konzept grundsätzlich einem festen Zeitplan mit einzelnen Meilensteinen folgt, zu denen jeweils klare Verantwortlichkeiten verteilt werden. Ein brauchbares Instrument zur Messung des Restrukturierungserfolges in der Anfangsphase stellt dabei ein Maßnahmen-Controlling-System dar, das Maßnahmen quantitativ mit Zielgrößen unterlegt und so deren Fortschritt messbar macht. So können Fehlentwicklungen schnell erkannt und gegebenenfalls Korrekturen kurzfristig durchgeführt werden. Dies scheint vor allem aufgrund der besonders kritischen Unternehmenssituation der Zielunternehmen als besonders wichtig. Viele der befragten Turnaround-Beteiligungsgesellschaften gaben an, dass sie in einem ersten Schritt einen 100-Tage-Plan formulieren, bei dem sie sehr aktiv und direkt mit dem Management des Zielunternehmens die wesentlichen Maßnahmen des Turnaround-Konzeptes einleiten. So sollen mit hohem Managementaufwand die Chancen für einen erfolgreichen Turnaround maximiert werden. Die Turnaround-Beteiligungsgesellschaft CFC Industriebeteiligungen GmbH & Co. KGaA gibt zum Beispiel einen 90-Tage-Plan vor, in dem unmittelbar nach erfolgter Transaktion mit der strategischen sowie operativen Neuausrichtung des Zielunternehmens begonnen werden soll. Dabei kann die Turnaround-Beteiligungsgesellschaft selbst die Interimsgeschäftsführung übernehmen oder als beratender Gesellschafter bzw. Beirat tätig werden.

Drei bis zwölf Monate nach der Transaktion sollte der Liquiditätsabfluss des Portfoliounternehmens gestoppt sein und eine Stabilisierung des Geschäftes sollte eintreten. Ein Interviewpartner gab an, dass er grundsätzlich voraussetzt, dass der Liquiditätsabfluss mit Abschluss der Transaktion gestoppt ist und er nicht bereit sei, einen konstant negativen operativen Cashflow zu übernehmen. Trotz dieser relativ kurzen Zeitspanne, in der eine Stabilisierung des Geschäftes erreicht werden soll, gehen Turnaround-Beteiligungsgesellschaften im Allgemeinen von 3 bis 5 Jahren aus, die das Zielunternehmen für die Erreichung eines nachhaltigen Ertragsniveaus benötigt. Der operative Turnaround, bei dem sich die Turnaround-Beteiligungsgesellschaft durch ein besonders aktives Beteiligungsmanagement auszeichnet, kann jedoch schon nach 18 bis 24 Monaten abgeschlossen sein.

Die Erarbeitung und Umsetzung des Turnaround-Konzeptes können somit als eine der Kernkompetenzen von Turnaround-Beteiligungsgesellschaften interpretiert werden. Die Komplexität und der breite Anforderungsumfang führen dazu, dass externe Berater für die Erstellung des Turnaround-Konzeptes hinzugezogen werden. Dies bestätigten 5 der 12 befragten Unternehmen. Gründe dafür liegen neben der Komplexität auch in den zum Teil kleinen Organisationseinheiten von Turnaround-Beteiligungsgesellschaften und der Individualität jeder Investition. Somit können externe Berater dazu beitragen, mögliche Ressourcenlücken bei der Turnaround-Beteiligungsgesellschaft zu schließen und die Chancen eines Turnarounds zu erhöhen. Die folgende Abbildung zeigt die Auswertung der Frage hinsichtlich des Einsatzes zusätzlicher externer Beratungskapazitäten bei der Erstellung des Turnaround-Konzeptes:

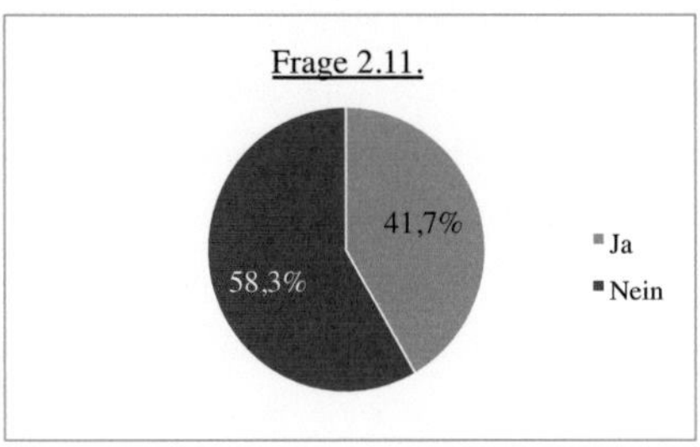

Abbildung 43: Auswertung Frage 2.11

Die Ausführungen der letzten Textpassagen haben gezeigt, dass die Entwicklung eines schlüssigen Turnaround-Konzepts nicht nur eine Kernkompetenz von Turnaround-Beteiligungsgesellschaften ist, sondern auch zur Auswahl erfolgversprechender Zielunternehmen beiträgt. Darüber hinaus kann vermutet werden, dass Turnaround-Beteiligungsgesellschaften bestimmte Grenzen im Hinblick auf Jahresabschlusszahlen des Zielunternehmens setzen. Die durchgeführte Befragung offenbart, dass die Mehrheit aller Interviewpartner weder bei den bestehenden Fremdkapitalmitteln (66,7%) noch bei Jahresfehlbeträgen der vergangenen Jahre des Zielunternehmens (83,3%) Grenzen hinsichtlich der Investitionsentscheidung definieren. Es gab sogar in einem Fall die Behauptung, „je höher die Jahresfehlbeträge sind, desto besser". Die folgenden Abbildungen stellen die Auswertungen von Frage 2.3. bezüglich der Übernahme von Fremdkapitalmitteln sowie 2.4. bezüglich Jahresüberschussgrenzen grafisch dar:

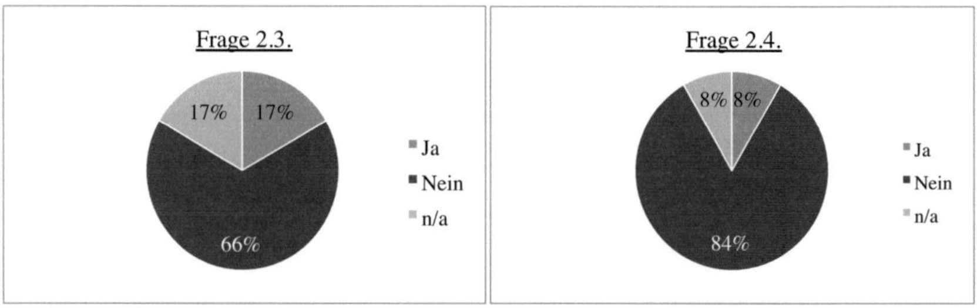

Abbildung 44: Auswertung Frage 2.3 und Frage 2.4

Die Aussagen bezüglich des zu übernehmenden Fremdkapitals müssen jedoch relativiert werden, da Turnaround-Beteiligungsgesellschaften grundsätzlich einen so genannten „hair cut" anstreben. Dies bedeutet, dass von den betreffenden Banken ein teilweiser Verzicht auf Forderungen gegenüber dem Zielunternehmen ausgesprochen wird. Dies kann nach Aussage der Interviewpartner bis zu 70% der derzeitigen Forderungssumme ausmachen. Banken gehen auf diese Forderungen zum Teil ein, weil sie hoffen dadurch einen Teil ihrer Forderungen zu retten. In manchen Fällen stellt der Einstieg einer Turnaround-Beteiligungsgesellschaft die einzige Alternative dar, um die Werthaltigkeit der Forderungen der Banken aufrechtzuerhalten. Diese Situation wird von Turnaround-Beteiligungsgesellschaften dazu genutzt, den Verschuldungsgrad des Zielunternehmens im Zuge der Transaktion auf ein gesundes Maß zurückzuführen. Der Einsparungseffekt wird sofort wirksam und stärkt den Cashflow des Zielunternehmens, der dringend für die Herausforderungen des Turnarounds benötigt wird. So formulieren Turnaround-Beteiligungsgesellschaften in vielen Fällen eine Zielbilanz zum Transaktionsstichtag, die den Startpunkt des Businessplans darstellt und auch die Ausgangsituation für den Turnaround definiert.

Trotzdem wird grundsätzlich angenommen, dass kontinuierlich ansteigende Verluste beim Zielunternehmen in den letzten 3 oder 5 Geschäftsjahren die Chancen auf einen erfolgreichen Turnaround in einer attraktiven Zeitspanne signifikant verringern. Dabei muss jedoch unterschieden werden, ob der Verlust aus dem operativen Geschäft heraus entstanden ist oder ob einmalige Sondereffekte zum negativen Ergebnis geführt haben. Somit erlangt auch hier der Blick auf die Liquiditätssituation des Zielunternehmens einmal mehr an Bedeutung für Turnaround-Beteiligungsgesellschaften. Des Weiteren kann die Ertragslage des Zielunternehmens überdurchschnittlich stark durch Konzernumlagen oder sonstigen Kosten belastet sein, die bei einer geplanten Transaktion entfallen würden. Vergangenheitsorientierte Zahlen spielen für Turnaround-Beteiligungsgesellschaften eine untergeordnete Rolle, da sie überwiegend ihre Gültigkeit für die Entwicklung des zukunftsgerichteten Businessplans unter der Annahme eines Eigentümerwechsels verlieren.

Zusammenfassend kann festgehalten werden, dass die Befragung deutlich gemacht hat, dass Jahresabschlusszahlen des Zielunternehmens – zum Beispiel die Verschuldung oder die Jahresfehlbeträge – in der Regel nicht entscheidend für die Auswahl von Krisenunternehmen sind. Auch Cashflow-Zahlen der vergangenen Perioden kommen nur eine untergeordnete Bedeutung zu. Dies liegt im Wesentlichen an der geplanten Umstrukturierung des Zielunternehmens gemäß des Turnaround-Konzeptes, so dass Zahlen aus den vergangenen Perioden zwar für die Analyse der Krisenursachen wichtig sind, jedoch für die Unternehmensplanung auf ihre Gültigkeit hin überprüft werden müssen.

Die Auswahl von Krisenunternehmen folgt bei Turnaround-Beteiligungsgesellschaften also nicht notwendigerweise klaren quantitativen Kennzahlen hinsichtlich der finanzwirtschaftlichen Leistungsfähigkeit des Zielunternehmens in den vergangenen Perioden. Welche sonstigen Kriterien halten eine Turnaround-Beteiligungsgesellschaft von einer Investitionsentscheidung ab? Die Interviews weisen darauf hin, dass ein tiefes Marktverständnis sowie ein starker Branchenfokus zu den wichtigsten Faktoren bei der Auswahl von Krisenunternehmen für das Portfolio von Turnaround-Beteiligungsgesellschaft zählen. Somit muss das Zielunternehmen seine Geschäftstätigkeit innerhalb der Märkte haben, zu denen die Ressourcen, Fähigkeiten und Erfahrungen der jeweiligen Turnaround-Beteiligungsgesellschaft möglichst gut passen.

Dies begründet auch, warum Turnaround-Beteiligungsgesellschaften zum Teil kleine Organisationseinheiten darstellen, da sie sehr spezialisiert mit einem starken Branchenfokus arbeiten.

Diese starke Betrachtung marktorientierter Faktoren bezieht sich auch auf die Marktposition des Zielunternehmens. Zunächst muss auch ein Krisenunternehmen einen bestimmten Markt für dessen Produkte oder Dienstleistungen vorweisen können. Ist diese Grundlage der Geschäftstätigkeit nicht mehr gegeben, wird es schwierig sein, eine Strategie zur Sicherung der nachhaltigen Überlebensfähigkeit zu formulieren. Zudem sollte der Markt des Zielunternehmens auch ein gewisses Maß an Zukunftsfähigkeit zeigen, damit Innovationsprozesse, die grundsätzlich langfristig angelegt sind und während eines Turnarounds nur schwer finanzierbar sind, in eine strategische Neuausrichtung einbezogen werden können. Von besonderer Bedeutung für die Turnaround-Beteiligungsgesellschaft ist dabei das Produktportfolio des Zielunternehmens, welches in seiner Struktur mittels des Produktlebenszykluskonzeptes untersucht werden kann.

Darüber hinaus sollte ein Zielunternehmen über genügend Umsatzerlöse verfügen, damit ein Minimum an Marktmacht auch während der Krisensituation erhalten werden kann. Ein Interviewpartner gab an, dass bei Turnaround Equity im Grunde keine festen Grenzen hinsichtlich einer Investitionsentscheidung formuliert werden können, sondern die Kreativität der Turnaround-Beteiligungsgesellschaft darüber entscheidet, ob eine marktseitige Basis für den Fortbestand des Zielunternehmens gefunden werden kann. Er gab weiterhin an, dass selbst wenn der bestehende Markt des Zielunternehmens aufgrund von Substitutionsprodukten ausläuft, sein Unternehmen nach Lösungen suchen wird, die durch den Einsatz neuer Technologien, neuer Marktstrategien oder die Zusammenlegung mit anderen Portfoliounternehmen, eine Zukunft für das betreffende Unternehmen aufzeigen können. Die grundlegende Frage bei der Auswahl von Zielunternehmen ist: „Was (Welche Bestandteile) reizt mich noch am Zielunternehmen und was sind die eigentlichen Kompetenzen des Zielunternehmens“. Dies bekommt vor allem dann Gültigkeit, wenn die Transaktionsstruktur es zulässt, nur bestimmte Teile des Krisenunternehmens zu erwerben und somit nicht das Zielunternehmen als Ganzes zu betrachten.

Das Turnaround-Konzept bzw. der Turnaround-Prozess führt in vielen Fällen zu Veränderungen in der Zusammensetzung der Führungskräfte im Zielunternehmen. Ein Teil der Interviewpartner gab an, dass Abhängigkeiten von einer oder wenigen Schlüsselpersonen einen weiteren kritischen Punkt bei der Auswahl von Krisenunternehmen darstellt. Schlüsselmitarbeiter sollten vorzugsweise die Transaktion unterstützen und beim Unternehmen während des gesamten Turnaround-Prozesses verbleiben. Dies trägt nicht nur zu einer hohen Qualität im Management bei, sondern hat auch eine bindende Wirkung bei den Mitarbeitern, wenn langjährige Beziehungen nicht aufbrechen. Zudem kann so internentwickeltes Wissen vor einem möglichen Transfer zu Wettbewerbern bewahrt werden. Trotzdem wird die Turnaround-Beteiligungsgesellschaft mit höchster Sorgfalt die Führungspositionen im Zielunternehmen besetzen, da der Erfolg eines Turnarounds maßgeblich von den handelnden Personen abhängig ist.

Ein weiteres wichtiges Kriterium bei der Auswahl eines Krisenunternehmens für das Beteiligungsportfolio von Turnaround-Beteiligungsgesellschaften ist die Bereitschaft von Mitarbeitern und Stakeholdern – Banken, Kunden oder Lieferanten – einen Beitrag zum Turnaround zu liefern. Dies kann darin Ausdruck finden, dass Kunden eine temporäre Preiserhöhung akzeptieren oder die Mitarbeiter auf einen Teil ihres Gehaltes bzw. Lohnes verzichten. Dieser interne und externe Beitrag ist bei Turnaround-Investitionen oft ein entscheidender Baustein dafür, dass auch die Turnaround-Beteiligungsgesellschaft sich bereit erklärt, Finanzmittel sowie umfangreiche Managementkapazitäten zur Verfügung zu stellen. Es kann häufig nur mit dieser Unterstützung aller Beteiligten ein belastbares, plausibles und nachhaltiges Turnaround-Konzept erstellt werden, damit das Zielunternehmens wieder marktfähig aufgestellt werden kann. Daher können Turnaround-Investitionen auch von der Unterstützungsbereitschaft einer Partei abhängen und im Zweifel scheitern.

Einigkeit unter den befragten Turnaround-Beteiligungsgesellschaften herrschte bezüglich Betrugsvorfällen oder anderen kriminellen Handlungen. Letzteres kann bei Krisenunternehmen vorkommen, da kein anderer Ausweg aus der Krise gesehen wird, als sich unrechtmäßiger Praktiken zu bedienen, was in den seltensten Fällen Erfolg zeigt und eher aufschiebenden Charakter hat. Liegen Indizien dafür vor, so wird grundsätzlich Abstand von einer Investition genommen. Turnaround-Beteiligungsgesellschaften sind nicht gewillt die Risiken oder Verpflichtungen aus solchen Vorfällen zu tragen, die auch sie selbst erfassen könnten.

Die folgende Abbildung fasst die Auswertungen der Fragen hinsichtlich der Auswahl erfolgversprechender Krisenunternehmen zusammen und gibt einen Überblick zu Kriterien, die die Investitionsentscheidung von Turnaround-Beteiligungsgesellschaften gemäß der durchgeführten Befragung wesentlich beeinflussen:

Kriterien für die Auswahl von Krisenunternehmen bei Turnaround-Investitionen

Finanzperspektive	Management & Stakeholder	Marktperspektive
▪ Kritische Umsatzgröße ▪ Auftragsbestand ▪ Produktkalkulation ▪ Finanzierungsstruktur ▪ Exit-Möglichkeiten ▪ Verzinsungserwartungen ▪ Umsatzerhöhungen ▪ Kostensenkungen ▪ Zukünftiger Cashflow ▪ Restrukturierungsaufwand ▪ Bürgschaften / Garantien	▪ Beitrag der Stakeholder im Turnaround-Prozess ▪ Verkaufspreiserhöhungen ▪ Gehalts- / Lohnverzichte ▪ Personelle Abhängigkeiten ▪ Verständnis zu den Krisenursachen ▪ Geeignete Managementkapazitäten ▪ Betrug / kriminelle Handlungen	▪ Branchenfokus ▪ Marktnachfrage ▪ Marktposition ▪ Marktmacht ▪ Unausgewogenes Produktportfolio ▪ Innovationskraft ▪ Technologische Kompetenz

Abbildung 45: Auswahlkriterien für Krisenunternehmen[359]

7.2. Bewertung von Krisenunternehmen bei Eigenkapitalfinanzierungen

7.2.1. Grenzen traditioneller Bewertungsansätze

Der für den empirischen Teil dieser Dissertationsarbeit eingesetzte Fragebogen zielt in Kapitel 3 darauf ab, Rückschlüsse auf die Bewertung von Krisenunternehmen im Zuge einer Eigenkapitalfinanzierung von Turnaround-Beteiligungsgesellschaften zu sammeln. Dabei wurden vor allem einzelne Parameter traditioneller Bewertungsmethoden – DCF-Methode und Multiplikator-Verfahren – abgefragt. Die geführten Interviews zeigen, dass diese traditionellen Bewertungsmethoden keine entscheidende Rolle bei der Bestimmung des Kaufpreises, der eine Verhandlungsgröße darstellt, einnehmen. Nach Aussage einiger Interviewpartner werden DCF-Bewertungen lediglich überprüfend angefertigt oder für bestimmte Adressaten, wie zum Beispiel Banken, die eine unterstützende Finanzierung auf Basis einer DCF-Bewertung rechtfertigen müssen. Somit tragen DCF-Ansätze oder Multiple-Verfahren aussagegemäß nur begrenzt zur Bestimmung von Entscheidungswerten von Turnaround-Beteiligungsgesellschaften hinsichtlich der Kaufpreisverhandlungen bei. Etliche der Fragen (3.2. bis 3.9.) wurden von den Interviewpartnern als nicht relevant für ihr Bewertungsvorgehen bezeichnet. Die Interviews haben auch dargelegt, dass selbst wenn eine DCF-Methode angewendet wird, für die Berechnungsgrundlagen hinsichtlich Betafaktoren oder der Kapitalkosten (WACC) grobe Annahmen gewählt werden, um eine praktikable Vorgehensweise anzuwenden.

[359] Eigene Darstellung.

In der Theorie wird behauptet, dass grundsätzlich keine Unterschiede zwischen der Bewertung von Krisenunternehmen und profitablen Unternehmen bestehen. Daher ist die Mehrheit der Meinung, dass traditionelle Bewertungsmethoden auch bei Turnaround-Investitionen angewendet werden können. Dies resultiert unter anderem aus der Annahme subjektiver Unternehmenswerte und Studien, die zeigen, dass das Insolvenzrisiko keine Auswirkungen auf die Unternehmensbewertung hat.[360] Somit nimmt die Bewertung von Krisenunternehmen auch in der Literatur eine eher geringe Bedeutung ein. Trotzdem gibt es Gründe, die gegen die Anwendung traditioneller Bewertungsmethoden im Zuge einer Turnaround-Investition sprechen, um zu geeigneten Entscheidungswerten zu gelangen.

Zunächst ist es wichtig zwischen dem Kaufpreis der zur Disposition stehenden Geschäftsanteile und den für den Turnaround benötigten Restrukturierungsaufwand zu unterscheiden. Zusammen ergeben diese beiden Beträge die Transaktionssumme. Die Transaktionssumme ist für die Turnaround-Beteiligungsgesellschaft deswegen von Bedeutung, da die Unternehmensanteile im Einzelfall für einen symbolischen Kaufpreis in Höhe von EUR 1 angeboten werden. Im Gegenzug verpflichtet sich die Turnaround-Beteiligungsgesellschaft, einen signifikanten Betrag an Eigenkapitalmitteln dem Zielunternehmen für den Restrukturierungsprozess zur Verfügung zu stellen. Somit ist die Transaktionssumme bei der Bewertung des Zielunternehmens zu berücksichtigen und nicht nur der reine Kaufpreis der Geschäftsanteile.

In manchen Fällen kann die Transaktionssumme auch negativ ausfallen, so dass die Turnaround-Beteiligungsgesellschaft vom Verkäufer für eine erfolgreiche Fortführung der Zielgesellschaft noch einen finanziellen Beitrag erhält. Dieses Vorgehen kann für den Verkäufer dann wirtschaftlich sinnvoll sein, wenn die Gesamtkosten aus den finanziellen Verpflichtungen, die sich aus der Krisensituation ergeben, höher bewertet werden als die einmalige Zahlung eines negativen Kaufpreises. Dabei muss vom Verkäufer auch das Insolvenzrisiko bzw. das Risiko eines langwierigen Turnaround-Prozesses inklusive der Bindung von Managementressourcen in seine Überlegungen einbezogen werden. Somit stellen die Verhandlungen über den Kaufpreis von Geschäftsanteilen nur einen Baustein in den Gesamtverhandlungen zu einer möglichen Transaktion dar. Ebenso wichtig sind für den Verkäufer eine plausible Strategie hinsichtlich der Zukunftsfähigkeit des Unternehmens unter der Führung der Turnaround-Beteiligungsgesellschaft und ein möglichst ruhiger Geschäftsübergang auf den neuen Eigen-

[360] Vgl. KUCHER (2006), S. 101f.

tümer. Vor allem internationaltätige Konzernunternehmen sind darum bemüht, dass ihre Reputation im Zuge einer Transaktion einer krisenbehafteten Aktivität nicht leidet. In den meisten Fällen sind auch nur größere Konzernunternehmen in der Lage einen signifikanten Beitrag zur Restrukturierung in Form eines negativen Kaufpreises zu leisten, da sie über notwendige Liquiditätsreserven aus ihrem Stammgeschäft verfügen (carve outs). Sofern das Zielunternehmen ein Unternehmen in Familieneigentum ist, verfügen die Eigentümer häufig nicht mehr über größere Finanzmittel, um einen negativen Kaufpreis zu zahlen. Zudem macht es bei ihnen meist keinen Sinn, da sie mit einer Insolvenz in der Regel eine gewisse Haftungsabsicherung haben.

Neben diesen Überlegungen zur Abgrenzung von Kaufpreis und Transaktionssumme sowie negativer Kaufpreise, stellt der hohe Unsicherheitsgrad bezüglich der zukünftigen Entwicklung von Krisenunternehmen ein weiteres Merkmal dar, welches traditionelle Bewertungsmethoden für die Bestimmung von Entscheidungswerten für Kaufpreisverhandlungen von Turnaround-Beteiligungsgesellschaften nur eingeschränkt brauchbar machen. Dies resultiert vor allem aus dem nur schwer absehbaren Verlauf des Turnaround-Prozesses und dessen genaue Auswirkung auf die Ergebnislage des Zielunternehmens. Der Umfang zukünftiger Ertragschancen ist sehr breit und lässt sich nicht systematisch planen. Die Businessplanung des Managements des Zielunternehmens zeigt häufig einen so genannten „Hockey-Stick“ oder „V-Effekt“ hinsichtlich der zukünftigen Umsatz- und Ertragsentwicklung, wobei dem Bild eines Hockeyschlägers bzw. eines „V“ gefolgt wird. Dabei muss hinterfragt werden, warum dies genau mit dem Transaktionsstichtag erfolgen sollte und warum der Restrukturierungsprozess nicht schon zuvor erfolgreich umgesetzt werden konnte. Zudem wird von einer zu schnellen Erholung aus der Krisensituation ausgegangen, so dass geplante Maßnahmen hinsichtlich ihrer quantitativen Wirksamkeit geprüft werden müssen. Gemäß der geführten Interviews besteht weitgehend Einigkeit unter den Befragten die Geschäftsplanung so aufzubauen, dass ca. drei Jahre nach der Transaktion ein branchendurchschnittliches Ergebnis wieder annähernd erreicht wird. Die Unterschiede zwischen diesem möglichen Szenario und einem Insolvenzszenario sind so groß, dass traditionelle Bewertungsansätze nur grobe Ansatzpunkte für die Kaufpreisverhandlungen bieten können. Vor allem der DCF-Ansatz stellt maßgeblich auf die Bewertung der ewigen Rente als des nachhaltigen Ergebnisses ab. Davon ist das Zielunternehmen jedoch beim Zeitpunkt der Übernahme weit entfernt und erst Maßnahmen der Turnaround-Beteiligungsgesellschaft führen zu einer Verbesserung der Ertragslage des Zielunternehmens. Insoweit ist fraglich, ob dem Verkäufer der Wert einer nachhaltigen Rente vollkommen zugeschrieben werden kann.

Darüber hinaus bieten Zielunternehmen von Turnaround-Beteiligungsgesellschaften auch für Multiplikator-Verfahren nur eine eingeschränkte Berechnungsgrundlage, da sie in der Regel negative Ertragskennzahlen vorweisen. Dies kann sowohl für die laufende Periode als auch für zukünftige Perioden gelten. Somit führt eine Multiplikation von negativen Basiszahlen zu negativen Unternehmenswerten, deren Signifikanz fraglich ist und nicht dem eigentlichen Anwendungshintergrund von Multiplikatoren entspricht.

7.2.2. Der Reverse Income Approach – Ein Alternativvorschlag

Die Bewertung von Krisenunternehmen im Zuge einer geplanten Eigenkapitaltransaktion ist stark verhandlungsorientiert und durch eine hohe Subjektivität der Parteien geprägt, vor allem aufgrund des hohen Unsicherheitsgrades bezüglich der zukünftigen Entwicklung des Zielunternehmens inklusive der geplanten Maßnahmen gemäß des Turnaround-Konzepts. Die Befragung von Turnaround-Beteiligungsgesellschaften hat gezeigt, dass Bewertungen von Krisenunternehmen im Rahmen von Eigenkapitaltransaktionen mehr als Bestimmung der Transaktionssumme zu verstehen sind und dabei eine hohe Praktikabilität aufweisen. Zunächst wird dazu der Finanzmittelbedarf des Zielunternehmens bestimmt. Hierbei wird der Frage gefolgt, welche Höhe an liquiden Mitteln notwendig ist, um das Zielunternehmen zu seinem Break-Even-Punkt zu führen und welche Zeitspanne dieser Prozess inklusive aller Restrukturierungsmaßnahmen in Anspruch nehmen soll. Bezüglich Frage 3.11. des Fragebogens antworteten alle befragten Interviewpartner, dass sie den vom Management des Zielunternehmens entwickelten Businessplan selbst überprüfen und in gemeinsamen Workshops mit Hilfe verschiedener Experten anpassen, um eine Verbindung zum Turnaround-Konzept herzustellen. Insoweit bietet die Managementplanung lediglich ein Grundgerüst auf dem die Turnaround-Beteiligungsgesellschaft aufsetzen kann. Dabei wird bei der Businessplanerstellung ein starkes Gewicht auf die Planung der zukünftigen Cashflows und nicht auf Jahresüberschüsse gelegt, da diese in der kritischen Krisensituation des Zielunternehmens von nachrangiger Bedeutung sind.

Der Businessplan gibt nicht nur Aufschluss darüber in welcher Höhe Finanzmittel für den anstehenden Turnaround-Prozess benötigt werden, sondern gibt auch eine Indikation zum Unternehmenswert nach erfolgreichem Abschluss des Turnarounds. Annahmegemäß befindet sich das Portfoliounternehmen in dieser Phase nicht länger in einer Unternehmenskrise und erwirtschaftet wieder eine nachhaltige Ertragsrendite. Die Unternehmensplanung weist zudem ein durchschnittliches Risikoprofil auf, so dass das Unternehmen dann über verschiedene Kanäle die Möglichkeiten zu einem Verkauf (Exit) bietet.

Die Ergebnisse aus den Interviews mit Turnaround-Beteiligungsgesellschaften haben zu diesen Vorüberlegungen geführt und dazu angeregt einen alternativen Bewertungsansatz zu entwickeln. Dieser soll vor allem einen Beitrag zur Bestimmung der Transaktionssumme, die unter wirtschaftlichen Gesichtspunkten von Turnaround-Beteiligungsgesellschaften bei einer geplanten Investition in ein Krisenunternehmen als Verhandlungsgegenstand verwendet werden kann, leisten.

Der entwickelte Ansatz wird als „Reverse Income Approach" bezeichnet und ist beispielhaft in der folgenden Abbildung dargestellt:

	Jahr					
	0	**1**	**2**	**3**	**4**	**5**
Risikoloser Zinssatz (Alternativrendite)	4,0%					
Einzahlungen aus Dividenden		0	0	100	200	300
Aufgezinste Dividendenzahlungen		0	0	108	208	300
Kum. aufgezinste Dividendenzahlungen						**616**
Ziel-EBITDA						1.500
Markt-Multiple						4,5
Restrukturierungsabschlag						50%
Multiple nach Abschlag						2,3
Enterprise Value						3.375
Nettofinanzstatus						-750
Equity Value						2.625
Geschäftsanteil am Unternehmen						85%
Transaktionskosten (pro rata)						-50
Kalk. Zielverkaufserlös						2.181
Gesamtwert						**2.797**
Minimum IRR	25,0%					
Maximale Transaktionssumme	**917**					
Ziel-Verzinsung		*1.146*	*1.432*	*1.790*	*2.238*	*2.797*

Abbildung 46: Bewertung nach dem Reverse Income Approach

Das Hauptziel des Reverse Income Approach ist die Identifikation der maximalen Transaktionssumme, die sowohl den Kaufpreis für die zur Disposition stehenden Geschäftsanteile als auch die für die Restrukturierung benötigten zusätzlichen Finanzmittel beinhaltet. In einem ersten Schritt wird zunächst der Zeitrahmen, über den die Kalkulation durchgeführt werden soll, und der Kapitalisierungszinssatz bestimmt. Dabei sollte ein Zeitrahmen von 3 bis 5 Jahren angenommen werden, so dass nach Ablauf dieser Zeitspanne sich das Zielunternehmen in einem verkaufsfähigen Zustand befindet und wieder eine nachhaltige Rendite erwirtschaftet. Beim Kapitalisierungszinssatz kann unter der Annahme, dass die Turnaround-Beteiligungsgesellschaft die Möglichkeit hat, ihr Kapital quasi risikolos alternativ anzulegen, ein Basiszinssatz gewählt werden.

Zur Berechnung des Gesamtwertes des Zielunternehmens werden alle geplanten Einzahlungen an die Turnaround-Beteiligungsgesellschaft addiert, so dass dieser einen Wert zum Abschluss des gewählten Zeitrahmens angibt. Der Gesamtwert des Zielunternehmens beinhaltet sowohl kontinuierliche Zahlungsströme, wie Dividendenzahlungen oder weiterbelastete Beraterhonorare, als auch den einmaligen kalkulatorischen Zielverkaufserlös am Ende des gewählten Zeitrahmens. Die kontinuierlichen Zahlungsströme zum Ende des Zeitrahmens sind zusammenzufassen und gegebenenfalls aufzuzinsen, je nachdem wann deren Entstehungszeitpunkt geplant ist. Im Beispiel in Abbildung 46 wurde ein Zeitrahmen von 5 Jahren (t_{exit}) gewählt und lediglich Dividendenzahlungen als kontinuierliche Zahlungsströme mit einem Kapitalisierungszinssatz in Höhe von 4% p.a. angenommen. Die Daten für die Berechnung der kumulierten aufgezinsten Dividendenzahlungen in t_{exit} sind aus der Mehrjahresplanung des Zielunternehmens zu entnehmen und sollten im erarbeiteten Turnaround-Konzept enthalten sein.

Der zweite Bestandteil des Gesamtwertes des Zielunternehmens ist der kalkulatorische Verkaufserlös zum Ende des betrachteten Periodenzeitraumes. Dieser kann aufgrund der angestrebten Praktikabilität mittels einer Zielrendite und eines Multiples bestimmt werden. Im obigen Beispiel (Abbildung 46) wurde dazu ein Ziel-EBITDA gewählt, das gemäß des Turnaround-Konzeptes nach Ablauf des fünften Jahres erreicht werden soll und eine Renditegröße nach erfolgtem Turnaround darstellt. Der dazugehörige Multiplikator kann zunächst auf Basis üblicher Bestimmungsmethoden ermittelt (s. Kapitel 4.3.3.) oder aus veröffentlichten Mulitplikator-Tabellen entnommen werden. Damit die Problematik der Zurechnung der geplanten Wertsteigerung des Zielunternehmens, welche maßgeblich durch die Turnaround-Beteiligungsgesellschaft erbracht wird, Berücksichtigung finden kann, ergibt sich der Enterprise Value des Zielunternehmens mittels der Anwendungen eines Multiples nach Restrukturierungsabschlag. Dieser wurde im Beispiel in Abbildung 46 mit 50% auf den Markt-Multiple angesetzt.

Der Finanzplan des Zielunternehmens, welcher dem Turnaround-Konzept beigefügt sein sollte, gibt zudem Informationen zur geplanten Entwicklung des Nettofinanzstatus des Zielunternehmens. Die Addition von Enterprise Value und Nettofinanzstatus ergibt dann den Equity Value des Zielunternehmens auf Basis der Zielrendite am Ende des betrachteten Zeitrahmens. Schließlich erfolgt die Berechnung des kalkulatorischen Zielverkaufserlöses durch die Berücksichtigung des Geschäftsanteils der Turnaround-Beteiligungsgesellschaft am Zielunternehmen sowie den anteilig zu tragenden Transaktionskosten, die während des Verkaufsprozesses entstehen.

Die Summe aus den kumulierten aufgezinsten kontinuierlichen Zahlungsströmen und dem kalkulatorischen Zielverkaufserlös zeigt dann den Gesamtwert des Zielunternehmens zum Ende des betrachteten Zeitrahmens. Somit bezeichnet der Gesamtwert eine grobe Herleitung des zukünftigen Wertpotentials des Zielunternehmens. Die Berechnung der maximalen Transaktionssumme erfolgt schließlich unter der Berücksichtigung der von der Turnaround-Beteiligungsgesellschaft individuell festgelegten Zielverzinsung des eingesetzten Kapitals. So wird der Wert bestimmt, der am geplanten Transaktionsstichtag (Erwerbszeitpunkt der Anteile des Zielunternehmens) maximal aufgewendet werden kann, um die minimale Zielverzinsung (IRR)[361] erreichen zu können. Im Beispiel in Abbildung 46 bedeutet dies, dass die Turnaround-Beteiligungsgesellschaft am Transaktionsstichtag maximal TEUR 917 aufwenden kann, um bei der angenommenen zukünftigen Ertrags- und Wertentwicklung des Zielunternehmens eine jährliche Verzinsung in Höhe von 25% zu erzielen. Somit legt die errechnete maximale Transaktionssumme je nach Wahl der zu Grunde liegenden Annahmen einen Höchstpreis für die Turnaround-Beteiligungsgesellschaft hinsichtlich der Kaufpreisverhandlungen mit dem Verkäufer fest.

Die wesentlichen Treiber der Transaktionssumme sind das Ziel-EBITDA, welches vom Businessplan des Zielunternehmens abgeleitet werden kann, der angewendete Markt-Multiple sowie die Höhe des Restrukturierungsabschlages und die antizipierte Verzinsung der Turnaround-Beteiligungsgesellschaft. In der Beispielrechnung in Abbildung 46 nimmt der kalkulatorische Zielverkaufserlös einen Anteil gemessen am Gesamtwert des Zielunternehmens in Höhe von 78% ein. Dies unterstreicht die Sensibilität gegenüber den Annahmen des Ziel-

[361] Vgl. BUCHNER/KASERER/WAGNER (2006), S. 3.

EBITDA und des Multiples, die die Berechnungsgrundlage für die Berechnung des kalkulatorischen Zielverkaufserlöses bilden.

Die im Rahmen dieser Dissertation durchgeführten Interviews mit Turnaround-Beteiligungsgesellschaften ergaben, dass die Erwartungen bezüglich des eingesetzten Kapitals wegen des hohen Investitionsrisikos und dem damit einhergehenden Managementaufwand bei rund 25% liegen. Dabei beinhaltete das eingesetzte Kapital sowohl den Kaufpreis für die Geschäftsanteile als auch die Summe der von der Turnaround-Beteiligungsgesellschaft zu tragenden Restrukturierungsaufwendungen, die während des betrachteten Zeitraumes für das Zielunternehmen geplant sind. Eine Berechnung der Verzinsung auf den Kaufpreis der Geschäftsanteile ergibt bei Turnaround-Investitionen im Falle negativer oder symbolischer Kaufpreise keinen Sinn. Der Reverse Income Approach kann in verschiedenen Szenarien gerechnet werden, um kritische Annahmen zu verändern und somit zu einer Bandbreite bei der Transaktionssumme zu gelangen. Das Ausmaß der Bandbreite richtet sich vor allem nach dem vorliegenden Unsicherheitsgrad sowie nach der Risikobereitschaft der Turnaround-Beteiligungsgesellschaft.

Die folgende Abbildung zeigt eine Sensitivitätsanalyse einer marginalen Veränderung dieser beiden Einflussfaktoren am Beispiel der in Abbildung 46 durchgeführten Berechnung:

Sensitivität Ziel-EBITDA	Sensitivität Multiple (nach Abschlag)								
	-1	-0,75	-0,5	-0,25	0	0,25	0,5	0,75	1
-20%	394	478	562	645	729	812	896	979	1.063
-15%	421	509	598	687	776	864	953	1.042	1.131
-10%	447	541	635	729	823	917	1.011	1.105	1.199
-5%	473	572	671	770	870	969	1.068	1.167	1.267
0	499	603	708	812	**917**	1.021	1.126	1.230	1.334
5%	525	635	744	854	964	1.073	1.183	1.293	1.402
10%	551	666	781	896	1.011	1.126	1.240	1.355	1.470
15%	577	697	817	938	1.058	1.178	1.298	1.418	1.538
20%	603	729	854	979	1.105	1.230	1.355	1.481	1.606

Abbildung 47: Sensitivitätsanalyse zum Reverse Income Approach

7.3. Geeignete Transaktionsstrukturen bei Erwerb von Krisenunternehmen

Wie in Kapital 4.4.1. erläutert, erfordert eine Turnaround-Investition umfangreiche Einflussmöglichkeiten auf das Zielunternehmen, um eine hohe Kontrolle über die eingebrachten Finanzmittel zu erhalten und die Maßnahmen des Turnaround-Konzept uneingeschränkt umsetzen zu können. Somit können durch den Erwerb eines Mehrheitsanteils am Zielunternehmen zeitintensive Koordinationsprozesses bei mehreren gleichberechtigten Anteilseignern oder Konflikte im Management verhindert werden.[362]

Die empirischen Ergebnisse der in dieser Dissertation durchgeführten Expertenbefragung zeigen, dass deutsche Turnaround-Beteiligungsgesellschaften eine starke Präferenz zum Erwerb einer Mehrheitsbeteiligung aufweisen. Nur einer der befragten Interviewpartner gab an, dass sein Unternehmen auch den Erwerb von einer Minderheitsbeteiligung (weniger als 50% der Geschäftanteile an der Zielgesellschaft) in Höhe von mindestens 25% an der Zielgesellschaft bei einer Investitionsentscheidung in Betracht zieht. Bei einem Geschäftsanteil von 25% plus einer Aktie erlangt der Gesellschafter eine so genannte Sperrminorität, durch die wichtige Unternehmensbeschlüsse, wie zum Beispiel eine Änderung der Satzung des Unternehmens, verhindert werden können. 50% aller befragten Turnaround-Beteiligungsgesellschaften gaben jedoch an, dass sie mit einem Anteil nach erfolgter Transaktion von über 75% am Zielunternehmen planen. Insgesamt erklärten über 90% der Befragten, eine Mehrheitsbeteiligung anzustreben. Ein Interviewpartner äußerte, dass es zur Strategie seines Beteiligungsunternehmens gehörte, ausschließlich 100% der Geschäftsanteile der Zielunternehmen zu erwerben. Die folgende Abbildung fasst die Ergebnisse aus Frage 4.2. grafisch zusammen:

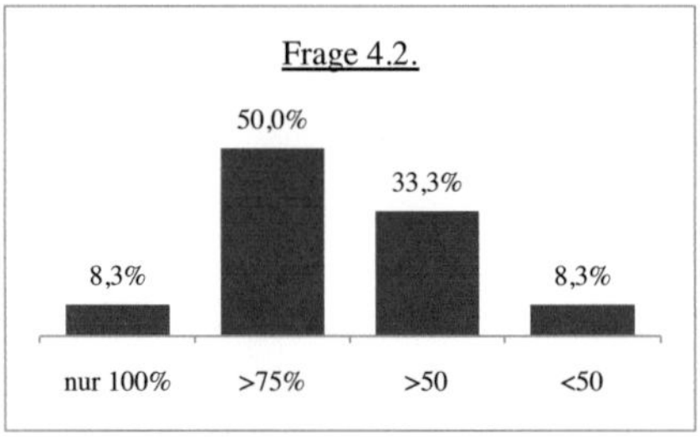

Abbildung 48: Auswertung Frage 4.2.

Insgesamt zeigen Turnaround-Beteiligungsgesellschaften eine Präferenz für den Erwerb sämtlicher Geschäftsanteile des Zielunternehmens, wobei dies nicht immer aufgrund komplexer Gesellschafterstrukturen oder einer gewollten Managementpartizipation erreicht werden kann. Die zwei wesentlichen Ziele dieser Ausrichtung von Turnaround-Beteiligungsgesellschaften sind die Erlangung von uneingeschränkten Einflussmöglichkeiten und Gestaltungsfreiheiten, zum Beispiel nach der Transaktion Teile des Managements in den Gesellschafterkreis auf-

[362] Vgl. ECKHOFF (2007), S. 87.

nehmen zu können. Diese Befunde stehen im Kontrast zu anderen Untersuchungen, wie zum Beispiel die Befragung von *Kraft*, bei der sich eine stärkere Ausgewogenheit zwischen Mehrheits- und Minderheitsbeteiligungen feststellen ließ. *Kraft* begründet dies durch eine Kategorisierung der Turnaround-Beteiligungsgesellschaften. Demnach diversifizieren einige Beteiligungsgesellschaften stärker und nutzen so mehrere Minderheitsbeteiligungen, um das Investitionsrisiko zu senken, wobei andere Beteiligungsgesellschaften ein aktives Beteiligungsmanagement vorziehen.[363] Das aktive Beteiligungsmanagement ist zeitintensiv und bindet unterschiedliche Ressourcen der Turnaround-Beteiligungsgesellschaft, wodurch ein starker Fokus auf einzelne Beteiligungen gelegt wird. Daraus lässt sich auch ableiten, dass die Anzahl von Investitionen bei Turnaround-Beteiligungsgesellschaften, die sich auf Mehrheitsbeteiligungen konzentrieren, in der Regel kleiner ist.

Die Unterschiede zwischen den Befunden von *Kraft* und dieser Dissertationsarbeit müssen relativiert werden. Beide Arbeiten basieren auf unterschiedlichen Samples, wodurch maßgeblich die Ergebnisse beeinflusst werden. Das Sample von *Kraft* beinhaltet Turnaround-Beteiligungsgesellschaften aus den USA und Kanada mit einem breiteren Fokus hinsichtlich der Definition von Turaround-Investitionen. Dem gegenüber setzt sich das Sample dieser Dissertationsarbeit aus deutschen Beteiligungsgesellschaften zusammen, die einen besonders starken Fokus auf Turnaround-Investitionen und aktives Beteiligungsmanagement vorweisen. Diese strategische Ausrichtung führt, gemäß den oben dargestellten Überlegungen, zu einem stärkeren Verlangen nach der Einflussnahme im Zielunternehmen und somit auch zum Wunsch nach einer Mehrheitsbeteiligung.

Die durchgeführte Befragung von Turnaround-Beteiligungsgesellschaften hat hinsichtlich der rechtlichen Optionen beim Erwerb der wirtschaftlichen Kontrolle über das Zielunternehmen ergeben, dass eine Transaktion in Form eines Share Deals grundsätzlich bevorzugt wird. Nur ein Interviewpartner gab an, dass er bei freier Wahl einen Asset Deal vorziehen würde. Ein Drittel der Befragten sehen jedoch die rechtliche Ausgestaltung hinsichtlich der beiden Optionen – Share Deal oder Asset Deal – als nicht kritisch für den Ausgang des Transaktionsprozesses an und sind daher indifferent bei dieser Frage. Das wesentliche Ziel bei einem Share Deal ist die Akquisition des Zielunternehmens in dessen Ganzheit, das heißt mit allen Rechten und Pflichten aus den laufenden Verträgen, Abmachungen und sonstigen Beziehun-

[363] Vgl. KRAFT (2001), S. 213.

gen. Somit gehen sämtliche Vermögens- und Schuldenbestandteile, wie diese zum Stichtag definiert sind, auf die Beteiligungsgesellschaft über, was eine aufwendige Trennung einzelner Positionen unnötig werden lässt. Dieses Vorgehen kann im Einzelfall die Transaktion vereinfachen und beschleunigen.

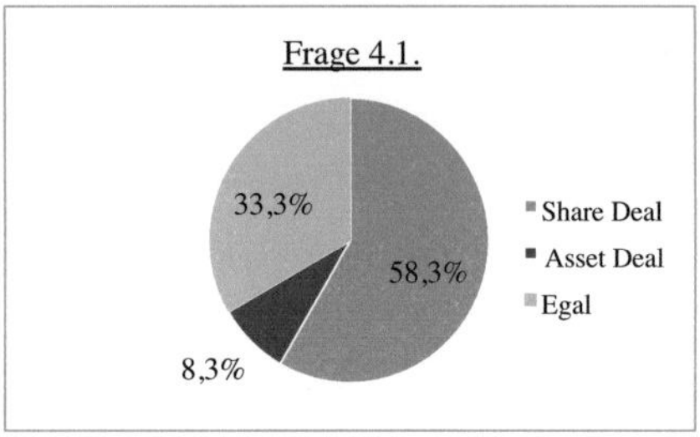

Abbildung 49: Auswertung Frage 4.1.

Doch auch bei einem Share Deal sind so genannte „Change of Control"-Klauseln von der Beteiligungsgesellschaft zu berücksichtigen, die bestimmte Restriktionen – Übernahme von Garantien oder Bürgschaften – hinsichtlich der Übernahme von Verträgen bei einem mehrheitlichen Gesellschafterwechsel beinhalten. Bei Turnaround-Investitionen kann dies eine entscheidende Rolle spielen, zum Beispiel bei Darlehens- und Leasingverträgen. Die befragten Interviewpartner stellten zwar heraus, dass die Übernahme von Verträgen grundsätzlich bei einem Share Deal einfacher ist, jedoch bietet die Krisensituation eine gute Möglichkeit, auch laufende Verträge im Wege eines Asset Deals auf eine neugegründete Gesellschaft (NewCo) zu übertragen. Grundsätzlich wird bei beiden Transaktionsformen aussagegemäß eine Überprüfung und gegebenenfalls Verhandlung der wichtigsten Verträge durchgeführt, um positive Effekte hinsichtlich des Turnarounds erzielen zu können.

Neben den verschiedenen Vorteilen und Nachteilen der beiden Transaktionsformen, haben die Expertengespräche im Rahmen dieser Dissertationsarbeit ergeben, dass Turnaround-Beteiligungsgesellschaften versuchen, sich stark an den Vorstellungen des Verkäufers hinsichtlich der rechtlichen Strukturierung des Anteilserwerbs zu orientieren. Der Verkäufer hat wegen der jeweiligen organisatorischen Strukturen des Zielunternehmens in der Regel ein bevorzugtes Transaktionsmodell, welches den Transaktionsgegenstand genau definiert. Demnach sind Turnaround-Beteiligungsgesellschaften bestrebt ihre Chancen einer erfolgreichen Transaktion, vor allem im Wettbewerb zu anderen Beteiligungsgesellschaften, dadurch zu erhöhen, indem sie schnell handeln und den Transaktionsprozess durch eine möglichst große Übereinstimmung bei der rechtlichen Strukturierung vereinfachen. Da während des Turnaround-Prozesses häufig viele Praktiken und Abläufe im Zielunternehmen verändert und neu ausgerichtet werden, stellen dementsprechend auch komplexere Strukturen, die aus einer Kombination von Share Deal und Asset Deal bestehen, für Turnaround-Beteiligungsgesellschaften keinen Hinderungsgrund dar.

Bei der Finanzierung von Turnaround-Investition haben die Befragungen dieser Dissertation gezeigt, dass der Anteil von Eigenkapital bei der Transaktionsfinanzierung relativ hoch ausfällt im Vergleich zu anderen Private Equity-Transaktionen. Die Mehrheit der befragten Turnaround-Beteiligungsgesellschaften berichtete, dass sie mehr als 75% des Kaufpreises aus Eigenkapitalmitteln bereitstellen. Dies kann zusätzlich zu den Kaufpreiszahlungen für den Anteilserwerb oder den Erwerb von Vermögensbestandteilen (Asset Deal) auch Teile der Restrukturierungsfinanzierung, die direkt bei der Transaktion benötigt werden, betreffen. Bei der Zusammenstellung des Finanzierungsmix von Turnaround-Investitionen kommt neben der Verfassung des Zielunternehmens auch der gesamtwirtschaftlichen Entwicklung und der Stimmung an den Finanzmärkten eine entscheidende Bedeutung zu. Mehrere Interviewpartner haben berichtet, dass sie momentan ausschließlich mit so genannten „all-equity deals", das heißt Transaktionen ausschließlich mit Eigenkapital planen. Zum Zeitpunkt der geführten Interviews waren die Finanzmärkte durch die Auswirkungen der Bankenkrisen deutlich geschwächt. Banken lehnen die Begleitung von Turnaround-Investitionen oft ab, da ihnen das Risiko zu hoch ist und die Unternehmenslage von ihnen nicht ohne eine aufwendige Prüfung ausreichend eingeschätzt werden kann.

Aufgrund der hohen Eigenkapitalfinanzierung von Turnaround-Investitionen, bevorzugen die meisten Turnaround-Beteiligungsgesellschaften in ihrem Branchenfokus klassische produzierende Unternehmen (old-economy), bei denen maschinelle Anlagen oder Vorräte als Sicherheiten für unterschiedliche Finanzierungsinstrumente in einem weiteren Schritt genutzt werden können. Zudem können sich Liquiditätsreserven durch den Verkauf von Vermögensgegenständen finden, die den Turnaround-Prozess erleichtern. Zwar können Fremdfinanzierungsmittel zu einem positiven Steuereffekt führen, da durch den Zinsaufwand die Steuerbemessungsgrundlage reduziert wird. Jedoch nutzt dies in einem frühen Stadium des Turnarounds wenig. Es fallen keine Gewinne an und die liquiditätswirksamen Zins- und Tilgungsaufwendungen schränken die Handlungsfähigkeit des Zielunternehmens ein.

Die folgende Abbildung zeigt die Angaben der befragten Turnaround-Beteiligungsgesellschaften, wie hoch ihrer Meinung nach im Allgemeinen die Finanzierung des Kaufpreises mit Eigenkapitalmitteln ausfällt:

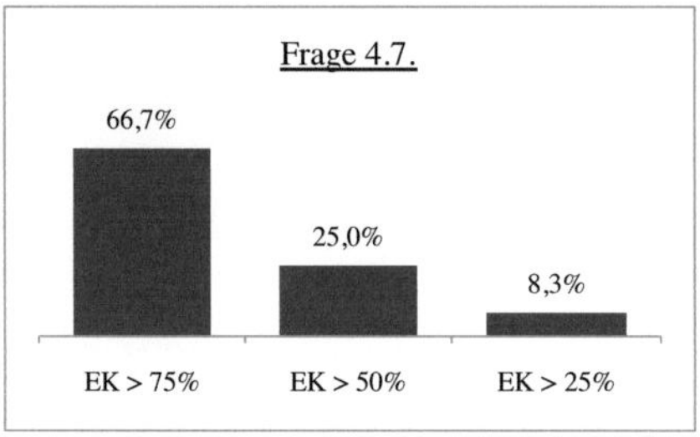

Abbildung 50: Auswertung Frage 4.7.

Während der Experteninterviews wurde auch danach gefragt, inwieweit Syndizierungen bei den eigenen Investitionen eine Rolle spielen. Grundsätzlich hat sich dabei eine große Offenheit gegenüber gemeinsamen Investitionen mit anderen Turnaround-Beteiligungsgesellschaften gezeigt, wobei die tatsächliche Anzahl von syndizierten Turnaround-Investitionen bislang sehr gering ausfällt. 42% der Befragten sagten, dass sie sich eine Syndizierung vorstellen können, dann jedoch auf jeden Fall die Führung der Transaktion übernehmen wollen. Somit kann hieraus eher eine Finanzierungsabsicht durch den Zugewinn weiterer Finanzmittel abgeleitet werden, als ein ressourcenorientierte Absicht zum Beispiel durch den Zugewinn von Managementkapazitäten oder Marktwissen, wobei gerade dies eine gute Begründung für Syndizierungen von Turnaround-Beteiligungsgesellschaften ist. Es scheint, dass trotz einer möglichen Risikoreduktion und Ausweitung verschiedener Ressourcen, die Unkenntnis über einen Partner sowie eine mögliche Einschränkung der Handlungsfähigkeit die Chancen von Syndizierungen bei Turnaround-Beteiligungsgesellschaften im derzeitigen Private Equity-Markt nicht überwiegen.

Die folgende Abbildung zeigt die Ergebnisse aus der Befragung zur Syndizierungsbereitschaft von Turnaround-Beteiligungsunternehmen:

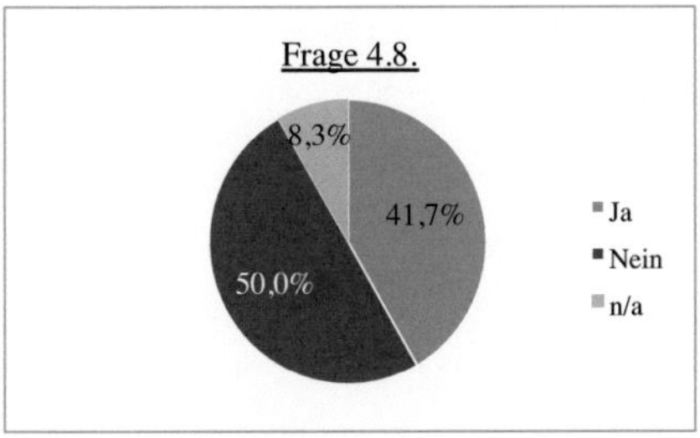

Abbildung 51: Auswertung Frage 4.8.

In der betriebswirtschaftlichen Literatur zeigen verschiedene Arbeiten, dass eine schrittweise Finanzierung des Portfoliounternehmens einen wichtigen Kontrollmechanismus für die Beteiligungsgesellschaft darstellt. Hiermit soll erreicht werden, dass Investitionen, die sich nicht wie gewünscht entwickeln, frühzeitig beendet werden können jeweils zu einer begrenzten Höhe der bereitgestellten Finanzmittel.[364] Mit diesem Vorgehen können Verluste der Beteiligungsgesellschaft effektiv begrenzt und die Effekte auf Gesamtverzinsung des Portfolios abgemildert werden.

Dieses Vorgehen scheint eher für Frühphasenfinanzierungen zu gelten als für Turnaround-Investitionen. In der vorliegenden Befragung wurde deutlich, dass Turnaround-Beteiligungsgesellschaften grundsätzlich versuchen weitere Finanzierungsrunden zu vermeiden. Es wird angestrebt den Betrag der benötigten Finanzmittel so zu berechnen, dass eine dementsprechende Einmalzahlung, die vor allem Eigenkapitalmittel beinhaltet, ausreichend ist, die Krisensituation zu bewältigen. Dies bedeutet, dass das Zielunternehmen dann wieder einen positiven Cashflow vorweisen kann und kreditwürdig bei Banken ist, so dass eine eigenständige Finanzierung als weiterer Schritt möglich ist.

Nach Aussage der befragten Turnaround-Beteiligungsgesellschaften wird während der Transaktionsstrukturierung eine Zielbilanz des Zielunternehmens zum Zeitpunkt des Closings aufgestellt. So wird die Vermögenslage des Zielunternehmens bei dessen Übergang an die Beteiligungsgesellschaft definiert und es können Garantien zu bestimmten Positionen der Bilanz – Eigenkapital, Bankguthaben oder Vorräte – verlangt werden. Dieses Vorgehen stellt auch eine Form der Finanzierung dar, da ein schuldenfreier Übergang oder überdurchschnittlich hohe, verwertbare Vorräte maßgeblich die Liquiditätslage sowie Finanzierungsmöglichkeiten des

[364] Vgl. unter anderem GOMPERS (1995), S. 1461ff. und SAHLMAN (1990), S. 506f.

Zielunternehmens positiv beeinflussen können. Das gleiche gilt für die Höhe des Eigenkapitals am Transaktionsstichtag.

Die geplante Haltedauer von Turnaround-Investitionen hängt im Wesentlichen von der Strategie der Beteiligungsgesellschaft sowie vom Fortschritt hinsichtlich der Umsetzung des Turnraound-Konzeptes ab. Im Falle eines erfolgreich beendeten Turnarounds ist in der Regel mit einer hohen Wertsteigerung des Zielunternehmens zu rechnen, so dass hier Möglichkeiten eines Verkaufes genutzt werden können, um den Wertgewinn zu realisieren. Wenn das betreffende Portfoliounternehmen jedoch die gesetzten Meilensteine in der dafür vorgesehen Zeitspanne nicht erreichen kann und die während des Transaktionsprozesses erarbeiteten Annahmen sich als falsch erweisen, sollten auch Möglichkeiten einer vorzeitigen Desinvestition geprüft werden. Dadurch wird das finanzielle Risiko und die Ressourcenbindung begrenzt. Unabhängig von der wirtschaftlichen Entwicklung des Portfoliounternehmens können drei Arten von Turnaround-Beteiligungsgesellschaften unterschieden werden, die dementsprechend andere Strategien bezüglich der Haltedauer von Zielunternehmen formulieren.

Gemäß der erhobenen Daten der interviewten Turnaround-Beteiligungsgesellschaften gibt es einerseits Industrieholdings, die im Wesentlichen dividendenorientiert arbeiten und eine unendlich lange Haltedauer bezüglich ihrer Investitionen formulieren. Die strategische Zielsetzung ist die Bildung eines Konglomerats aus verschiedenen unabhängigen Portfoliounternehmen mit einem Fokus auf bestimmte Industrien. Die einzelnen Portfoliounternehmen können vollkommen separiert voneinander operieren oder zentrale Funktionen, wie zum Beispiel IT-Unterstützung, Rechnungswesen oder Personalentwicklung, von der Unternehmensgruppe beziehen. Industrieholdings versuchen durch eine nachhaltige Ertragspolitik in den Portfoliounternehmen Teile der Unternehmensgewinne in Form von Dividenden an die Gesellschafter auszuschütten. Dies impliziert, dass Industrieholdings in der Regel danach streben einen relativ geringen Leverage bei der Transaktionsfinanzierung einzusetzen, um die Eigenkapitalrendite zu erhöhen. Bei Industrieholdings kann somit keine feste Haltedauer definiert werden, da sie Transaktionen primär aus den eigenen Finanzmitteln bzw. aus einbehaltenen Unternehmensgewinnen finanzieren und somit keine Investoren bedienen müssen. Börsengelistete Industrieholdings haben zudem die Möglichkeit sich über den Kapitalmarkt zu finanzieren.

Auf der anderen Seite gibt es Turnaround-Beteiligungsgesellschaften, die auf Basis eines Fonds investiert sind und dementsprechend eine klare Exit-Orientierung verfolgen. Die strategische Zielsetzung ist die Erreichung einer definierten Verzinsung über einen festen Zeitraum. Die Haltedauer wird in diesen Fällen maßgeblich von den Vorgaben der Investoren beeinflusst. Die im Rahmen dieser Dissertationsarbeit durchgeführten Interviews haben gezeigt, dass exit-orientierte Turnaround-Beteiligungsgesellschaften eine durchschnittliche Haltedauer von ca. drei bis fünf Jahren bei ihren Investitionen annehmen. Vier der Befragten repräsentierten dabei Industrieholdings ohne feste Vorgaben hinsichtlich der Haltedauer von Portfoliounternehmen. Sie wurden in der Auswertung der Fragebögen mit „n/a" gekennzeichnet. Nur ein Interviewpartner gab an, dass er eine Haltedauer unterhalb von drei Jahren anstrebt. Die Ergebnisse der Frage 4.3. des Fragebogens hinsichtlich der durchschnittlichen Haltedauer von Turnaround-Investitionen sind in der folgenden Abbildung dargestellt:

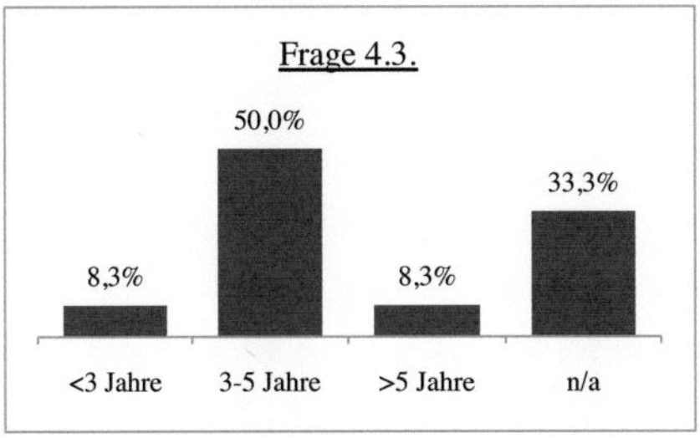

Abbildung 52: Auswertung Frage 4.3.

Schließlich haben die Experteninterviews gezeigt, dass Turnaround-Beteiligungsgesellschaften besonderen Wert auf die Unterstützung des Zielunternehmens mit eigenen Managementkapazitäten zumindest durch eine aktive Beirats- oder Aufsichtsratsposition legen. 75% aller Befragten gaben an, dass sie entweder einen Interimsmanager oder ein operatives Team (task force) für die Umsetzung des Turnaround-Konzeptes dem Zielunternehmen zur Verfügung stellen. Eine Task Force setzt sich aus ausgewählten Experten verschiedener Fachrichtungen zusammen, um Krisenursachen unterschiedlicher Bereiche des Zielunternehmens effektiv entgegenwirken zu können. Sobald wichtige Meilensteine erreicht wurden und das Zielunternehmen die akute Insolvenzgefahr abgewendet hat, werden Führungskräfte aus der ersten und zweiten Hierarchieebene des Zielunternehmens für eine Fortführung der Geschäftsleitung vorbereitet, so dass sich die Turnaround-Beteiligungsgesellschaft mit den von ihr zur Verfügung gestellten Managementkapazitäten aus dem täglichen operativen Geschäft wieder zurückziehen kann.

Da dem Managementteam des Zielunternehmens eine Schlüsselrolle während des Turnaroundprozesses zukommt ist es besonders wichtig, Führungskräfte für diese Aufgaben zu motivieren. Dabei obliegt dem Managementteam ein hoher Erfolgsdruck hinsichtlich des Turnarounds, des Arbeitsumfeldes und der privaten Absicherung. Ein Instrument für die Bindung von Mitarbeitern an das Unternehmen und zur Steigerung derer Motivation ist die Ausgabe von Gesellschaftsanteilen an das Management. Die Expertenbefragungen zeigten, dass Turnaround-Beteiligungsgesellschaften Bereitschaft hinsichtlich der Beteiligung des Managements signalisieren.

Über die Hälfte (66,7%) der befragten Turnaround-Beteiligungsgesellschaften planen, grundsätzlich das Management im Zuge der Transaktion oder zu einem späteren Zeitpunkt am Portfoliounternehmen zu beteiligen. Dies stimmt mit den Befunden von *Franks* and *Sanzhar* überein, die erfolgreich abgeschlossene Turnaround-Investionen untersucht haben.[365] Dies kann sich jedoch neben dem bestehenden Management des Zielunternehmens auch auf externe Manager beziehen, die im Zuge der Transaktion von der Turnaround-Beteiligungsgesellschaft mit der Restrukturierung des Zielunternehmens betraut wurden. Die Höhe des Managementanteils liegt in der Regel zwischen 10% und 25%, wobei dies stark vom Einzelfall abhängig ist. Hierbei wird die Turnaround-Beteiligungsgesellschaft jedoch darauf achten, dass sie in ihrer Entscheidungsgewalt vor allem bezüglich der Durchsetzung des Turnaround-Konzeptes nicht geschwächt wird.

[365] Vgl. FRANKS/SANZHAR (2006), S. 11.

8. Zusammenfassung und Ausblick

Zielsetzung der Arbeit war die Suche nach Erfolgsfaktoren von Turnaround-Investitionen innerhalb des Transaktionsprozesses, der als Teilprozess der Private Equity-Wertschöpfungskette definiert wird. Dabei wurde angenommen, dass die Arbeiten von Turnaround-Beteiligungsgesellschaften im Transaktionsprozess einen wesentlichen Einfluss auf den späteren Erfolg der Investition in der Beteiligungsphase haben. Zur Untersuchung dieser Problematik wurden Führungskräfte von Turnaround-Beteiligungsgesellschaften mittels eines strukturierten Interviewbogens befragt. Die Untersuchung erfolgte somit aus der Perspektive der Turnaround-Beteiligungsgesellschaft.

Der Transaktionsprozess wurde für die Untersuchung dieser Arbeit in die Teilprozesse Due Diligence, Unternehmensbewertung und Transaktionsstrukturierung unterteilt. In Anlehnung an diese Unterteilung haben sich zu Beginn drei Kernfragen ergeben, auf die im Rahmen der Interviews von Turnaround-Beteiligungsgesellschaften Antworten gefunden werden sollten. Die Ergebnisse dieser Arbeit lassen sich zusammengefasst wie folgt darstellen:

Welche Kriterien können für die Auswahl von potentiellen Portfoliounternehmen, die momentan unprofitabel sind, sinnvoll verwendet werden?

Zunächst hat die Untersuchung gezeigt, dass negative Ertragszahlen der Vergangenheit des Zielunternehmens keinen Einfluss auf die Auswahl von Portfoliounternehmen haben. Auch die Höhe der bestehenden Finanzverbindlichkeiten führt zunächst nicht dazu, dass eine Weiterverfolgung der Investitionsmöglichkeit abgelehnt wird. Vielmehr geht es um die Einschätzung der Zukunftsfähigkeit sowie die Verhandlung über den Zustand des Zielunternehmens am Zeitpunkt des Überganges. Dabei lassen sich drei Perspektiven unterscheiden aus denen konkrete Kriterien zur Auswahl von Krisenunternehmen für Eigenkapitalinvestitionen formuliert werden können:

Kritische Umsatzgröße: Das Zielunternehmen muss eine kritische Umsatzgröße vorweisen können, damit es vom Markt angenommen wird und ausreichend Einnahmen generiert werden, um eine Basisorganisation beschäftigen zu können.

Auftragsbestand: Das Zielunternehmen sollte, je nach Branche, über einen bestimmten Bestand an Aufträgen verfügen, so dass im Zuge der Transaktion ein laufendes Geschäft und aktive Kundenbeziehungen übernommen werden, die eine Einnahmenplanung zulassen.

Produktkalkulation: Besondere Bedeutung erlangt bei Turnaround-Investitionen eine Prüfung der Produktkalkulationen, nach der festgestellt werden kann, ob und wie eine marktfähige Herstellung der angebotenen Produkte zu wettbewerbsfähigen Preisen möglich ist. Sollte sich herausstellen, dass große Teile der Kundenleistungen, an die das Zielunternehmen für eine bestimmte Zeit vertraglich gebunden ist, nicht kostendeckend angeboten wurden, erschweren sich die Möglichkeiten eines Turnarounds und somit die Wahrscheinlichkeit einer Eigenkapitalinvestition. Ausschlaggebend bei einer abschließenden Beurteilung einer Turnaround-Beteiligungsgesellschaft wären in diesem Fall Kundengespräche hinsichtlich einer Anpassung der Verkaufspreise.

Beitrag der Stakeholder: Unabhängig von der Verschuldung des Zielunternehmens zur Zeit der Due Diligence setzen Turnaround-Beteiligungsgesellschaften voraus, dass die Belastungen einer Fremdfinanzierung auch während des Turnarounds getragen werden können. Dies geht in vielen Fällen mit der Forderung nach einem Gläubigerverzicht einher. Zudem werden etwaige Bürgschaften oder Garantien von Turnaround-Beteiligungsgesellschaft nur in begrenztem Umfang gegeben und stellen ein kritisches Kriterium bei der Auswahl von Portfoliounternehmen dar. Je höher weitere Beiträge zur Stabilisierung der Ertragslage des Zielunternehmens von Mitarbeitern, Kunden und Lieferanten ausfallen, desto höher ist die Chance eines erfolgreichen Turnarounds und somit auch die Wahrscheinlichkeit einer Eigenkapitalinvestition.

Ertragslage und Liquidität: Das Zielunternehmen sollte im Zuge der Erstellung des Turnaround-Konzeptes sowohl Potentiale im Hinblick auf eine Erhöhung des Umsatzes als auch auf eine Reduzierung der Kosten aufweisen. Zumindest müssen Maßnahmen glaubhaft darlegen, dass kurzfristig eine Stabilisierung der Liquiditätssituation durch einen positiven Cashflow möglich ist.

Restrukturierungsaufwand: Bei der Auswahl von Beteiligungsunternehmen muss der Restrukturierungsaufwand in Relation zu den Chancen eines Turnarounds stehen sowie zu dessen wertmäßigen Effekten für die Turnaround-Beteiligungsgesellschaft.

Management: Eine entscheidende Rolle nimmt bei der Auswahl von potentiellen Portfoliounternehmen das bestehende Management ein. Zunächst muss geklärt werden, ob Mitglieder des bestehenden Managements übernommen werden können bzw. sollen. Danach ist zu prüfen, inwieweit fehlende Kompetenzen ersetzt werden können. Sollten starke personelle Abhängigkeiten bestehen oder Schlüsselmitarbeiter eine Transaktion nicht unterstützen, so sinkt die Wahrscheinlichkeit einer Eigenkapitaltransaktion deutlich.

Technologie und Investitionsstau: Das Zielunternehmen muss über ein Mindestmaß an Technologie oder an spezifischem Produktions-Know-how verfügen, damit die Marktposition verteidigt und ausgebaut werden kann. Zudem können unterlassene Investitionen in der Vergangenheit die Investitionssumme deutlich erhöhen, was wiederum die Wirtschaftlichkeit der Investition in Frage stellt. Insgesamt muss das Zielunternehmen ein brauchbare Basis an Kompetenzen hinsichtlich seines Marktes vorweisen können, die dessen Existenz rechtfertigen und im Rahmen der Restrukturierung genutzt werden können.

Kriminelle Handlungen: Liegen beim Zielunternehmen kriminelle Handlungen, wie zum Beispiel Unterschlagung, Betrug oder Bilanzmanipulation vor, so nehmen Turnaround-Beteiligungsgesellschaften grundsätzlich Abstand von einer Eigenkapitalinvestition.

Es ist deutlich geworden, dass die Auswahl von Zielunternehmen maßgeblich von der individuellen Einschätzung der Turnaround-Beteiligungsgesellschaft beeinflusst wird. Dies betrifft insbesondere die Entwicklungsfähigkeit des Zielunternehmens sowie die Bereitschaft Dritter, eine notwendige Basis für den Turnaround zu schaffen. Ein besonderes Merkmal von Turnaround-Investitionen ist die Entwicklung eines detaillierten Turnaround-Konzeptes, welches neben der Analyse der oben genannten Kriterien die Neuausrichtung des Zielunternehmens in Form eines Businessplans ähnlich wie bei einer Unternehmensgründung maßnahmenorientiert formuliert. Somit konnten kaum allgemein gültige Kriterien identifiziert werden, da die Auswahl von Krisenunternehmen durch Turnaround-Beteiligungsgesellschaften stark einzelfallabhängig beurteilt wird. Weitere Forschungsfragen richten sich in diesem Zusammenhang unter anderem an die Erfolgsmessung bestimmter Selektionskriterien. So sind die Aussagen dieser Arbeit auf die Aufstellung qualitativer Kriterien begrenzt, ohne Aussagen zu deren genauen Erfolgsauswirkungen geben zu können.

Welche Bewertungsmethoden eignen sich für die Bewertung von Turnaround-Unternehmen zur Bestimmung von Kaufpreisen?

Die Interviews mit Turnaround-Beteiligungsgesellschaften haben gezeigt, dass traditionelle Bewertungsverfahren – DCF-Ansatz sowie Multiple-Ansätze – kaum für die Bestimmung des Kaufpreises einer Eigenkapitalinvestition Verwendung finden. Dies liegt vor allem an

- der negativen Ertragssituation

- der hohen Unsicherheit der zukünftigen Entwicklung des Unternehmens
- der Frage bezüglich Zurechenbarkeit von Restrukturierungserfolgen
- der hohen Subjektivität bei der Wertermittlung
- dem Vorliegen hoher Restriktionen hinsichtlich der Handlungsfähigkeit des Verkäufers (Opportunitätsproblematik)
- dem hohen Anteil der ewigen Rente hinsichtlich des Unternehmenswerts des Zielunternehmens, dessen Grundlage der Einstieg der Turnaround-Beteiligungsgesellschaft ist
- sowie an der Interdependenz von Kaufpreis und der Übernahme von Restrukturierungsaufwendungen als besonderem Merkmal von Turnaround-Investitionen.

Es konnten keine brauchbaren Ergebnisse zu der Ausgestaltung einzelner Bewertungsparameter bei klassischen Bewertungsverfahren, wie zum Beispiel hinsichtlich der Bestimmung der Kapitalkosten, der ewigen Rente oder Multiplikatorgrößen bei der Bewertung von Krisenunternehmen erhoben werden. Dies hat dazu geführt, dass in der Diskussion mit den Interviewpartnern ein theoretisches, vereinfachendes Modell zur Bestimmung der Transaktionssumme aus Sicht einer Turnaround-Beteiligungsgesellschaft entwickelt wurde: der Reverse Income Approach.

Der Ansatz geht der Frage nach, welche Menge an Finanzmitteln kann eine Turnaround-Beteiligungsgesellschaft heute aufwenden, um auf Basis der geplanten Ertragsentwicklung des Zielunternehmens sowie dessen antizipierte Wertsteigerung, die erwartete Zielrendite in einem bestimmten Zeitrahmen erreichen zu können. Anders formuliert, es werden die zu leistenden Zahlungen, in Form der Begleichung des Kaufpreises sowie der Bereitstellung ausreichender Finanzmittel zur Restrukturierung, den zu erwartenden Rückflüssen, vor allem in Form von Dividenden und einem kalkulatorischen Verkaufspreis nach Abschluss des Turnarounds unter Berücksichtigung des individuellen Risikoprofils des Zielunternehmens, gegenüberstellt. Dabei kann individuell bewertet werden, inwieweit der Verkäufer an dem Restrukturierungserfolg beteiligt werden soll, indem auf den kalkulatorischen zukünftigen Verkaufserlös ein Abschlag erfolgt. Die vorliegende Arbeit hat damit den Versuch unternommen, einen praktischen Bewertungsansatz speziell für den Einsatz bei Turnaround-Investitionen aus Käufersicht zu liefern und so eine Alternative zu klassischen Bewertungsmethoden anzubieten.

Weiterer Forschungsbedarf liegt hier vor allem in der Überprüfung der praktischen Relevanz des Reverse Income Approach sowie in der Erweiterung des Ansatzes um Szenariorechnungen bezüglich der angenommenen Ertrags- und Wertentwicklung des Zielunternehmens. Außerdem könnte eine Erweiterung um die Integration von Earn-Out-Komponenten erfolgen, die einen Abgleich zwischen der geplanten und dann eingetroffenen Ertragssituation des Zielunternehmens vornehmen.

Welche Transaktionsstrukturen treffen am besten die Charakteristika von Turnaround-Investitionen?

Zusammenfassend lassen die geführten Interviews folgenden Schluss zu: Turnaround-Beteiligungsgesellschaften versuchen bei der Gestaltung der Transaktionsstruktur auf die Vorstellungen des Verkäufers weitgehend einzugehen, damit der Transaktionsprozess beschleunigt wird. Trotz der hohen Individualität jeder Transaktion lassen sich bezüglich der Beteiligungshöhe, der rechtlichen Struktur des Erwerbs, der Finanzierung, der Haltedauer und des Managements Tendenzen beim Vorgehen von Turnaround-Beteiligungsgesellschaften festhalten.

Beteiligungshöhe: Turnaround-Beteiligungsgesellschaften streben grundsätzlich nach einer beherrschenden Mehrheit, um so handlungsfähig wie möglich im Turnaround-Prozess zu sein.

Rechtliche Struktur des Erwerbs: Es gibt zwar eine Präferenz von Turnaround-Beteiligungsgesellschaften hinsichtlich eines Share Deals, jedoch werden hierbei stark die Vorstellungen des Verkäufers berücksichtigt, so dass auch Asset Deals oder Kombinationen aus beiden Formen in den meisten Fällen akzeptiert werden. Die Ausgestaltung hängt vor allem von der Definition des Zielobjektes und möglichen steuerlichen Auswirkungen ab.

Finanzierung der Transaktion: Die Finanzierung von Turnaround-Investitionen wird überwiegend aus Eigenkapitalmitteln erbracht. Dies bezieht sich vor allem auf die Zahlungen, die direkt am Transaktionsstichtag zu leisten sind, wobei dies auch einen Großteil der Restrukturierungsaufwendungen beinhaltet.

Haltedauer: Die Haltedauer ist abhängig von der strategischen Ausrichtung der Turnaround-Beteiligungsgesellschaft. Bei exit-orientierten Turnaround-Beteiligungsgesellschaften wird eine Haltedauer von 3 bis 5 Jahren angestrebt, die somit vergleichbar zu der Haltedauer von klassischen Buy-Out-Transaktionen ist.

Management: Ein wesentliches Merkmal von Turnaround-Beteiligungsgesellschaften ist das aktive Beteiligungsmanagement. Entweder stellt die Turnaround-Beteiligungsgesellschaft dafür einen eigenen Interimsgeschäftsführer bzw. eine selbst zusammengestellte Task Force, vor allem für den Turnaround-Prozess zu Beginn der Beteiligungsphase oder es wird eine sehr aktive Beiratsfunktion ausgeübt. Darüber hinaus stehen Turnaround-Beteiligungsgesellschaften grundsätzlich auch einer Beteiligung des Managements des Portfoliounternehmens offen gegenüber. Im Rahmen der Transaktion wird das bestehende Management des Zielunternehmens sehr genau überprüft und in vielen Fällen zumindest teilweise ausgetauscht.

Kraft hat vor knapp 10 Jahren drei Gründe angeführt, warum Eigenkapitalinvestitionen in Krisenunternehmen eine ansteigende Bedeutung in Europa haben werden. Erstens beobachtete er rückläufige Renditemöglichkeiten bei klassischen Eigenkapitalfinanzierungen, wie zum Beispiel Buy-Outs, die sich lediglich auf eine Finanzierungsfunktion beschränken. Zum Zweiten erwartete er eine ansteigende Anzahl von Investitionsmöglichkeiten für Turnaround-Beteiligungsgesellschaften. Drittens bewertete er Akquisitionen von Krisenunternehmen als sehr attraktiv für Beteiligungsgesellschaften, die über notwendige Managementkapazitäten und Turnaround-Erfahrung verfügen.[366]

Rückblickend haben sich seine Annahmen weitgehend bestätigt. Die meisten der im Rahmen dieser Dissertation interviewten Turnaround-Beteiligungsgesellschaften waren nicht älter als 10 Jahre. Während des letzten Jahrzehnts wurden in Deutschland viele kleine, sehr spezialisierte Turnaround-Beteiligungsgesellschaften gegründet und der Markt an Krisenunternehmen bzw. die Nachfrage nach Turnaround Equity ist vor allem in den Jahren 2008 und 2009 durch den globalen wirtschaftlichen Abschwung sowie durch die internationale Bankenkrise gewachsen. Weiterführende, interessante Fragen sind in diesen Zusammenhang, inwieweit sich auch die Akzeptanz von Turnaround-Beteiligungsgesellschaften bei Unternehmern, Mitarbeitern oder in der Öffentlichkeit erhöht hat und welche Forderungen sie im Allgemeinen an Turnaround-Beteiligungsgesellschaften stellen. Dies ist deshalb von besonderem Interesse, da von vielen Stakeholdern ein Beitrag zur Restrukturierung gefordert wird. Außerdem treten Turnaround-Beteiligungsgesellschaften häufig in Situationen auf, in denen die anderen Parteien wegen der Krisensituation des Zielunternehmens nur eingeschränkt handlungsfähig sind und von der Unterstützung der Turnaround-Beteiligungsgesellschaft abhängig sind.

Trotzdem sind Turnaround-Beteiligungsgesellschaften in Deutschland auch heute noch relativ unorganisiert und ihr Geschäftsmodell ist noch nicht vollkommen ausgereift. So befinden sich

[366] Vgl. KRAFT (2001), S. 338f.

viele von ihnen noch in ihrer Startphase oder haben gerade ihre ersten Investitionen erfolgreich abgeschlossen. Des Weiteren spielen sie nur eine sehr untergeordnete Rolle im Bundesverband deutscher Kapitalbeteiligungsgesellschaften, in dem eher Beteiligungsunternehmen mit dem Fokus auf klassische Finanzierungsphasen vertreten sind. Dies erschwert zum einen die Zusammenstellung eines vollständigen Marktüberblicks von Turnaround-Beteiligungsgesellschaften in Deutschland und zum anderen können bislang keine validen Aussagen zu ihrer Leistungsfähigkeit gemacht werden, da umfangreiches statistisches Datenmaterial zu ihren Investitionen und deren langfristige Entwicklung bislang fehlt. Hier können sich in Zukunft interessante Forschungsfragen ergeben, die die Erfolgswahrscheinlichkeit der beiden Alternativen – Turnaround ohne das Mitwirken von Beteiligungsunternehmen und Turnaround unter Mitwirken eines Beteiligungsunternehmens – anhand empirischer Untersuchungen analysieren.

Anhang

Anhang I: Interviewpartner:

Unternehmen	Interviewpartner	Funktion	Stadt	Interviewdatum
Nordwind Capital Erste Industriebeteiligungen GmbH	Dr. Tom Harder	Managing Director	München	28. Juli 2009
November Capital Investmentberatung GmbH	Lutz Rittig	Managing Partner	Frankfurt am Main	7. August 2009
Endurance Capital AG	Ulrich Hofstetter	Board of Management	München	13. August 2009
Bavaria Industriekapital AG	Broder Abrahamsen	Managing Director	München	13. August 2009
INDUC GmbH	Markus Kronenberghs	Managing Director	Frankfurt am Main	25. August 2009
Strategic Value Capital Partners Management GmbH	Erwin Diesler	Managing Director	Bornheim	26. August 2009
Stemas AG	Thomas Müsch	Board of Management	München	28. August 2009
GENES GmbH	Prof. Dr. Klaus Nathusius	Managing Partner	Frechen bei Köln	3. September 2009
Salvus Diligens Industriebeteiligungen GmbH & Co. KG	Wolfgang Maennel	Managing Partner	Wiesbaden	8. September 2009
CMP Capital Management-Partners GmbH	Andreas Böttger	Director	Berlin	15. September 2009
Caladrius Industriekapital GmbH	Gert Seliger	Managing Director	Wiesbaden	12. Oktober 2009
CFC Industriebeteiligungen GmbH & Co. KGaA	Ingo Wurzer	Head of Corporate & Acquisition Finance	Dortmund	13. Oktober 2009

Anhang II: Interview-Fragebogen:

technische universität dortmund

Interviewbogen zur Dissertation

Turnaround Equity

-Erfolgsfaktoren im Transaktionsprozess
bei Turnaround-Investitionen in Deutschland-

von Herrn Dipl.-Kfm. Wolf Hoffmann

Übersicht des Interviewbogens

1. Unternehmensprofil
2. Investmententscheidungen / Auswahl von Deals
3. Unternehmensbewertung
4. Deal Structure

1. Unternehmensprofil

1.1. Firma: ______________________________

1.2. Investoren: aus Fond ☐ transaktionsspezifisch ☐ aus Barmitteln ☐

~~1.3. Noch verfügbares Kapital (committed) EUR _____ Mio.~~
~~davon investiert (under management) EUR _____ Mio.~~

1.4. Umsatz der Zielunternehmen: EUR _____ Mio. bis EUR _____ Mio.

1.5. Investiertes Kapital pro Unternehmen: EUR _____ Mio. bis EUR _____ Mio.

1.6. Zielbranchen:
____
____

1.7. Konsolidierter Umsatz des Portfolios (2008): EUR _____ Mio.

1.8. Anzahl an Beteiligungen: _____

1.9. Durchschnittliche Anzahl an Transaktionen pro Jahr: _____

1.10. Zielrendite bei Investments (IRR)? zwischen ____ % und ____ %

1.11. Sonstiges:
____
____
____
____

2. Investmententscheidung / Auswahl an Deals I/II

2.1. Welche Teile der Due Diligence werden vor einer Investmententscheidung in jedem Fall selbst durchgeführt?

- Financial Due Diligence ☐
- Markt und Wettbewerb ☐
- Tax und Legal ☐
- Technical Due Diligence ☐

2.2. Wird eine Verzinsung (IRR) vor einer Transaktion bei der Investmententscheidung ins Kalkül gezogen?

JA ☐ NEIN ☐ ; wenn JA in welcher Höhe: _____ %

2.3. Gibt es Grenzen bis zu welcher Höhe mögliche Fremdkapitalmittel abgelöst werden?

JA ☐ NEIN ☐ ; wenn JA in welcher Höhe: EUR _____ Mio.

2.4. Gibt es Grenzen bezüglich der vergangenen Jahresfehlbeträge (sofern vorhanden)?

JA ☐ NEIN ☐ ; wenn JA in welcher Höhe: EUR _____ Mio.

2.5. Welche KO-Kriterien gibt es, die in jedem Fall zu einer negativen Investmententscheidung führen?

____

____

2.6. Welche Methoden/Instrumente wenden Sie an, um Krisenunternehmen zu analysieren?

- SWOT Analyse ☐
- Portfolio Analyse ☐
- Wertkettenanalyse ☐
- Andere ____

2.7. Welche Kennzahlen wenden Sie zur Analyse von Krisenunternehmen an?

- Cash ratio (LM/kf. FK) ☐
- Cash Flow / Umsatz ☐
- Verschuldungsgrad (FK/EK) ☐
- Andere ____

Technische Universität Dortmund 4
Dissertation am Lehrstuhl für Unternehmensführung, Prof. Dr. Martin K. Welge

2. Investmententscheidung / Auswahl an Deals II/II

2.8. Wie hoch ist die durchschnittliche Auswahlquote der ursprünglichen Investment-Opportunities?

_____ % von insgesamt # _____ ca. pro Jahr

2.9. Wird zu jeder DD ein Turnaround-Konzept erstellt, welches maßgeblich zur Investment-Entscheidung beiträgt?

JA ☐ NEIN ☐

2.10. Welche Inhalte hat das Turnaround-Konzept

____

____

____

2.11. Werden externe Berater bei der Erstellung des Turnaround-Konzeptes hinzu gezogen?

JA ☐ NEIN ☐

2.12. Welchen zeitlichen Ablauf sieht das Turnaround-Konzept grundsätzlich vor?

____

____

____

Technische Universität Dortmund 5
Dissertation am Lehrstuhl für Unternehmensführung, Prof. Dr. Martin K. Welge

3. Unternehmensbewertung

3.1. Welche Bewertungsmethoden wenden Sie typischerweise vor der Transaktion an?

- Ertragswertverfahren / DCF-Verfahren ☐
- Substanzwertverfahren ☐
- Multiple-Verfahren ☐
- Liquidationswert-Verfahren ☐
- Andere ____________________

3.2. Wie bestimmen Sie den BETA-Faktor?

____

____

____

3.3. Wie bestimmen Sie den Eigenkapitalkostenzinssatz?

- Capital Asset Pricing-Model ☐
- Arbitrage Pricing-Model ☐
- Option Pricing-Model ☐
- Auf Basis einer Zielrendite ☐
- Andere ____________________

3.4. Wie begegnen Sie der Zirkelschlussproblematik bei der Ermittlung des WACC?

____

____

____

3.5. Bestimmen Sie unterschiedliche WACCs in der Planungsperiode?

JA ☐ ☐NEIN

3.6. Wie hoch ist im Durchschnitt der WACC? zwischen ____ % und ____ %

3.7. Rechnen Sie dabei grundsätzlich vor persönlicher Einkommenssteuer?

JA ☐ ☐NEIN

Technische Universität Dortmund 6
Dissertation am Lehrstuhl für Unternehmensführung, Prof. Dr. Martin K. Welge

3. Unternehmensbewertung

3.8. Wie bestimmen Sie den terminal value?

- Liquidationswert ☐
- Multiplikator-Verfahren ☐
- Ewige Rente ☐
- Andere ______________________

3.9. Wie hoch ist im Durchschnitt der Anteil des terminal values am Gesamtwert?

zwischen ____ % und ____ %

3.10. Wie berücksichtigen Sie das Insolvenzrisiko in der Bewertung?

- Planung der Cash Flows ☐
- Berechnung des WACCs ☐
- Pauschaler Abschlag ☐
- Andere ______________________

3.11. Wie begegnen Sie dem Umstand, dass die Unternehmensplanzahlen grundsätzlich vom Verkäufer stammen?

____

____

____

____

3.12. Welche weiteren Kriterien setzen Sie zur Bestimmung ihres subjektiven Kaufpreises (Preisobergrenze) ein?

____

____

____

____

3.13. Welche Multiplikatoren werden im Durchschnitt beim Kauf von Krisenunternehmen bezahlt? (EBITDA/EBIT)?

EBITDA: _____ x

EBIT: _____ x

4. Deal Structure

4.1. Welche Struktur bevorzugen Sie grundsätzlich bei Turnaround-Transaktionen:
Asset Deal ☐ Share Deal ☐ egal ☐

4.2. Wie hoch ist ihr Anteil am Unternehmen nach der Transaktion im Durchschnitt?
Zwischen ____ % und ____%

4.3. Mit welcher Zeitspanne zwischen Transaktionsschluss und Exit planen Sie typischerweise?
Zwischen ____ und ____ Jahre

4.4. Planen Sie damit, dass Sie weiteres Eigenkapital oder Gesellschafterdarlehen der Gesellschaft in einer zukünftigen Finanzierungsrunde zur Verfügung stellen müssen?
JA ☐ NEIN ☐ ; wenn JA bis zu welcher Höhe: EUR ____ Mio.

4.5. Planen Sie grundsätzlich auch das Management am Unternehmen zu beteiligen?
JA ☐ NEIN ☐ ; wenn JA bis zu welcher Höhe: ____ %

4.6. Stellen Sie grundsätzlich für eine bestimmte Zeit einen eigenen Geschäftsführer (Turnaround Manager) bzw. ein operativ tätiges Team (task force)?
JA ☐ NEIN ☐

4.7. Wie setzen sich im Durchschnitt die Finanzierungsstruktur des Kaufpreises zusammen?
Eigenkapital ____ %, Gesellschafterdarlehen ____ %, Fremdkapital ____ %

4.8. Syndizieren Sie Transaktionen mit anderen Turnaround-Investoren, die ebenso Eigenkapital investieren?
JA ☐ NEIN ☐

4.9. In welcher beteiligungsrechtlicher Form wird das Investment beim Share Deal vollzogen?
Kauf von Anteilen (Altgesellschafter) ☐ Kapitalerhöhung ☐

5. Sonstiges

Sonstiges:

Anhang III: Interview-Auswertungen:

Auswertung Frage 2.1.:

	#	%
Financial DD	11	91,7%
Market DD	10	83,3%
Tax&Legal	1	8,3%
Technical DD	5	41,7%

Auswertung Frage 2.2.:

	#	%
Ja	5	41,7%
Nein	1	8,3%
n/a	6	50,0%

Auswertung Frage 2.3.:

	#	%
Ja	2	16,7%
Nein	8	66,7%
n/a	2	16,7%

Auswertung Frage 2.4.:

	#	%
Ja	1	8,3%
Nein	10	83,3%
n/a	1	8,3%

Auswertung Frage 2.5.:

	#	%
offene Frage		

Auswertung Frage 2.6.:

	#	%
SWOT	11	91,7%
Portfolio	4	33,3%
Wertkette	6	50,0%

Auswertung Frage 2.7.:

	#	%
Cash ratio	3	25,0%
Cashflow/Umsatz	5	41,7%
Verschuldungsgrad	5	41,7%

Auswertung Frage 2.8.:

	#	%
> 1%	6	50,0%
≤ 1%	4	33,3%
n/a	2	16,7%

Auswertung Frage 2.9.:

	#	%
Ja	12	100,0%
Nein	0	0,0%
n/a	0	0,0%

Auswertung Frage 2.10.:

	#	%
offene Frage		

Auswertung Frage 2.11.:

	#	%
Ja	5	41,7%
Nein	7	58,3%
n/a	0	0,0%

Auswertung Frage 2.12.:

	#	%
offene Frage		

Fragen 3.1. bis 3.13. führten zur Entwicklung des Reverse Income Approach.

Auswertung Frage 4.1.:

	#	%
Share Deal	7	58,3%
Asset Deal	1	8,3%
Egal	4	33,3%

Auswertung Frage 4.2.:

	#	%
nur 100%	1	8,3%
>75%	6	50,0%
>50	4	33,3%
<50	1	8,3%

Auswertung Frage 4.3.:

	#	%
<3 Jahre	1	8,3%
3-5 Jahre	6	50,0%
>5 Jahre	1	8,3%
n/a	4	33,3%

Auswertung Frage 4.4.:

	#	%
Ja	1	8,3%
Nein	10	83,3%
n/a	1	8,3%

Auswertung Frage 4.5.:

	#	%
Ja	8	66,7%
Nein	3	25,0%
n/a	1	8,3%

Auswertung Frage 4.6.:

	#	%
Ja	9	75,0%
Nein	3	25,0%
n/a	0	0,0%

Auswertung Frage 4.7.:

	#	%
EK > 75%	8	66,7%
EK > 50%	3	25,0%
EK > 25%	1	8,3%

Auswertung Frage 4.8.:

	#	%
Ja	5	41,7%
Nein	6	50,0%
n/a	1	8,3%

Auswertung Frage 4.9.:

	#	%
Anteilskauf	6	50,0%
Kapitalerhöhung	1	8,3%
n/a	5	41,7%

Literaturverzeichnis

- **Achleitner, A.-K./Betzer, A./Hinterramskogler, B.** (2009): Private equity as corporate governance mechanism in continental Europe; in Center for Entrepreneurial and Financial Science, Working Paper No. 2008-15, München

- **Achleitner, A.-K./Betzer, A./Gider, J.** (2008): Investment rationales of hedge funds and private equity funds in the German stock market
Internetquelle vom 19. November 2009: http://ssrn.com/abstract=1292896

- **Achleitner, A.-K./Fingerle, C.** (2004): Finanzierungssituation des deutschen Mittelstands; in Achleitner, A.-K./von Einem, C./von Schröder, B. (Hrsg.): Private Debt – alternative Finanzierung für den Mittelstand, Stuttgart

- **Achleitner, A.-K.** (2001): Venture Capital; in Breuer R.-E. (Hrsg.): Handbuch Finanzierung, 3. Auflage, Wiesbaden.

- **Advisoria oHG** (2004): Sanierung von Unternehmen, Vallendar

- **Akerlof, G.** (1970): The market for “lemons”; in Quarterly Journal of Economics 84, S. 488-500

- **Albach, H.** (2001): “Finanzierungsregeln” und Kapitalstruktur der Unternehmung; in Breuer R.-E. (Hrsg.): Handbuch Finanzierung, 3. Auflage, Wiesbaden.

- **Altman, E.** (2003): Corporate Credit Scoring Models: Internetquelle vom 2. April 2009 http://pages.stern.nyu.edu/~ealtman/zscorepresentation.pdf

- **Altman, E.** (1993): Corporate Financial Distress and Bankruptcy, 2. Auflage, New York et al.

- **Andersch, T./Philipp, S.** (2010): Anforderungen an die Erstellung von Sanierungskonzepten; in CORPORATE FINANCE law, 3/2010

- **Ansoff, I.** (1984): Implanting strategic management, London et al.

- **Ansoff, I.** (1979): Strategic Management, London et al.

- **Anson, M.** (2002): A Primer on Distressed Debt Investing; in the Journal of Private Equity, Sommer 2002
- **Axelson, U./Jenkinson, T./Strömberg, P./Weisbach, M.** (2007): Leverage and Pricing in Buyouts: An Empirical Analysis; Internetquelle vom 15. November 2009: http://papers.ssrn.com/sol3/papers.cfm?abstract_id=1027127
- **Bader, H.** (1996): Private Equity als Anlagekategorie, Schriftenreihe Bank- und finanzwirtschaftliche Forschung, Vol. 233, Bern et al.
- **Baier, W.** (2000): Venture Capital; in Dieterle, W./Winckler, E. (editors): Gründungsplanung und –finanzierung, 3. Auflage, München
- **Ballwieser, W.** (2007): Unternemensbewertung, 2. Auflage, Stuttgart
- **Ballwieser, W.** (1991): Unternehmensbewertung mit Hilfe von Multiplikatoren; in Rückle, D. (editor): Aktuelle fragen der Finanzwirtschaft und der Unternehmensbesteuerung, Wien
- **Ballwiser, W.** (1990): Unternehmensbewertung und Komplexitätsreduktion, 3. Auflage, Wiesbaden
- **Bamberger, I./Wrona, T.** (2004): Strategische Unternehmensführung, München
- **Banik, C./Ogg, M./Pedergnana, M.** (2008): Hybride und mezzanine Finanzierungsinstrumente, Bern et al.
- **Barney, J.** (1996): Gaining and sustaining competitive advantage, Reading et al.
- **Barney, J.** (1991): Firm Resources and Sustained Competitive Advantage; in Journal of Management, Volume 17, S. 99-120
- **Barthel, C.** (2007): Unternehmenswert: Auswahl der Bezugsgrößen bei Market Multiples; in Finanz Betrieb 11/2007, S. 666-674
- **BAVARIA Industriekapital AG** (2009): Suchprofil; Internetquelle vom 27. November 2009: http://www.baikap.de/index2.php?include=inc/show.php&id=27

- **Bayer, J.** (2003): Troubled company investments in Germany, BBvR Restructuring Briefs, www.broich.com
- **Beckmann, P.** (2006): Der Diversification Discount am deutschen Kapitalmarkt, Wiesbaden (Diss.)
- **Behringer, S.** (2009): Unternehmensbewertung der Mittel- und Kleinbetriebe, 4. Auflage, Berlin
- **Beitel, D.** (2004): Investmentbanken in M&A-Transaktionen, Wiesbaden (Diss.)
- **Bennewitz, A./Kasterich, A.** (2004): Krisenfrüherkennung und Krisenbewältigung; in Schmeisser, W./Bretz, M./Keßler, J./Krimphove, D. (Hrsg.): Handbuch Krisen- und Insolvenzmanagement, Stuttgart
- **Berens, W./Strauch, J.** (2008): Herkunft und Inhalt des Begriffes Due Diligence; in Berens, W./Brauner, H./Strauch, J. (Hrsg.): Due Diligence bei Unternehmensakquisitionen, 5. überarbeitete Auflage, Stuttgart
- **Berens, W./Hoffjan, A./Strauch, J.** (2008): Planung und Durchführung der Due Diligence; in Berens, W./Brauner, H./Strauch, J. (Hrsg.): Due Diligence bei Unternehmensakquisitionen, 5. überarbeitete Auflage, Stuttgart
- **Berens, W./Schmitting, W./Strauch, J.** (2008): Funktionen, Terminierung und rechtliche Einordnung der Due Diligence; in Berens, W./Brauner, H./Strauch, J. (Hrsg.): Due Diligence bei Unternehmensakquisitionen, 5. überarbeitete Auflage, Stuttgart
- **Berger, R./Kraus, K.-J.** (2001): Restrukturierung; in Breuer R.-E. (Hrsg.): Handbuch Finanzierung, 3. Auflage, Wiesbaden.
- **Beumer, J.** (o.d.): Due Diligence; in Private Equity in NRW, win Wagniskapital für Innovationen NRW GmbH (Hrsg.), Düsseldorf
- **Betsch, O./Groh, A./Lohmann, L.** (1998): Corporate Finance, München
- **Binder, p./Lanz, R.** (1993): Due-diligence; in: INDEX, 4-5/1993, S. 15-20
- **Blöse, J.** (2006): Krisenmanagement mit Outsourcing, Berlin

- **Böckenförde, B.** (1996): Unternehmenssanierung, Stuttgart
- **Bohnenkamp, G.** (1999): Zur Rolle der Beteiligungsgesellschaften bei der Entwicklung mittelständischer Unternehmen
- **Born, K.** (2003): Unternehmensanalyse und Unternehmensbewertung, 2. Auflage, Stuttgart
- **von Boxberg, F.** (1989): Das Management Buyout-Konzept, Hamburg
- **von Brandenstein-Zeppelin, C.** (1992): Der Geschäftsplan – professionelle Selbstdarstellung für externe Kapitalgeber; in Lütjen, G. (Hrsg.): Management Buy-out, Wiesbaden
- **Brauner, H./Lescher, J.** (2008): Financial Due Diligence II: Liquidität und Finanzierung; in Berens, W./Brauner, H./Strauch, J. (Hrsg.): Due Diligence bei Unternehmensakquisitionen, 5. Überarbeitete Auflage, Stuttgart
- **Brealey, R./Myers, S./Allen, F.** (2006): Corporate Finance, 8. Auflage, New York
- **Brealey, R/Myers, S./Marcus, A.** (2001): Fundamentals of Corporate Finance, 3. Auflage, New York
- **Bredy, J./Strack, V.** (2008): Financial Due Diligence I: Vermögen, Ertrag und Cashflow; in Berens, W./Brauner, H./Strauch, J. (editors): Due Diligence bei Unternehmensakquisitionen, 5. Überarbeitete Auflage, Stuttgart
- **Brezski, E./Böge, H./Lübbehüsen, T./Rohde, T./Tomat, O.** (2006): Mezzanine-Kapital für den Mittelstand, Stuttgart
- **Buchner, A.**/Kaserer, C./Wagner, N. (2006): Stochastic Modeling of Private Equity; in Center for Entrepreneurial and Financial Studies, Working Paper No. 2006-02, München
- **Buschmann, H.** (2006): Erfolgreiches Turnaround-Management, Wiesbaden, (Diss.)
- **BVK** Bundesverband Deutscher Kapitalbeteiligungsgesellschaften (2009): BVK Statistik, Das Jahr 2008 in Zahlen, Berlin

- **BVK** Bundesverband Deutscher Kapitalbeteiligungsgesellschaften (2009b): Der BVK, Internetquelle vom 1. Dezember 2009 http://www.bvkap.de/privateequity.php/cat/3/aid/11/title/Der_BVK

- **BVK** Bundesverband Deutscher Kapitalbeteiligungsgesellschaften (2009c): BVK Mitglieder A-Z, Internetquelle vom 12. Juni 2009 http://www.bvkap.de/privateequity.php/cat/25/title/Mitglieder_A-Z

- **BVK** Bundesverband Deutscher Kapitalbeteiligungsgesellschaften (2008): BVK Statistik, Das Jahr 2007 in Zahlen, Berlin

- **BVK** Bundesverband Deutscher Kapitalbeteiligungsgesellschaften (2007): BVK Statistik, Das Jahr 2006 in Zahlen, Berlin

- **Bygrave, W./Hay M./Peeters, J.** (2000): Das Financial Times Handbuch Risikokapital, München

- **Bygrave, W./Timmons, J.** (1992): Venture Capital at the Crossroads, Boston

- **Castrogiovanni, G./Bruton, G.** (2000): Business Turnaround Processes Following Acquisitions: Reconsidering the Role of Retrenchment; in Journal of Business Research, No. 48, S. 25-34, New York

- **Clement, W.** (2004): Die Rolle von Private Equity in der Innovationspolitik der Bundesregierung; in Private Equity “made in Germany”, BVK Bundesverband Deutscher Kapitalbeteiligungsgesellschaften (Hrsg.), Berlin

- **Coase, R. H.** (1937): The nature of the firm, Economica, S. 386ff.

- **Concentro Management AG** (2008): Concentro Turnaround Investment Guide, München

- **Crone, A./Werner, H.** (2007): Handbuch modernes Sanierungsmanagement, München

- **Cuny, C./Talmor, E.** (2007) A theory of private equity turnarounds; in Journal of Corporate Finance 13 (2007), S. 629-646

- **Damaschke, D./Züchner, P.** (2005): Private Equity Secondary Market, Saarbrücken

- **von Daniels, H.** (2004): Private Equity Secondary Transactions, Wiesbaden (Diss.)
- **Deloitte Touche Tohmatsu** (2008): Business Combinations and changes in ownership interests, London
- **DESTATIS** (2009): Insolvenzen: Internetquelle vom 28. März 2009 http://www.destatis.de/jetspeed/portal/cms/Sites/destatis/Internet/DE/Content/Statistiken/Zeitreihen/LangeReihen/Insolvenzen/Content100/lrins01a,templateId=renderPrint.psml
- **Droege, W.** (2007): In der Krise liegt die Chance: das Turnaround Management; in Blommen, D./Bothe, B. et al. (Hrsg.): Die Stars im Mittelstand, Frankfurt am Main
- **DSG Deutscher Sparkassen- und Giroverband (**2009): Diagnose Mittelstand 2009
- **DVFA e.V.** (2005): DVFA-Leitfaden für Unternehmensbewertungen im Aktienresearch, Dreieich
- **Eckhoff, J.** (2007): Turnaround Equity in Deutschland, Saarbrücken
- **Eckstaller, C./Huber-Jahn, I.** (2006): Private Equity und Venture Capital, Sternenfels
- **Eisenberg, J.** (1972): Turnaround Management, New York et al.
- **Euler Hermes** (2009): Insolvenzprognose 2010, Stand November 2009, Hamburg.
- **EVCA** (2009): Glossary: Internetquelle vom 10. März 2009 http://www.evca.eu/toolbox/glossary.aspx?id=3194&amp%3bterms=glossary
- **EVCA** (2005): Employment contribution of Private Equity and Venture Capital in Europe, Research Paper conducted by Achleitner, A.-K./Klöckner, O. of the CEFS, München
- **Fenn, G./Liang, N./Prowse, S.** (1997): The Private Equity Market; in Financial Markets, Institutions and Instruments 6, No. 4, S. 1-105
- **Findeisen, F.** (1932): Aufstieg der Betriebe, Leipzig
- **Fleege-Althoff, F.** (1930): Die notleidende Unternehmung, I. Band, Stuttgart
- **Forst, M.** (1992): Management Buy-out und Buy-in als Form der Übernahme mittelständischer Unternehmen, Stuttgart

- **Franke, G./ Hax, H.** (2004): Finanzwirtschaft des Unternehmens und Kapitalmarkt, 5. aktualisierte Auflage, Berlin et al.
- **Franks, J./Sanzhar, S.** (2006): Evidence on debt overhang from distressed equity issues Internetquelle: http://papers.ssrn.com/sol3/papers.cfm?abstract_id=570068
- **French, C.** (2003): The Treynor Capital Asset Pricing Model; in Journal of Investment Management, Volume 1, No 2, S. 60-72
- **Freyer, E.** (1981): Die Kapitalbeteiligungsgesellschaft als Instrument der Wirtschafspolitik, Frankfurt am Main
- **Friedrich, A.** (2005): Auswahl von Syndikatspartnern im Private-Equity-Geschäft, Wiesbaden (Diss.)
- **Gärtner, A.** (2007): Corporate Finance Management in der Krise des Unternehmens, Hamburg, (Diss.)
- **Gerke, W./Burrak, A.** (2001): Erschließung des Risikokapitalmarktes für junge Unternehmen; in Breuer R.-E. (Hrsg.): Handbuch Finanzierung, 3. Auflage, Wiesbaden.
- **Gless, S.-E.** (1996): Unternehmenssanierung, Wiesbaden, (Diss.)
- **Glotz, P./Thomas, U.** (1994): Das dritte Witschaftswunder, Düsseldorf et al.
- **Gompers, P.** (1995): Optimal Investment, Monitoring, and the Staging of Venture Capital; in Journal of Finance 50, S. 1461-1489
- **Grabherr, O.** (2001): Risikokapitalinstrumente im unternehmerischen Wachstumszyklus; in Stadler, W. (Hrsg.): Venture Capital und Private Equity, Köln
- **Grafer, R./Baldasaro, M.** (1987): Effective Due Diligence; in Rock, M. (Hrsg.): The Mergers and Acquisitions Handbook, New York, S. 272-280
- **Grape, C.** (2006): Bewältigung schwerer Unternehmenskrisen durch geeignete Sanierungsstrategien, Wiesbaden, (Diss.)
- **Gündel, M./Katzorke, B.** (2007): Private Equity, Köln

- **Haag, M./Veith, A.** (2008): Das MoRaKG und seine Auswirkungen für Wagniskapital in Deutschland – oder was von einem Private-Equity-gesetz geblieben ist; in Betriebs-Berater, Heft 36, 1915-1922
- **Hack, A.** (2005): Startuperfolg und die Wahl von Risikokapitalgebern, Wiesbaden
- **Häger, M./Elkmann-Reusch, M.** (2007): Mezzanine Finanzierungsinstrumente, 2. Auflage, Berlin
- **Hahn, D./Hungenberg, H.** (2001): Planung und Kontrolle, 6. Auflage, Wiesbaden
- **Handelsblatt** (2007): Finanzinvestoren klopfen an, Ausgabe vom 27. Juni 2007, Mittelstandsfinanzierung
- **Handelsblatt** (2008a): Private Equity im Umbruch, Ausgabe vom 18. Februar 2008, Finanztrends
- **Handelsblatt** (2008b): MDax-Firmen locken Private Equity, Ausgabe vom 26. Februar 2008, Finanzzeitung
- **Hanke, W.** (1999): Beteiligungskapital – eine zukunftsweisende Finanzierungsmöglichkeit für KMU in Sachsen; in Amador, M./Lohmann, K./Pleschak, F. (editors): Beteiligungskapital in der Unternehmensfinanzierung, Wiesbaden
- **Hardy, C.** (1989): Strategies for retrenchment and turnaround, Berlin and New York
- **Hardymon, F./Lerner, J.** (2003): The Challenges of German Turnaround Investing, Harvard Business School Venture Capital & Private Equity Paper Assignment, Spring 2003, Cambridge
- **Hauschild, J./Leker, J.** (2000): Krisendiagnose durch Bilanzanalyse, 2. Auflage, Köln
- **Heger, D./Tykvová, T**. (2007): You Can't make an Omelette without Breaking Eggs: The Impact of Venture Capitalists on Executive Turnover; in ZEW Discussion Paper No. 07-003, Mannheim
- **Hirth, H.** (2005): Grundzüge der Finanzierung und Investition, München

- **Hohberger, S./Damlachi, H.** (2006): Sanierung im Mittelstand, Marburg
- **Hölscher, L./Nestler, A./Otto, R.** (2007): Handbuch Financial Due Diligence, Weinheim
- **Hommel, M./Dehmel, I.** (2008): Unternehmensbewertung case by case, 3. Auflage, Frankfurt am Main
- **Howaldt, S.** (1994): Sanierungsakquisitionen bei Klein- und Mittelunternehmen, St. Gallen, (Diss.)
- **Hüther, M.** (2004): Die volkswirtschaftliche Bedeutung von Private Equity; in Private Equity "made in Germany", BVK Bundesverband Deutscher Kapitalbeteiligungsgesellschaften (Hrsg.), Berlin
- **IDW (2008):** IDW Standard: Grundsätze zur Durchführung von Unternehmensbewertungen (IDW S 1 vom 04/02/2008)
- **IFD** (2008): Finanzstandort Deutschland Bericht Nr. 4 – 2008, Frankfurt am Main
- **Institut der deutschen Wirtschaft Köln** (2010): Pressemitteilung Nr. 23, 17. Mai 2010
- **Jakoby, S.** (2000): Erfolgsfaktoren von Management Buyouts in Deutschland, Lohmar
- **Janeba-Hirtl, E./Höbart, J.** (2003): Idealtypischer Ablauf einer Venture Capital Finanzierung; in Kofler, G./Polster-Grüll, B. (Hrsg.): Private Equity & Venture Capital, Wien
- **Jansen, S.** (2008): Mergers & Acquisitions, 5. Auflage, Wiesbaden
- **Jesch, T.** (2004): Private-Equity-Beteiligungen, Wiesbaden
- **Kall, F.** (1999): Controlling im Turnaround-Prozeß, Frankfurt am Main et al., (Diss.)
- **Kaplan, S./Schoar, A.** (2003): Private Equity Performance: Returns, Persistence and Capital Flows; in MIT Sloan School of Management Working Paper 4446-03, November 2003
- **KFW Bankengruppe** (2009): German Private Equity Barometer – 2. Quartal 2009, Frankfurt am Main

- **KfW Bankengruppe** (2008): Unternehmensbefragung 2008, Frankfurt am Main
- **Kinast, G.** (1991): Abwicklung einer Akquisition; in Baetge, J. (Hrsg.): Akquisition und Unternehmensbewertung, Düsseldorf, S. 31-43
- **Klein, K.-G./Jonas, M.** (2008): Due Diligence und Unternehmensbewertung; in Berens, W./Brauner, H./Strauch, J. (Hrsg.): Due Diligence bei Unternehmensakquisitionen, 5. überarbeitete Auflage, Stuttgart
- **Klier, D.** (2009): Managing Diversified Portfolios, Heidelberg (Diss.)
- **Knaese, B.** (1996): Kernkompetenzen im strategischen Management von Banken, Wiesbaden
- **Knauer, T./Marx, J.** (2009): Fundraising im deutschen Private Equity-Markt; in Finanz Betrieb 2/2009, S. 94-99.
- **Koch, W./Wegmann, J.** (2002): Praktiker-Handbuch Due Diligence, 2. aktualisierte Auflage, Stuttgart
- **Koepff, K.-P.** (2007): Institutionelles Krisenmanagement, Köln
- **Koop, M./Maurer, K.** (2006): Mittelstandsfinanzierung in Deutschland, Saarbrücken
- **Körner, M.** (2006): Unternehmens-Turnaround durch Eigenverwaltung in der Insolvenz, Göttingen (Diss.)
- **Kraft, V.** (2001): Private Equity für Turnaround-Investitionen, Franfurt/New York, (Diss.)
- **Kranebitter, G.** (2007): Unternehmensbewertung für Praktiker, 2. Auflage, Wien
- **Kranz, U.-N.** (2009): Die Rolle des "Private Equity" im Rahmen von Unternehmensrestrukturierungen und Insolvenzen, in Krisennavigator, 12. Jahrgang, Ausgabe 10, Kiel
- **Kraus-Grünwald, M.** (1982): Ertragswertermittlung bei Unternehmensbewertung, Wiesbaden

- **Krohmer, P./Lauterbach, R./Calanog, V.** (2009): The bright and dark side of staging: Investment performance and the varying motivations of private equity firms, Jounal of Banking & Finance (article in press)
- **Krystek, U.** (2006): Krisenarten und Krisenursachen; in Hutzschenreuter, T./Griess-Nega, T. (Hrsg.): Krisenmanagement, Wiesbaden
- **Krystek, U.** (1987): Unternehmungskrisen, Wiesbaden
- **Krystek, U./Mueller-Stewens, G.** (1990): Grundzüge strategischer Frühaufklärung; in Hahan, D./Taylor, B. (Hrsg.): Strategische Unternehmensplanung – Strategische Unternehmensführung, Heidelberg
- **Kucher, A.** (2006): Die Akquisition von Krisenunternehmen aus der Sicht von Finanzinvestoren, Frankfurt am Main
- **Kucher, A./Meitner, M.** (2004): Private Equity for Distressed Companies in Germany; in the Journal of Private Equity, Winter 2004
- **Lauszus, D./Hosenfeld, S./Hock, S.** (2008): Market Due Diligence; in Berens, W./Brauner, H./Strauch, J. (editors): Due Diligence bei Unternehmensakquisitionen, 5th revised edition, Stuttgart
- **Lauterbach, R.** (2007): The need for diversification and its impact on the syndication probability of venture capital investments; in Lauterbach, R. (Hrsg.): Essays in Financial Economics: Private Equity and Venture Capital, Frankfurt am Main (Diss.)
- **Lauterbach, R./Welpe, I./Fertig, J.** (2007): Performance Differentiation: Cutting Losses and Maximizing Profits of Private Equity and Venture Capital Investments, Financial Markets and Portfolio Management, Vol. 21, No. 1, S. 45-67
- **Lauterbach, R./Welpe, I./Calanog, V./Wahrenburg, M.** (2006): Investment pressure effecting behaviour? The impact of fund inflows on staging and speed of capital allocation (http://ssrn.com/abstract=891103)
- **Leland, H./Pyle, D.** (1977): Informational asymmetries, financial structure, and financial intermediation; in the Journal of Finance 32, S. 371-387

- **Leopold, G./Frommann, H./Kühr, T.** (2003): Private Equity – Venture Capital, 2. überarbeitete Auflage, München
- **Leopold, G/Frommann, H.** (1998): Eigenkapital für den Mittelstand, München
- **Lerner, J.** (1999): Venture Capital And Private Equity, New York et al.
- **Levin, J.** (1997): Structuring Venture Capital, Private Equity, and Entrepreneurial Transactions, New York
- **Lüdicke, J./Arndt, J.-H./Götz, G.** (2002): Geschlossene Fonds, 2. völlig neu bearbeitete und erweiterte Auflage, München
- **Lüthy, M.** (1988): Unternehmenskrisen und Restrukturierungen, Bern und Stuttgart, (Diss.)
- **Macharzina, K./Wolf, J.** (2005): Unternehmensführung, 5. Auflage, Wiesbaden
- **Manzel, I./Manzel, T.** (2003): Wege aus der Unternehmenskrise, Köln
- **Marks, H./von Rothenburg, D.** (2008): Distressed Debt Investing; in Jugel, S. (Hrsg.): Private Equity Investments, 2. Auflage, Wiesbaden
- **MBG Baden-Wuerttemberg** (2007): Geschäftsbericht 2007, Stuttgart
- **Meier, D.** (2006): Post-Investment Value Addition to Buyouts, Wiesbaden (Diss.)
- **Meitner, M./Westerheide, P.** (2005): The Impact of a Stock Market Downturn on Corporate financing activities in Germany; in ZEW Discussion Paper No. 05-91
- **Müller, O.** (2003): Mezzanine Finance, Bern et al
- **Müller, R.** (1986): Krisenmanagement in der Unternehmung, Frankfurt am Main
- **Münstermann, H.** (1970): Wert und Bewertung der Unternehmung, Wiesbaden
- **Neubürger, H.-J.** (2004): Private Equity aus Sicht des Siemens-Konzerns; in BVK Bundesverband Deutscher Kapitalbeteiligungsgesellschaften (Hrsg.): Private Equity “made in Germany”, Berlin

- **Nickert, C./Nickert, A.-G./Bartone, R.** (2004): Gesellschaften in der Insolvenz, Freiburg
- **Nölle, J.-U.** (2009): Grundlagen der Unternehmensbewertung; in Schacht, U./Fackler, M. (Hrsg.): Praxishandbuch Unternehmensbewertung, 2. Auflage, Wiesbaden
- **Nolte, H./Bergmann, R.** (1998): Ein Grundmodell des ressourcenorientierten Ansatzes der Unternehmensführung; in Nolte, H. (Hrsg.): Aspekte ressourcenorientierter Unternehmensführung, München
- **Norton, E./Tenenbaum, B.** (1993): Specialization versus diversification as a venture capital investment strategy, in the Journal of Business Venturing, Volume 8, Issue 5, S. 431-442
- **Oldenbourg, A./Preisenberger, S.** (2004): Stille Beteiligung als traditionelle Form der Mezzanine-Finanzierung im deutschen Mittelstand; in Achleitner, A.-K./von Einem, C./von Schröder, B. (Hrsg.): Private Debt – alternative Finanzierung für den Mittelstand, Stuttgart
- **Pankoke, T./Petersmeier, K.** (2009): Der Zinssatz in der Unternehmensbewertung; in Schacht, U./Fackler, M. (Hrsg.): Praxishandbuch Unternehmensbewertung, 2. Auflage, Wiesbaden
- **Pernsteiner, H.** (2003): Venture Capital und ähnliche Formen; in Kofler, G./Polster-Grüll, B. (Hrsg.): Private Equity & Venture Capital, Wien
- **Phalippou, L./Zollo, M.** (2005): What drives private equity performance Internetquelle: http://www.privateequityinstitute.com/research.php
- **Picot, G./Aleth, F.** (1999): Unternehmenskrise und Insolvenz, München
- **Platt, H.** (1998): Principles of corporate renewal, Ann Arbor
- **Porter, M.** (2004): Competitive Strategy, First Free Press Export Edition, New York
- **Porter, M.** (1991): Towards a Dynamic Theory of Strategy, in: Strategic Management Journal, Volume 12, Issue S2, S. 95-117.

- **Porter, M.** (1985): Competitive Advantage, New York
- **PriceWaterhouseCoopers** (2008a): Private Equity Trend Report 2008
- **PriceWaterhouseCoopers** (2008b): Global Private Equity Report 2008
- **Prokop, J.** (2008): Aktive Finanzinvestoren: Ein Einblick in Formen und Motive des Anteilseigneraktivismus am Bespiel der Hedge Fonds; in Finanz Betrieb 3/2008
- **Pümpin, C./Prange, J.** (1991): Management der Unternehmensentwicklung, Frankfurt am Main/New York
- **Pütter, T.** (2007): The case for a healthy private equity industry in an economy, München
- **Rappaport, A.** (1999): Shareholder Value, 2. Auflage, Stuttgart
- **Rasche, C.** (1994): Wettbewerbsvorteile durch Kernkompetenzen, Wiesbaden, (Diss.)
- **Reichmann, T.** (2006): Controlling mit Kennzahlen und Managementberichten, 7. Auflage, München
- **Reske, W./Brandenburg, A./Mortsiefer, H.-J.** (1976): Insolvenzursachen mittelständischer Betriebe, Göttingen
- **Ross, S./Westerfield, R./Jordan, B.** (2006): Corporate Finance Fundamentals, 7. Auflage, New York
- **Sabadinowitsch, T.** (2000): Risikokapital für mittelständische Wachstumsunternehmen, Frankfurt am Main
- **Sahlman, W.** (1990): The structure and governance of venture-capital organizations; in Journal of Financial Economics 27, S. 473-521, North Holland
- **Sander, J.** (2006): Gestaltungsfaktoren von Management Buyouts aus der Perspektive von Finanzinvestoren, Hamburg (Diss.)
- **Sauermann, M.** (2008): Die Entwicklung von Private Equity als ökonomische Konsequenz rechtlicher Rahmenbedingungen; in Finanz Betrieb 10/2008, S. 693-699.

- **Schacht M.** (2009): Due Diligence bei Unternehmensbewertungen; in Schacht, U./Fackler, M. (Hrsg.): Praxishandbuch Unternehmensbewertung, 2. Auflage, Wiesbaden
- **Schacht, U./Fackler, M.** (2009): Discounted-Cash-flow-Verfahren; in Schacht, U./Fackler, M. (Hrsg.): Praxishandbuch Unternehmensbewertung, 2. Auflage, Wiesbaden
- **Schäfer, D./Fisher, A.** (2008): Die Bedeutung von Buy-Outs/ins für unternehmerische Effizienz, Effiktivität und Corporate Governance, DIW Studie, Berlin
- **Schefczyk, M.** (2006): Finanzieren mit Venture Capital und Private Equity, 2. Auflage, Stuttgart
- **Schefczyk, M.** (2004): Erfolgsstrategien deutscher Venture Capital-Gesellschaften, 3. Auflage, Stuttgart
- **Schefczyk, M.** (2000): Finanzieren mit Venture Capital, Stuttgart
- **Schellberg, B.** (2008): Sanierungsmanagement, Berlin
- **Schendel, D./Patton, G./Riggs, J.** (1976): Corporate Turnaround Strategies; in Journal of General Management, No. 3, S. 3-11
- **Schipporeit, E.** (2001): Externe Eigenfinanzierung bei Kapitalgesellschaften; in Breuer R.-E. (Hrsg.): Handbuch Finanzierung, 3. Auflage, Wiesbaden.
- **Schmeisser, K./Schmeisser, W./Dittmann, M.** (2004): Einführung in das Sanierungsmanagement; in Schmeisser, W./Bretz, M./Keßler, J./Krimphove, D. (Hrsg.): Handbuch Krisen- und Insolvenzmanagement, Stuttgart
- **Schmidt, J.-B.** (2004): Evaluation of the German Private Equity Market from abroad; in Private Equity "made in Germany", BVK Bundesverband Deutscher Kapitalbeteiligungsgesellschaften (Hrsg.), Berlin
- **Schneck, O.** (2006): Handbuch alternative Finanzierungsformen, Weinheim
- **Schoberth, J./Ihlau, S.** (2008): Besonderheiten und Handlungsempfehlungen bei der Bewertung von Familienunternehmen; in Betriebs-Berater, Heft 39, S. 2114-2218

- **Schröder, C.** (1992): Strategien und Management von Beteiligungsgesellschaften, Baden-Baden
- **Schulte, C.** (2006): Corporate Finance, München
- **Schuhmacher, M.** (2006): Rating für den deutschen Mittelstand, Wiesbaden (Diss.)
- **Schwenkedel, S.** (1991): Management Buyout, Wiesbaden
- **Seppelfricke, P.** (2007): Handbuch Aktien- und Unternehmensbewertung, 3. Auflage, Stuttgart
- **Sewing, B.** (2008): Exit-Management in Private Equity, Wiesbaden (Diss.)
- **Smith, R./Smith, J.** (2004): Entrepreneurial Finance, 2. Auflage, Claremont
- **Spremann, K.** (1990): Asymmetrische Information; in: Zeitschrift für Betriebswirtschaft, 60: S. 561-586
- **Stark, J.** (2002): Neue Trends in der Unternehmensfinanzierung; in: Kohlbeck, C./Wimmer, R. (Hrsg.): Finanzierung für den Mittelstand, Wiesbaden
- **Stubner, S.** (2004): Bedeutung und Erfolgsrelevanz der Managementunterstützung deutscher Venture Capital Gesellschaften, Norderstedt, (Diss.)
- **Tallau C.** (2009): Bewertung von Earn-Out-Klauseln im Rahmen von Unternehmenstransaktionen; in Finanz Betrieb 01/2009, S. 8-14.
- **Thiele, M.** (1997): Kernkompetenzorientierte Unternehmensstrukturen, Wiesbaden, (Diss.)
- **Thum, O./ Timmreck, C./Keul, Th.** (2008): Private Equity, Munich
- **Timmons, J./Spinelli, S.** (2007): New Venture Creation, 7. Auflage, Boston
- **Tirole, J.** (2006): The Theory of Corporate Finance, Princeton
- **Tykvová, T./Schertler, A.** (2006): Rivals or Partners? Evidence from Europe's International Private Equity Deals; in ZEW Discussion Paper No. 06-901, Mannheim

- **Tykvová, T.** (2005): Who chooses whom? Syndication, skills and reputation; in ZEW Discussion Paper No. 05-74, Mannheim
- **Wahl, S.** (2004): Private Debt, Sternenfels (Diss.)
- **Weilep, V./Dill, M.** (2008): Vendor Due Diligence bei der Private-Equity-Finanzierung mittelständischer Unternehmen; in Betriebs-Berater, Heft 36, S. 1946-1949
- **Welbers, H.** (2008): Tax Due Diligence; in Berens, W./Brauner, H./Strauch, J. (Hrsg.): Due Diligence bei Unternehmensakquisitionen, 5. überarbeitete Auflage, Stuttgart
- **Welge, M./Al-Laham, A.** (2008): Strategisches Management, 5. überarbeitete Auflage, Wiesbaden
- **Welsh, J.** (1983): Pre-Acquisition Audit; in Management Accounting, Januar 1983, S. 32-37
- **Werner, H.** (2007): Mezzanine-Kapital, 2. überarbeitete Auflage, Köln
- **Wieselhuber** (2009): Sanierungskonzept: Internetquelle, vom 4. April 2009: http://www.wieselhuber.de/leistungen/sanierungskonzept/index.php
- **Willert, F.** (2006): Was determiniert die Größe von Private Equity-Gesellschaften?, Marburg (Diss.)
- **Williamson, O.** (1985): The economic institutions of capitalism, firms, markets, relational contracting, Free Press, New York
- **Witt, P.** (2005): §3 Finanzierung und Finanzierungstheorien; in Knops, K.-O./Bamberger, H./Maier-Reimer, G. (Hrsg.): Recht der Sanierungsfinanzierung, Berlin et al.
- **Wöhe, G.** (2008): Einführung in die Allgemeine Betriebswirtschaftslehre, 23. Auflage, München
- **Zemke, I.** (1995): Die Unternehmensverfassung von Beteilgungskapital-Gesellschaften, Wiesbaden

- **Zwick, A.** (1993): Turnaround-Management in Ostdeutschland, Stuttgart